DIANCE JILIANG YU JIANCE
XINJISHU SHIWU

电测计量与检测新技术实务

江苏方天电力技术有限公司　编

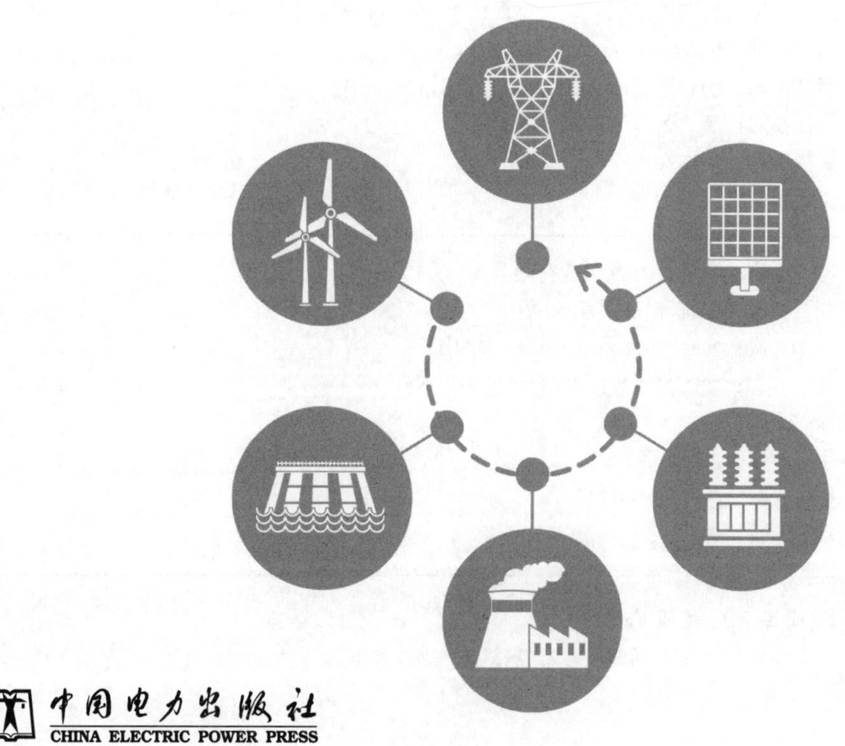

中国电力出版社
CHINA ELECTRIC POWER PRESS

内容提要

本书系统介绍了电测计量与检测技术。书中大量的应用实例内容翔实，具有可操作性，将有助于提高从事电力系统计量人员的理论与实践水平，更好地服务电力系统的电测计量与检测试验工作。

根据供电企业、发电企业生产岗位工作需要和检修试验规程规范要求，特编写了本套教材。本书共分七章，分别为电路分析基础、电测量指示仪表、数字多用表、绝缘电阻表（兆欧表）、电子式绝缘电阻表、接地电阻表、交流电能表等内容。为便于自学、培训和考核，各章均附有习题及参考答案。

本书适合从事电力系统电测计量人员、电力工程技术人员、电厂管理人员、设备维护人员及检测仪器（装置）研发人员使用，可为供电企业和发电企业专业人员提供操作性强的电测基础知识技能培训教材，也可作为大专院校相关专业的参考书。

图书在版编目（CIP）数据

电测计量与检测新技术实务 / 江苏方天电力技术有限公司编. -- 北京：中国电力出版社，2024.11.

ISBN 978-7-5198-9164-0

Ⅰ. TM93；TM07

中国国家版本馆 CIP 数据核字第 2024QN1056 号

出版发行：中国电力出版社
地　　址：北京市东城区北京站西街 19 号（邮政编码 100005）
网　　址：http://www.cepp.sgcc.com.cn
责任编辑：畅　舒（010-63412312）
责任校对：黄　蓓　于　维
装帧设计：赵丽媛
责任印制：吴　迪

印　　刷：三河市万龙印装有限公司
版　　次：2024 年 11 月第一版
印　　次：2024 年 11 月北京第一次印刷
开　　本：787 毫米 ×1092 毫米　16 开本
印　　张：17.5
字　　数：280 千字
印　　数：0001—1000 册
定　　价：90.00 元

《电测计量与检测新技术实务》编委会

审定委员会

编写委员会

前　言

PREFACE

现代化制造业是集高新技术为一体的知识密集型产业，计量是保障制造业科研、生产发展的技术基础。“科技要发展，计量须先行”，要使现代计量技术能够快速满足工业发展的需求，为了提高制造业的质量，就要大力发展计量事业，通过培养大批精通技术业务、有梯次结构高素质的人才，建设具有现代科学技术知识的计量人才队伍。

进入现代化过程中，产品测量数据的准确性、可靠性、可溯源性及国际互认性都对计量技术水平提出更高的要求，可以通过培训交流，推进计量人才队伍建设，促进计量技术发展，为培养和造就一支为国民经济和现代化建设服务的计量人才队伍作出一定的贡献。计量培训是提高员工的基本素质和综合素质的一种方法：计量培训为计量管理达到事半功倍的效果。加大基本技能、基础知识、工作方法、质量监督、内部审核等内容的计量培训以减少员工与当前的业务能力之间的差距，而从长远看，计量培训是促进计量行业人才成长和进步的一条捷径，有利于建设人才队伍和储备人才，从而提升企业的核心竞争力，促进企业的发展。

根据供电企业、发电企业生产岗位工作需要和检修试验规程规范要求，特编写了本套教材。本书共分七章，分别为电路分析基础、电测量指示仪表、数字多用表、绝缘电阻表（兆欧表）、电子式绝缘电阻表、接地电阻表、交流电能表等内容。为便于自学、培训和考核，各章节均附有习题及参考答案。本书适合从事电力系统电测计量人员、电力工程技术人员、电厂管理人员、设备维护人员及检测仪器（装置）研发人员使用，可为供电企业和发电企业专业人员提供操作性强的电测基础知识技能培训教材，也可作为大专院校相关专业的参考书。

本书在编写过程中得到了国网江苏省电力有限公司、国网江苏电力科学研究院、国网江苏营销服务中心、国网江苏超高压分公司、国网江苏各供电分公司、江苏中宁计量科技有限公司和金城南京机电液压工程研究中心等单位的大力支持，为本书编写提供了大量的帮助，在此，向他们表示衷心的感谢！

由于编写时间仓促，本书难免存在疏漏之处，恳请各位专家和读者提出宝贵意见，使之不断完善。

编者

2024 年 5 月

目　录

CONTENTS

第 1 章

电路分析基础

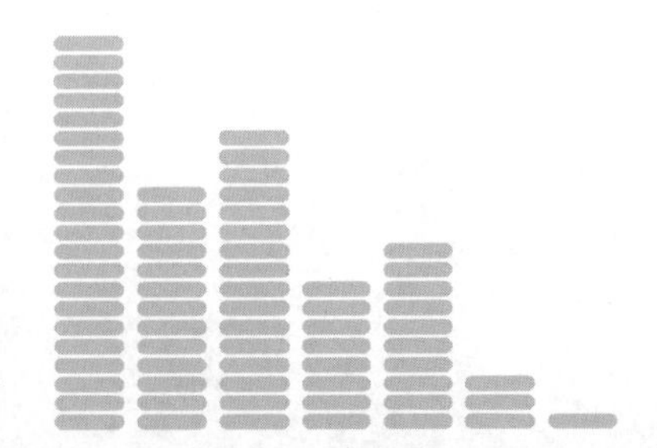

第1节 电路基本概念及基本理论

一 电路和电路模型

电路是各种电工、电子器件以及一些电气设备按一定方式连接起来的整体，它提供了电流流通的路径。电路应用于能量与信息两大领域。

在电力系统中，电路的主要作用是进行能量的转换、传输和分配。发电机将其他形式的能量转换成电能，经变压器、输电线传输到各用电部门，在用电部门又通过电灯、电动机、电炉等负载把电能转换成光能、机械能、热能等能量而加以利用。在这类电路中，一般要求在传输和转换过程中尽可能地减少能量损耗以提高效率，如图1-1（a）所示。

在信息处理系统中，电路的主要作用是对电信号进行处理、变换和传递，这种作用在自动控制、通信、计算机技术等方面得到了广泛应用。如扩音器，其电路示意图如图1-1（b）所示，话筒作为信号源将声音转换为电信号，中间环节通过放大器来放大电信号，扬声器作为负载将电信号还原为声音信号。对于这一类电路，虽然也有能量的传输和转换问题，但更需要关注的是对信号处理的质量，如要求准确、不失真等。

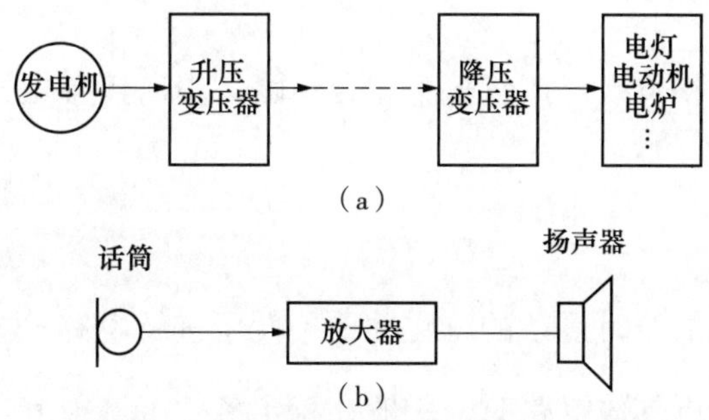

图1-1 电力生产、传输和分配电路和电信号处理电路示意图

（a）电力生产、传输和分配电路；（b）电信号处理电路

1. 电路基本组成

电路就是形成电流的通路。其作用之一是进行电能与其他形式能量之间的转换。不管电路的具体形式如何变化，也不管有多么复杂，电路都是由一些最基本的部分组成。例如最常用的手电筒电路，它是由干电池、开关、导线、灯泡组成的，如图 1-2（a）所示。当开关闭合后，就形成电流的通路，灯泡就会发光。

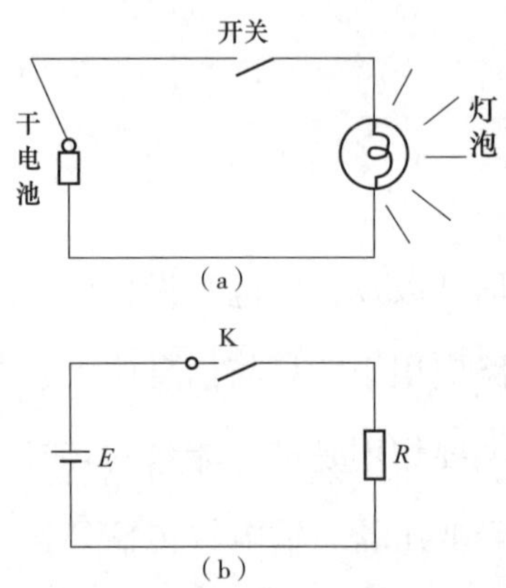

图 1-2　手电筒电路及电路模型图

（a）手电筒电路；（b）手电筒电路的电路模型

可见电路至少包含三个基本部分：电源、负载和连接导线。

电源是供给电路电能的装置。干电池、蓄电池和发电机都是常用的电源，它们能够把其他形式的能量（如化学能、机械能等）转变成电能。

负载是消耗电能的装置，即用电设备，图 1-2（a）中的灯泡就是负载。常用的负载有电炉（电能转换成热能）、电动机（电能转换成机械能）、电灯（电能转换成热能和光能）等。

连接导线把电源和负载连接成一个闭合回路，用以传导电流输送电能。常用的导线材质是铜或铝。

2. 电路模型

实际电路元件在工作时复杂的电磁性质不便于进行电路分析，为更好地分析电路的普遍规律，在分析具体电路时，一般在特定条件下，取其起主要作用的性质并用理想化的电路元件模型来代替。常用理想元件包括电阻元件、电容元件和电感元件，称为无源元件；另一类为有源元件，包括电压源元件、电流源元件等。

用抽象的理想元件及其组合近似代替实际电路元件，从而把实际电路的本质特征反映出来的理想化电路叫电路模型。通过对电路模型基本规律的研究，达到分析实际电路的目的。

用规定的电路符号表示各种理想元件所得到的电路模型图称为电路原理图，其只反映电器设备在电磁方面相互联系的实际情况，不包含它们的几何位置等信息。图 1-2（a）所示的手电筒电路的电路模型如图 1-2（b）所示。图中电阻元件 R 作为灯泡的电路模型，反映了将电能转换为热能和光能这一物理现象；干电池用电压源 E 作为模型，连接导线用理想导线（其中电阻设为零）即线段表示。

应用背景不同，同一个电路元件的模型可能会不同。在图 1-2（b）所示的手电筒电路模型中，干电池用电压源 E 作为模型，并未考虑电池内阻。若需要分析干电池内阻对电路的影响，则需要干电池用电压源 E 和电阻元件 R_E 的串联组合作为模型，分别反映电池内化学能转换为电能和电池本身耗能的物理过程。此外，电阻器在工作频率比较低时，其模型可用电阻元件表示；但当工作频率比较高时，通常须考虑电阻器引线电感和寄生电容的影响。实践证明，只要电路模型建立得恰当，对电路模型的分析结果就会与实际电路的测量结果保持一致。

电路理论是研究电路分析与电路设计的一门基础工程学科。本章主要内容是介绍电路基本概念和基本理论，为学习电气技术、自动化和检测技术等打下必备的基础。

二 电路的基本物理量

电路中所涉及的物理量很多，但主要是电流、电压、电位、电动势、电功率和电能。它们一般是时间的函数，下面将对这些物理量以及与它们有关的概念进行简要介绍。

1. 电流

电路中的电荷做有规则的定向运动形成电流，电荷可以是导体中的自由电子，或者电解液和电离子气体中的自由离子，或者半导体中的电子和空穴等。通常规定，在直流电路中，电流用 I 表示；在交流电路中，电流用 i 表示，并且约定其数值大小等于单位时间内通过导体某一横截面的电荷量。

在交流电路中，根据定义有

$$i = \frac{dq}{dt} \tag{1-1}$$

式中：q 为导体截面中在 t 时间内通过的电荷量。

在直流电路中，根据定义有

$$I = \frac{Q}{t} \tag{1-2}$$

正电荷移动的方向为电流的实际方向。但是在较复杂的电路中，很难直接标出某段电路的电流实际方向，而且有时电流实际方向又在不断变化。在电路分析中，为了列写电路方程，常常假设一个电流方向。在电路图中任意指定的电流方向称为电流的参考方向。电流参考方向一旦选定，在整个分析过程中就不能改变。经过计算若求得 $i>0$，则表示电流的实际方向与参考方向相同；若 $i<0$，则表示电流的实际方向与参考方向相反。如图 1-3 所示，实线箭头表示电流参考方向，虚线箭头表示电流实际方向。

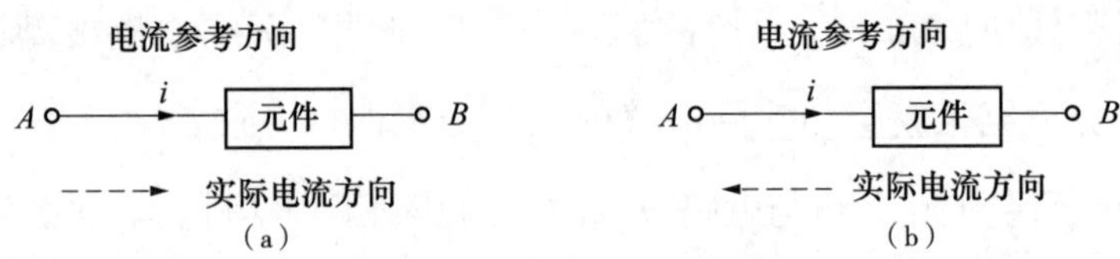

图 1-3　电流参考方向

(a) $i>0$；(b) $i<0$

在进行电路分析时，首先要确定电路中电流参考方向，最终分析得出电流的正负是相对于电流参考方向的，若实际电流与参考方向一致则电流为正，若相反则为负。

2. 电压

电压是电场力移动单位正电荷时所做的功。因电荷在电场力作用下在电路中运动，即电场力对电荷做了功。为了衡量其做功的能力，引入“电压”这一物理量。

在交流电路中，根据定义有

$$u = \frac{dw}{dq} \tag{1-3}$$

式中：u 为两点间的电压；w 为电荷移动过程中所获得或失去的能量；q 为两点移动的电荷量。

在直流电路中，根据定义有

$$U = \frac{W}{Q} \tag{1-4}$$

式中：U 为两点间的电压；W 为电荷移动过程中所获得或失去的能量；Q 为两点移动的电荷量。

同电流参考方向类似，在电路图中任意指定的电压方向称为电压的参考方向。电压参考方向用实线箭头表示或用正（+）、负（-）极性表示，正极指向负极的方向就是电压的参考方向，如图 1-4 所示。另外，还可用双下标表示，如电压 u_{AB} 表示 A、B 之间的电压，其参考方向为从 A 指向 B。电压参考方向一旦选定，在整个分析过程中就不能改变。经过计算若求得电压为正，则表示电压实际方向与参考方向相同；若电压为负，则表示电压实际方向与参考方向相反。

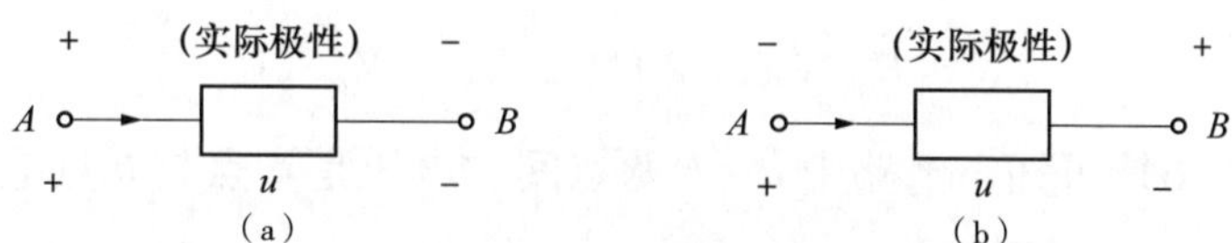

图 1-4　电压参考方向

（a）$u>0$；（b）$u<0$

电流和电压的参考方向可独立地任意指定，如果指定电流从电压“+”极流向“-”极，即两者的参考方向一致，则称电流和电压的这种参考方向为关联参考方向，如图 1-5（a）所示；否则称为非关联参考方向，如图 1-5（b）所示。注意，参考方向是否关联是针对指定电路而言的。例如，在图 1-6 中，电流和电压的参考方向对电路 N_2 是关联参考方向，而对电路 N_1 是非关联参考方向。

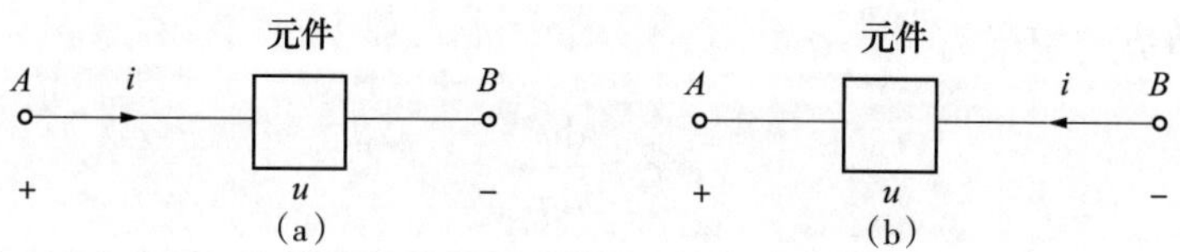

图 1-5　电流和电压的关联参考方向和非关联参考方向

（a）电流和电压的关联参考方向电路图；（b）电流和电压的非关联参考方向电路图

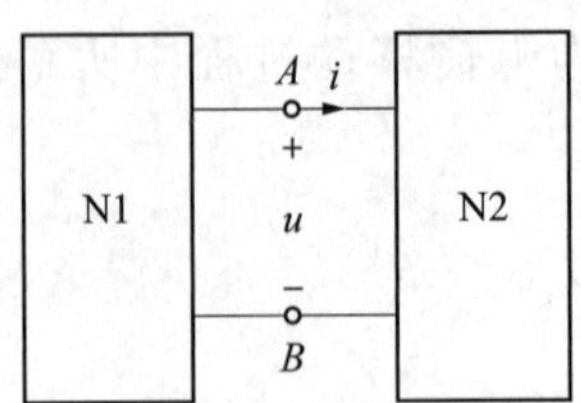

图 1-6　电路中关联参考方向和非关联参考方向

3. 电位

电工学中规定，电路中某一点 a 的电位为该点与参考点 o 之间的电压，用 V_a 表示，即

$$V_a = U_{ao} \tag{1-5}$$

若以电路中的 o 点为参考点，则电路中 a 点的电位为 $V_a = U_{ao}$，电路中 b 点的电位为 $V_b = U_{bo}$。由电压的定义可知，它们分别表示电场力把单位正电荷从 a 点或 b 点移到 o 点所做的功。那么 a 点和 b 点之间的电压 U_{ab} 可以等效于电场力把单位正电荷从 a 点移到 o 点，再从 o 点移到 b 点所做的功之和。

$$U_{ab} = U_{ao} + U_{ob} = U_{ao} - U_{bo} = V_a - V_b \tag{1-6}$$

根据式（1-6）可知，电路中 a、b 两点间的电压是 a 点与 b 点电位之差，因此电压又称为电位差。

参考点是可以任意选定的，当电路参考点选定，电路中其他各点的电位即可确定。当参考点选择不同，电路中同一点的电位也会不同，但任意两点的电位差即电压不变。

在电路分析过程中不指明参考点，分析电路某点的电位没有意义。参考点只能选取一个，参考点的选择要以分析问题方便为依据。

4. 电动势

电动势表征电源内部将非电能转化为电能的能力，即电动势表示的是电源将其内部的正电荷从负极移动到正极所做的功。

根据电动势的定义有

$$e = \frac{\mathrm{d}w}{\mathrm{d}q} \tag{1-7}$$

不考虑电源内部细节，一般认为电源的端电压即为电源电动势。严格来讲，电源存在内阻，万用表也存在内阻。考虑电压表内阻很大，电源内阻很小，若忽略内阻问题，万用表测得的电源端电压可以等效为电源电动势；若考虑内阻问题，实际万用表测得的电源端电压小于电源电动势。

按照定义，电动势的方向是克服电场移动正电荷的方向，是从低电位指向高电位的方向。在电源内部，其电动势是由负极指向正极；而在电源外部，其呈现的端电压则由高电位指向低电位。

5. 电功率

单位时间做功的大小称为功率，或者说做功的速率称为功率。如未加特别说明，在以后的分析与研究中，所涉及的电功率就是电场力做功的功率，用符号 $P(t)$ 表示，根据此给功率下一个数学定义：

单位时间内某电路吸收或释放的电能称为功率，用 p 表示。若时间 t 内电路吸收或释放的电能为 w，则有

$$p = \frac{\mathrm{d}w}{\mathrm{d}t} \tag{1-8}$$

根据电流和电压的定义，进一步推导有

$$p = \frac{\mathrm{d}w}{\mathrm{d}q} \times \frac{\mathrm{d}q}{\mathrm{d}t} = u \times i \tag{1-9}$$

由式（1-9）可知，电路的功率等于该电路的电压与电流乘积。在直流电路中，式（1-9）可以写为

$$P = U \times I \tag{1-10}$$

功率 P 可为正值也可为负值，其正负号具有实际物理意义。若 $P>0$，电路中电压和电流实际方向一致，正电荷在电场力作用下做功，电路吸收功率；若 $P<0$，则电路中电压和电流实际方向不一致，外力克服电场力做功，电路发出功率。

6. 电能

当正电荷从电路的高电位点移动到低电位点时，电场力对正电荷做功，该电路吸收电能；而当正电荷从电路的低电位点移到高电位点时，克服电场力做功，该电路将其他形式的能量转换成电能。根据式（1-8）推导有

$$\mathrm{d}w = p \times \mathrm{d}t \tag{1-11}$$

在 Δt 时间内，电路吸收或消耗的电能为

$$w = \int p\mathrm{d}t \tag{1-12}$$

在直流电路中，式（1-12）可以写为

$$W = P \times \Delta t \tag{1-13}$$

三 电路的基本元件

依据能量转换特性，电路的组成部件主要包括负载和电源两部分，通常涉及电阻元件、电感元件、电容元件、独立电源（包括电压源和电流源）、受控电源、耦合电感、理想变压器等常用电路元件。根据元件与外部电路相连的端钮数可以将上述元件分为二端元件（前四种）和多端元件（后三种），不同电路元件端钮处的电压和电流之间都存在确定的函数关系，称为伏安特性，描述其特性的曲线也称为伏安特性曲线。本节主要讨论电路中常用的电阻元件、电容元件、电感元件、独立电源和受控电源。

（一）电阻元件

1. 电阻元件及其伏安特性

（1）电阻元件。二端元件是指有两个端钮与外电路相连接的电路元件。能够反映电路中电能消耗这一物理特性的理想二端元件称为电阻元件。

电阻元件的伏安特性可通过伏安特性曲线来进行描述。元件的伏安特性曲线通常是通过实验测定的。

（2）电阻元件的分类。

1）线性电阻。若电阻的阻值与其工作电压或电流无关，为一个确定的常数，则称其为线性电阻元件。线性电阻元件的伏安特性曲线是一条通过原点的直线，该直线的斜率即为该电阻的阻值，如图 1-7 所示。

2）非线性电阻。如果电阻的阻值不是一个常数，会随着其工作电压或电流的变化而变化，则称为非线性电阻元件。其伏安特性曲线不再是一条通过原点的直线，图 1-8 所示为某二极管的伏安特性。

实际电路中的电阻元件如电阻器、白炽灯等，都具有一定的非线性，但是在一定的工作范围内，其电阻值变化很小，可以近似地看作线性电阻元件。后续本书

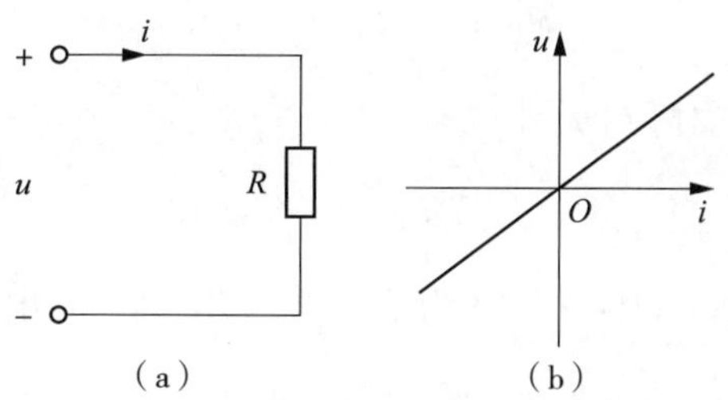

图 1-7 线性电阻元件电路及其伏安特性

(a) 线性电阻元件电路图；(b) 伏安特性

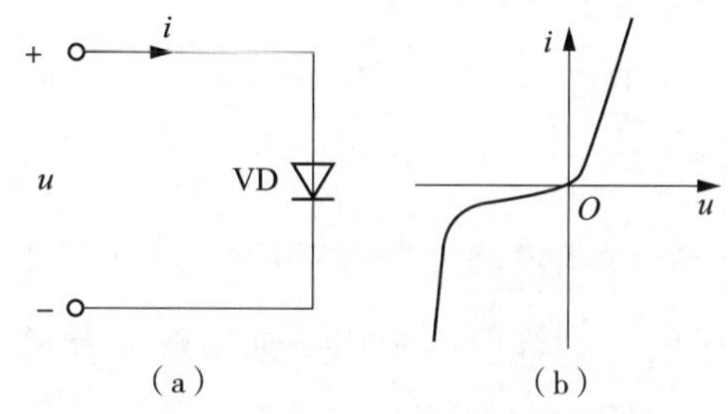

图 1-8 非线性电阻元件电路及其伏安特性

(a) 非线性电阻元件电路图；(b) 伏安特性

中，若无特别说明，一般所讲的电阻元件都指线性电阻元件，简称电阻。

2. 欧姆定律

欧姆定律反映了无源线性电阻元件的特性，即端钮处电流和电压之间的关系。在引入参考方向的概念后，关于欧姆定律的掌握和应用从以下两个方面讨论。

(1) 线性电阻在电压和电流选择关联参考方向时，满足欧姆定律，即

$$u(t) = Ri(t) \text{ 或 } i(t) = Gu(t) \tag{1-14}$$

在直流电路中，上式可写为

$$U = RI \text{ 或 } I = GU \tag{1-15}$$

式 (1-14) 和式 (1-15) 中：R 为线性电阻元件的电阻，描述了其阻碍电流通过能力的大小，Ω；G 为线性电阻元件的电导，大小为电阻的倒数，S。同一个电阻元件，既可以用电阻 R 表示，也可以用电导 G 表示。

(2) 线性电阻在电压和电流的参考方向非关联时，欧姆定律应表示为

$$u(t) = -Ri(t) \text{ 或 } i(t) = -Gu(t) \tag{1-16}$$

3. 电阻的功率

将欧姆定律代入电阻元件功率的计算公式可得

$$P_R = ui = i^2R = u^2G \tag{1-17}$$

在直流情况下，上式可写为

$$P_R = UI = I^2R = U^2G \tag{1-18}$$

式（1-17）和式（1-18）中：i 或 I 为所计算电阻 R 中的电流；u 或 U 为电阻 R 两端的电压。

由以上公式可知，线性电阻元件的功率恒正，即总是在消耗功率，所以电阻元件是耗能元件。

（二）电容元件

电容是一种在电场中储存能量的无源双端电路元件，在调谐、旁路、耦合、滤波等电路中起着重要的作用。电容可用于构造动态数字存储器，制作高通或低通滤波器，或者用于通交流阻直流电流。

当两个平行的相互靠近的金属极板，中间为不导电的绝缘介质时，可构成电容器。当电容器的两个极板之间加上电压时，电容器会储存电荷。电容器的电容量在数值上等于导电极板上的电荷量与两个极板之间的电压之比。

$$C = \frac{Q}{u} \tag{1-19}$$

式中：C 为电容值，F；Q 为电荷量，C；U 为电压，V。

电容的电压电流关系为电容的电流等于它两端的电压的变化率乘以电容值，且电流电压为关联参考方向。若电流电压为非关联参考方向，则式（1-20）增加负号。

$$i = C\frac{\mathrm{d}u}{\mathrm{d}t} \tag{1-20}$$

（三）电感元件

电感器是把电能转化为磁能并存储的元件，电感器是用导线绕成的线圈。在电路中通常用 L 表示电感元件，单位为亨利（H），常用的单位包括毫亨（mH）和微亨（μH）。

电感的电压电流关系为电感两端的电压等于流经电感电流的变化值乘以电感

值，且电压电流为关联参考方向。若电流电压为非关联参考方向，则式（1-21）增加负号。

$$u = L\frac{\mathrm{d}i}{\mathrm{d}t} \tag{1-21}$$

（四）独立电源

电源是电路的重要基本组成元件，主要为电路提供能量。根据其能否在电路中独立工作可以分为独立电源和受控电源两部分。独立电源按照其对外提供的电量形式可分为独立电流源和独立电压源。

1. 独立电流源

（1）理想电流源。实际电源若忽略其工作时自身的能量损耗，可认为是理想电源。

理想电流源定义：一个理想二端元件，若其端口电流总能保持给定的电流 $i_s(t)$，与其两端的电压无关，则称其为理想电流源，简称电流源。图 1-9 所示为理想电流源的电路模型。

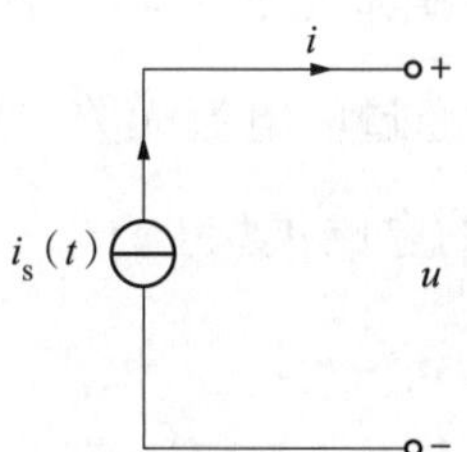

图 1-9　理想电流源的电路模型

理想电流源的特性主要有以下两点。

1）端口电流不变。即理想电流源外接任一电路时，其端口电流总能保持不变，与其端口电压无关。

2）端口电压待定。即理想电流源两端的电压由理想电流源与其所连的外电路共同确定。

（2）实际电流源模型。理想电流源实际是不存在的，电源内部存在内电导 G_s，使得电流源提供的电流在内部分流。因此，实际电流源模型是理想电流源与其内电导 G_s 并联组合表示，图 1-10 所示为实际直流电流源的电路模型及其伏安特性。

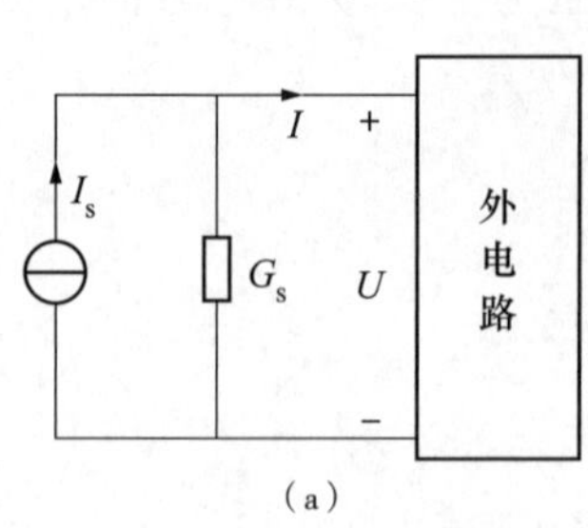

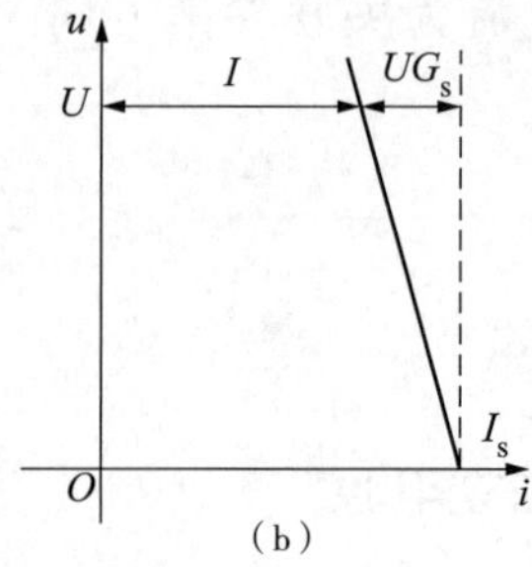

图 1-10　实际直流电流源的电路模型及其伏安特性

(a) 电路模型；(b) 伏安特性

分析上面电路，根据电荷守恒定律有

$$I = I_s - UG_s \tag{1-22}$$

式（1-22）表明，实际电流源对外提供的电流 I 总是小于理想电流源输出电流 I_s，其差值为其内电导分流电流值。因此，实际电流源的内电导越小，其特性越接近理想电流源。晶体管稳流电源及光电池等器件在工作时可近似为理想电流源。

2. 独立电压源

（1）理想电压源。理想电压源定义如下：一个理想二端元件，若其端口电压总能保持给定的电压 $u_s(t)$，而与通过的电流无关，则称其为理想电压源，简称电压源。图 1-11 所示为理想电压源的电路模型。

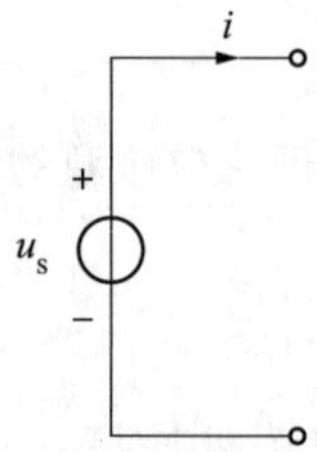

图 1-11　理想电压源的电路模型

理想电压源的特性主要有以下两点。

1）端口电压不变。即理想电压源外接任一电路时，其端口电压始终保持不变，与流过它的电流大小无关。

2）端口电流待定。即流过理想电压源的电流由理想电压源与其所连的外电路共同确定。

（2）实际电压源模型。理想电压源实际是不存在的，电源内部存在内阻 R_s，当接入负载产生电流后，内阻会有能量损耗，而且电流越大，内阻能量损耗越大，使得端电压降低。因此，实际电压源模型是理想电压源与其内阻 R_s 串联组合表示，图 1-12 所示为实际直流电压源的电路模型及其伏安特性。

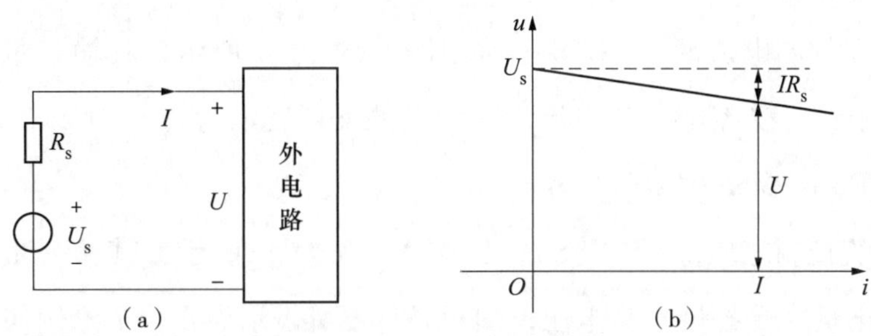

图 1-12　实际直流电压源的电路模型及其伏安特性

（a）电路模型；（b）伏安特性

分析上面电路，根据功率守恒定律有

$$U_sI = UI + I^2R_s \text{ 或 } U_s = U + IR_s \tag{1-23}$$

式（1-23）表明，实际电压源的端电压 U 总是低于理想电压源的电压 U_s 的，其差值为其内阻电压降 IR_s。因此，实际电压源的内阻越小，其特性越接近理想电压源。工程中常用的稳压电源以及大型电网等，在工作时的输出电压基本不随外电路变化，一般都可近似为理想电压源。

（五）受控电源

受控电源和独立电源是两个不同的物理概念。独立电源输出的电压或电流是由其本身决定的，是实际电路中电能或电信号的“源”的理想化模型，在电路中起“激励”作用；而受控电源的电压或电流受电路中其他电压或电流控制，对外不能独立提供能量，它本身不直接起“激励”作用，它是描述电路器件中其他电压或电流对另一支路控制作用的理想化模型。

如前所述，受控电源是一个多端元件，可用一个具有两对端钮的电路模型来表示，即一对输入端和一对输出端。输入端是控制量所在的支路，称为控制支路，控制量可以是电压，也可以是电流；输出端是受控源所在的支路，它输出被控制的电压或电流。因此，受控电源有四种类型，如图 1-13 所示。

（1）电压控制电压源（VCVS），如图 1-13（a）所示，其输入量（控制量）和输出量（受控量）均为电压，图示条件下可表示为 $u_2=\mu u_1$，常用于变压器及场效应管的电路模型等。

（2）电压控制电流源（VCCS），如图 1-13（b）所示，其输入量（控制量）为电压，输出量（受控量）为电流，图示条件下可表示为 $i_2=gu_1$，例如双极型晶体三极管的 Ebers-Moll 模型。

（3）电流控制电压源（CCVS），如图 1-13（c）所示，其输入量（控制量）为电流，输出量（受控量）为电压，图示条件下可表示为 $u_2=ri_1$，例如直流发电机的电路模型。

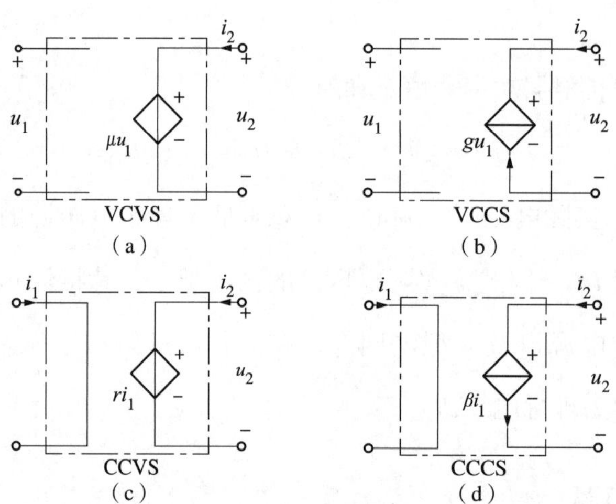

图 1-13　受控电源的四种基本形式

（a）电压控制电压源电路模型；（b）电压控制电流源电路模型；
（c）电流控制电压源电路模型；（d）电流控制电流源电路模型

（4）电流控制电流源（CCCS），如图 1-13（d）所示，其输入量（控制量）为电流，输出量（受控量）为电流，图示条件下可表示为 $i_2=\beta i_1$，例如晶体三极管的电路模型。

为与独立电源加以区别，图 1-13 中的菱形符号表示受控源，其参考方向的表示方法与独立电源相同。μ、g、r、β都是相关的控制系数，μ和β是电压或电流放大倍数（无量纲），g和r分别称为转移电导和转移电阻，具有电导和电阻的量纲（S和Ω）。当这些系数为常数时，受控电源称为线性受控电源。

四 电路的工作状态

根据电路所接负载的情况，电路主要有三种不同的工作状态。下面以直流电路为例进行讨论。

1. 开路

当电源和负载未构成通路时的电路状态称为开路状态，也称断路状态。此时负载上电流为零，电源空载，对外不输出功率。开路时电源两端的电压称为开路电压，用U_{oc}表示。

实际电压源在开路时，由于其电流为零，内阻上的电压降也为零，故其开路电压等于电压源电压，即$U_{oc}=U_s$。

实际电流源在开路时，由于其内电导G_s一般都很小，导致其开路电压$U_{oc}=I_{sc}/G_s$将很大，从而损坏电源设备。因此，电流源不应处于开路状态。

2. 短路

当电源两端由于某种原因短接在一起时的电路状态称为短路状态。此时负载电阻相当于零，电源端电压为零，对外不输出功率。短路时电源输出的电流称为短路电流，用I_{sc}表示。

实际电流源在短路时，由于其端电压为零，内阻上分得的电流也为零，故其短路电流$I_{sc}=I_s$。

实际电压源在短路时，由于其内电阻R_s一般都很小，导致其短路电流$I_{sc}=U_s/R_s$将很大，从而使电源发热以致损坏。因此，实际工作中，应采取各种措施防止电压源处于短路状态，同时还应在电路中接入熔丝等保护装置，以便在发生短路时迅速切断电源，从而保护电源与电路器件。

3. 额定工作状态

任何电气设备都有一定的电压、电流和功率的限额，称为额定值。额定值通常标在产品的铭牌或说明书上，是设备制造厂对产品安全使用作出的规定限额。电气设备工作在额定值的情况称为额定工作状态。

电源设备的额定值一般包括额定电压 U_N、额定电流 I_N、额定容量 S_N。其中 U_N 和 I_N 是电源设备安全运行所需要的电压和电流限额，S_N 是指电源最大允许的输出功率。电源设备工作时不一定总是输出其规定的最大允许电压和电流，具体数值还取决于所连接的负载。

负载设备的额定值一般包括额定电压 U_N、额定电流 I_N、额定功率 P_N。其中 U_N 和 I_N 是负载设备安全稳定工作所需要的电压和电流值，P_N 是指负载在额定工作状态下消耗的功率。在具体应用过程中，应尽量合理地使用电气设备，使其工作在额定状态，这样可以使设备既安全可靠又充分发挥作用。这种状态也称为“满载”。电气设备超过其额定值工作的状态称为“过载”，长时间的过载会大大缩短设备的使用寿命，甚至损坏设备。

五 基尔霍夫定律

电路的基本定律有欧姆定律和基尔霍夫定律。欧姆定律在前面已经做了介绍，下面对基尔霍夫定律进行学习。

电路中各元件的电压、电流按照其连接方式和元件特性一般要受到两类约束。

（1）由于元件本身的特性所带来的对电压、电流的约束称为元件约束，由元件伏安关系体现。

（2）由于元件的相互连接给元件的电压、电流所带来的约束称为拓扑约束，由基尔霍夫定律体现。

（一）拓扑约束相关名词

1. 支路

电路中每个分支称为一条支路。图 1-14 中，共有 3 条支路，分别用 *acb*、*adb*、*ab* 表示。支路中流过的电流称为支路电流。同一支路中的各元件流过的电流均为该支路的支路电流。其中含有有源元件的支路称为有源支路，如 *acb* 和 *adb*；不含有源元件的支路称为无源支路，如 *ab*。

2. 节点

电路中三条或三条以上支路的汇接点称为节点（结节）。图 1-14 中，共有 2 个节点，分别表示为 a、b。图 1-14 中 c、d 不称为节点。

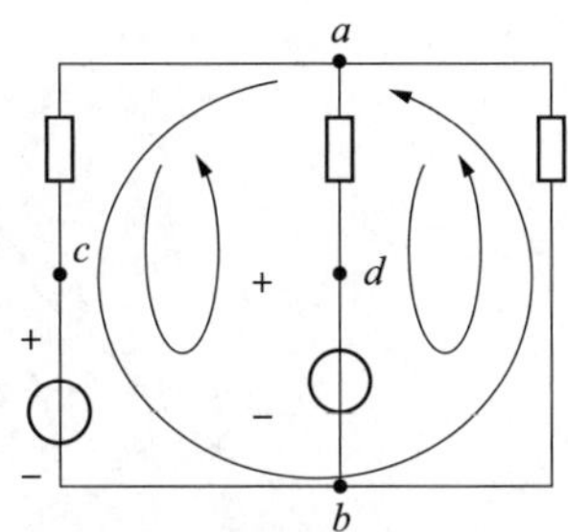

图 1-14 拓扑约束相关名词电路示例

（a）等效前电路；（b）等效后电路

3. 回路

电路中任一闭合的路径称为回路。图 1-14 中，共有 3 个回路，分别表示为 $acbda$、$acba$、$adba$。

4. 网孔

内部不含支路的回路称为网孔。图 1-14 中，共有 2 个网孔，分别表示为 $acbda$、$adba$。由于回路 $acba$ 中含有 adb 支路，所以它不是网孔。只有在平面电路中网孔才有意义。

（二）基尔霍夫电流定律

1. 定律

基尔霍夫电流定律简称 KCL，可表述为在集中参数电路中，任一时刻流出（或流入）任一节点的各支路电流的代数和恒等于零。写成数学表达式为

$$\sum i = 0 \tag{1-24}$$

电流的代数和是根据电流是流出节点还是流入节点判断的。流入节点的电流前面取“+”，流出节点的电流前面取“-”。

2. 特性

（1）任何时刻流入任一节点的电流必定等于流出该节点的电流。即 $\sum i_{in} =$

$\sum i_{out}$。例如图 1-15 中，其 KCL 方程可以表示为 $i_1 + i_3 = i_2 + i_4$。

（2）流入电路任一封闭面（也称为广义节点）的各支路电流的代数和恒等于零。例如图 1-16 中，对节点①、②、③所围成的闭合曲面，有 $i_1 + i_2 + i_3 = 0$。

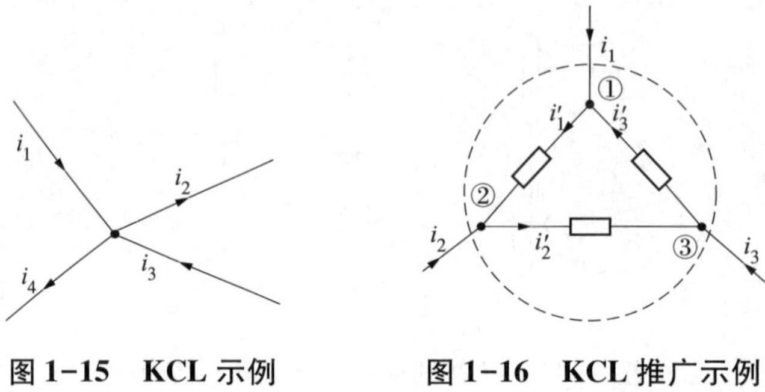

图 1-15　KCL 示例　　图 1-16　KCL 推广示例

基尔霍夫电流定律体现了电流的连续性原理，它的理论依据是电荷守恒定律。

（三）基尔霍夫电压定律

1. 定律

基尔霍夫电压定律简称 KVL，可表述为在集中参数电路中，任一时刻，在任一回路中，沿任一绕行方向，回路中各支路电压降的代数和恒等于零。用公式表示，即

$$\sum u = 0 \tag{1-25}$$

2. 特性

（1）在运用 KVL 时，除了考虑各电压前的“+”“-”符号，还需注意各电压值本身也有正、负之分。

（2）体现电路中两点间的电压与路径选择无关这一事实。

基尔霍夫两个定律从电路的拓扑上分别阐述了各支路电流之间、各支路电压之间的约束关系。这种关系仅与电路的结构和连接方式有关，而与电路元件的性质无关（即同样适用于含受控电源的电路和非线性电路）。电路的这种拓扑约束和表征元件性能的元件约束共同统一了电路整体，支配着电路各处的电压与电流，它们是分析一切集中参数电路的基本依据。

第 2 节
线性电阻电路的分析

由独立电源、线性电阻元件及受控源组成的电路称为线性电阻电路。分析线性电阻电路的基本依据是电路所普遍遵循的两类约束——“拓扑约束”和“元件约束”，它们分别通过基尔霍夫定律（KCL 和 KVL）及电路元件的伏安特性（VAR）具体体现。线性电阻电路的分析方法很多，等效变换是一种非常实用的方法，其核心是将电路中的某一部分用一个对外具有相同作用效果的简单电路来等效代替，以达到简化电路分析与计算的目的。

一 等效变换的概念

1. 二端网络

对外有两个引出端子的网络称为二端网络。两个端子构成一个端口，故又将其称为一端口网络。内部含有独立源的二端网络称为有源二端网络；内部不含独立源的二端网络称为无源二端网络。二端网络如图 1-17 所示，其中 u 称为端口电压，i 称为端口电流。

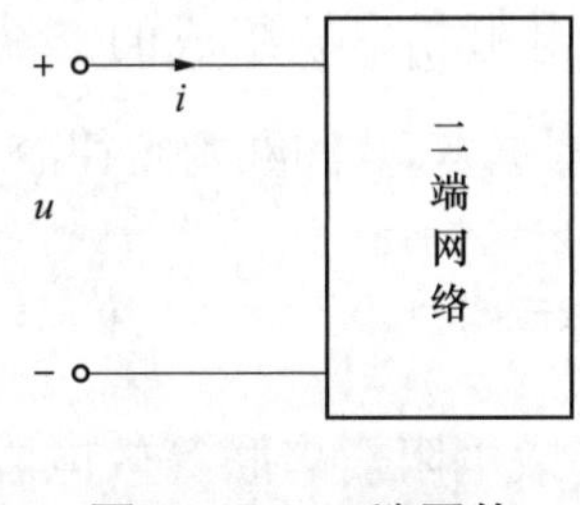

图 1-17　二端网络

2. 等效二端网络

在相同的端口电压、电流的参考方向下，若两个二端网络的端口伏安关系完全相同，则称这两个二端网络互为等效，即可等效变换。如图 1-18（a）中二端网络 N1 可用图 1-18（b）中二端网络 N2 替代，其中 N2 的 R_{eq} 被称为 N1 的等效电阻。在图 1-18 中，两个二端网络 N1 和 N2 具有完全相同的端口伏安特性。尽管 N1 和 N2 内部结构和元件参数完全不同，但 N1 和 N2 互换时，却对外电路产生完全相同的影响，即外电路的电压和电流均保持不变，这就是“对外等效”的概念。

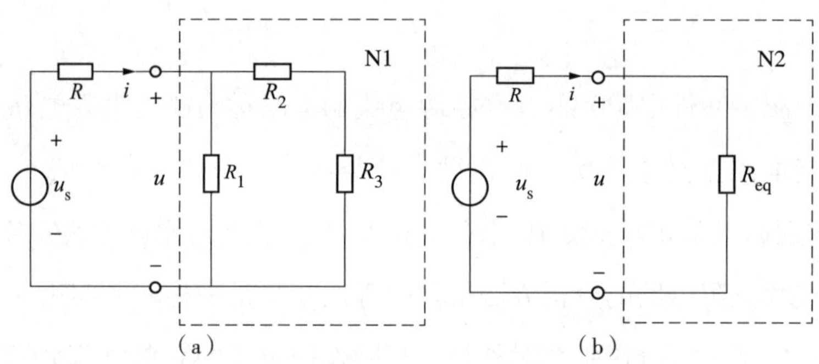

图 1-18　等效二端网络

运用等效变换概念，可把一个结构复杂的二端网络用一个结构简单的二端网络去等效替换，从而简化电路分析和计算。若要求解原电路内部的电压、电流，就必须回到原电路，然后根据已求得的端口处电压、电流进行求解。

二　无源电阻网络的等效变换

（一）电阻的串联

图 1-19（a）所示为 n 个电阻相串联组成的二端网络，其特点是电路没有分支，流过各电阻的电流相同。根据 KVL 和欧姆定律有

$$R_{eq} = \frac{u}{i} = R_1 + R_2 + \cdots + R_n = \sum_{k=1}^{n} R_k \tag{1-26}$$

R_{eq} 称为这些串联电阻的等效电阻。串联等效电阻值大于任意一个串联其中的电阻阻值。用等效电阻替代这 n 个串联电阻的组合，电路被简化为图 1-19（b）。

图 1-19（a）和图 1-19（b）的内部结构显然不同，但在端钮 a、b 处的伏安关系相同，即互为等效电路，图 1-19（b）为图 1-19（a）的等效电路。

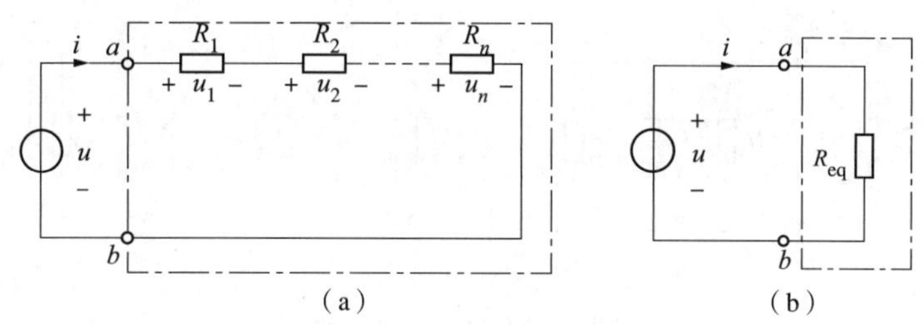

图 1-19 电阻的串联

（a）n 个电阻串联电路；（b）电阻串联等效电路

若各电阻元件的电压、电流取关联参考方向，如图 1-19（a）所示，则各串联电阻上的电压可表示为：

$$u_k = iR_k = \frac{R_k}{R_{eq}}u(k = 1,\ 2,\ \cdots,\ n) \tag{1-27}$$

式（1-27）通常称为分压公式，即串联的各电阻的电压与其电阻值成正比。使用式（1-27）时，必须注意各电压的参考方向。

由式（1-27）还可推出，n 个电阻串联吸收的总功率等于各电阻吸收的功率之和，并且等于其等效电阻吸收的功率，可用公式表示为

$$p = ui = (R_1 + R_2 + \cdots + R_n)i^2 = \sum_{k=1}^{n} R_k i^2 = R_{eq} i^2 \tag{1-28}$$

（二）电阻的并联

图 1-20（a）所示是 n 个电导（电阻）相并联组成的二端网络，其特点是相并联的各电导（电阻）两端具有相同的电压。根据 KVL 和欧姆定律则有

$$\frac{1}{R_{eq}} = \frac{i}{u} = \left(\frac{1}{R_1} + \frac{1}{R_2} + \cdots + \frac{1}{R_n}\right) \text{或} G_{eq} = (G_1 + G_2 + \cdots + G_n) = \sum_{k=1}^{n} G_k \tag{1-29}$$

式（1-29）中 G_{eq} 称为等效电导，图 1-20（b）为图 1-20（a）的化简等效电路。

当两个电阻并联时，其等效电阻为

$$R_{eq} = \frac{R_1 R_2}{R_1 + R_2} \tag{1-30}$$

在关联参考方向下，电导（电阻）并联时，各并联电导（电阻）上的电流可表示为

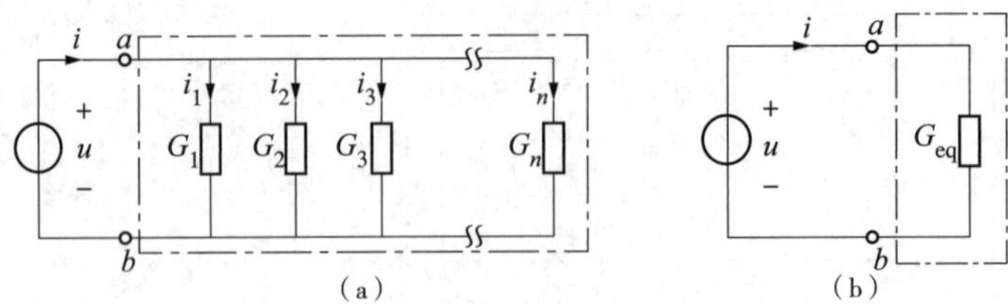

图 1-20　电阻的并联

(a) n 个电导（电阻）并联电路；(b) 电阻串联等效电路

$$i_k = G_k u = \frac{G_k}{G_{eq}} i(k = 1, 2, \cdots, n) \tag{1-31}$$

式（1-31）常称为分流公式，即相互并联的各电导中流过的电流值与其电导值成正比（或相互并联的各电阻中流过的电流值与其电阻值成反比）。同样，在运用式（1-31）求取各电导（电阻）电流时，也应注意各电流的参考方向。

通过式（1-31）还可推出，n 个电导（电阻）并联吸收的总功率等于各个电导（电阻）吸收的功率之和，并且等于其等效电导（电阻）吸收的功率，即

$$p = ui = G_1 u^2 + G_2 u^2 + \cdots + G_n u^2 = \sum_{k=1}^{n} G_k u^2 = G_{eq} u^2 \tag{1-32}$$

电阻串联的分压性质和电阻并联的分流性质常用于电压表和电流表的量程范围的改变。

（三）电阻的混联

兼有电阻串联和并联的电路称为混联电路。在计算串、并及混联电路的等效电阻时，应根据电阻串联、并联的基本特征，判别电阻间的连接方式，再利用前述公式进行化简。

1. 在无源线性电阻网络的具体分析化简中的注意事项

（1）串联、并联是针对某两端钮而言，抽象地谈论串、并联是没有意义的。

（2）电路中若存在无电阻导线，可将其缩成一点（即短路线相连的两点可等效为一点），不影响电路的其他部分。

（3）对于等电位点之间的电阻支路，既可看作开路，也可看作短路。

（4）对于对称网络，可利用对称轴上所有节点均为等电位点的性质对电路进行简化。

通过以上处理方法，可使电路简化，便于判断电阻的连接关系，更快地求出等效电阻。

2. 在无源电阻网络中求各电阻上的电压或电流时的步骤

在无源电阻网络中，若已知网络端口的总电压（或总电流），求各电阻上的电压或电流时，一般采用下面的求解步骤：

（1）求出该无源电阻网络的等效电阻 R_{eq} 或者等效电导 G_{eq}。

（2）采用欧姆定律求出网络端口处的总电流（或总电压）。

（3）利用分压公式或者分流公式求解各电阻上的电压和电流。

（四）电阻的星形与三角形连接

前面讨论的都是二端网络，当一个网络的各电路元件相互连接组成对外有三个端钮的网络时，把这种网络称为三端网络。对于三端网络，也可根据其端口对外的关系完全相同的原则进行等效变换。电阻元件的星形和三角形连接网络是最简单的三端网络。

下面分别对电阻的星形连接和三角形连接及其等效进行讨论。

1. 电阻的星形连接

三个电阻各有一端连接在一起成为电路的一个节点 o，而另一端分别接到 a、b、c 三个端钮上与外电路相连，这种连接方式叫作星形连接（Y形），如图 1-21 所示。

2. 电阻的三角形连接

三个电阻分别接在 a、b、c 三个端钮中的每两个之间，围成一个三角形，称为三角形（△形）连接，如图 1-22 所示。

3. 电阻星形连接和三角形连接的等效变换

电阻星形连接和三角形连接的网络都是电阻三端网络，如果能够遵循等效变换的原则将这两种三端网络相互进行等效变换，则可以通过等效变换对某些复杂电路（如桥式电路）进行简化，使电路的分析计算更为方便快捷。

电阻星形连接网络和三角形连接网络之间的等效变换原则仍然是具有完全相同的对外特性，即对应两端钮之间的电压相同，流入对应端钮的电流也相同。

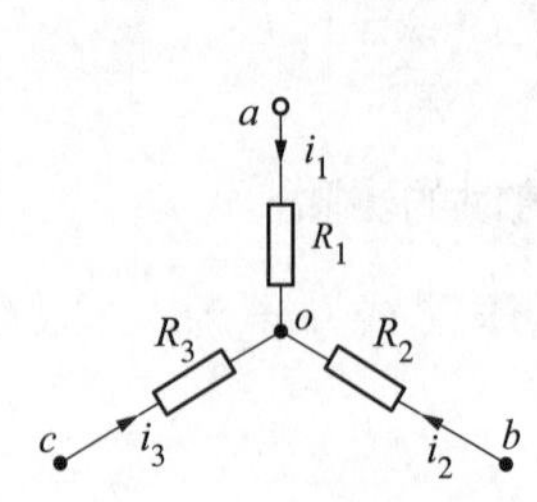

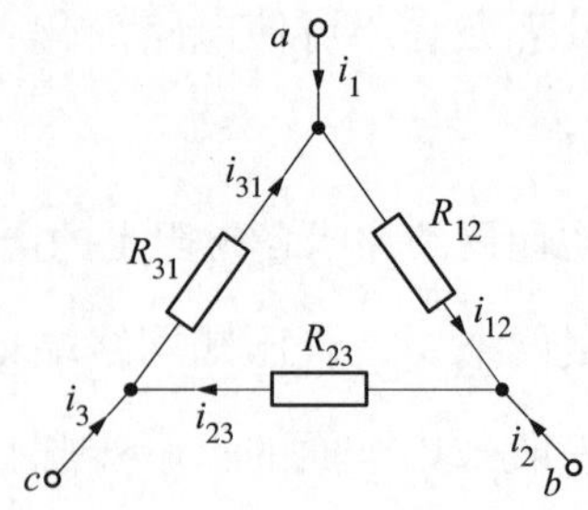

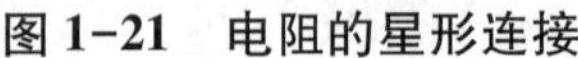
图 1-21　电阻的星形连接　　　图 1-22　电阻的三角形连接

依据此原则，对于图 1-21 所示电阻的星形连接网络和图 1-22 所示电阻的三角形连接网络，若令两三端网络的端钮 c 均对外断开，则图 1-21 中 a、b 端钮间的等效电阻应等于图 1-22 中 a、b 端钮间的等效电阻，即

$$R_1 + R_2 = \frac{R_{12}(R_{23} + R_{31})}{R_{12} + R_{23} + R_{31}} \tag{1-33}$$

$$R_2 + R_3 = \frac{R_{23}(R_{12} + R_{31})}{R_{12} + R_{23} + R_{31}} \tag{1-34}$$

$$R_1 + R_3 = \frac{R_{13}(R_{12} + R_{23})}{R_{12} + R_{23} + R_{31}} \tag{1-35}$$

将上面三式相加，化简后可得

$$R_1 + R_2 + R_3 = \frac{R_{12}R_{23} + R_{23}R_{31} + R_{31}R_{12}}{R_{12} + R_{23} + R_{31}} \tag{1-36}$$

将式（1-36）分别与式（1-33）~式（1-35）相减，可得

$$\begin{cases} R_1 = \dfrac{R_{31}R_{12}}{R_{12} + R_{23} + R_{31}} \\ R_2 = \dfrac{R_{12}R_{23}}{R_{12} + R_{23} + R_{31}} \\ R_3 = \dfrac{R_{23}R_{31}}{R_{12} + R_{23} + R_{31}} \end{cases} \tag{1-37}$$

式（1-37）为三角形电阻网络等效为星形电阻网络的电阻对应关系式，可将其归纳为

$$星形电阻 = \frac{三角形相邻两边电阻之积}{三角形三边电阻之和}$$

同理，如果已知星形电阻网络，则将式（1-33）~式（1-35）两两相乘再相加，化简整理得

$$R_1R_2 + R_2R_3 + R_3R_1 = \frac{R_{12}R_{23}R_{31}}{R_{12} + R_{23} + R_{31}} \tag{1-38}$$

将式（1-37）中各式分别除以式（1-38），可得

$$\begin{cases} R_{12} = \dfrac{R_1R_2 + R_2R_3 + R_3R_1}{R_3} \\ R_{23} = \dfrac{R_1R_2 + R_2R_3 + R_3R_1}{R_1} \\ R_{31} = \dfrac{R_1R_2 + R_2R_3 + R_3R_1}{R_2} \end{cases} \tag{1-39}$$

式（1-39）为星形电阻网络等效为三角形电阻网络的电阻对应关系式，可将其归纳为

$$三角形电阻 = \frac{星形中各电阻两两相乘之和}{星形中相对端钮的电阻}$$

应用式（1-37）、式（1-39）进行星形和三角形电阻网络之间的等效变换时，变换前后，对应端钮间的电压和电流都将保持不变，即外特性不变。

当星形网络中 3 个电阻阻值相等时（$R_1 = R_2 = R_3 = R_{\rm Y}$），则等效的三角形电阻网络的 3 个电阻阻值也相等，且有 $R_\triangle = R_{12} = R_{23} = R_{31} = 3R_{\rm Y}$；同理，若三角形网络的 3 个电阻阻值相等（$R_\triangle = R_{12} = R_{23} = R_{31}$），则有 $R_{\rm Y} = R_1 = R_2 = R_3 = R_\triangle/3$。

三 含独立源网络的等效变换

对于含源网络，可以利用等效变换的方法对网络进行简化。

（一）理想电压源的连接与等效

1. 串联

n 个理想电压源串联，可用一个等效电压源来替代，等效电压源的电压等于各串联电压源电压的“代数和”，如图 1-23 所示，即

$$u_s = u_{s1} + u_{s2} + \cdots + u_{sn} = \sum_{k=1}^{n} u_{sk} \tag{1-40}$$

在应用式（1-40）时，要根据各串联电压源的具体极性来确定其在“代数和”运算中的符号。

2. 并联

n 个理想电压源，只有在各电压源电压值相等且极性一致的情况下才允许并联，否则违背 KVL，其等效电路为其中的任一电压源，如图 1-24 所示。

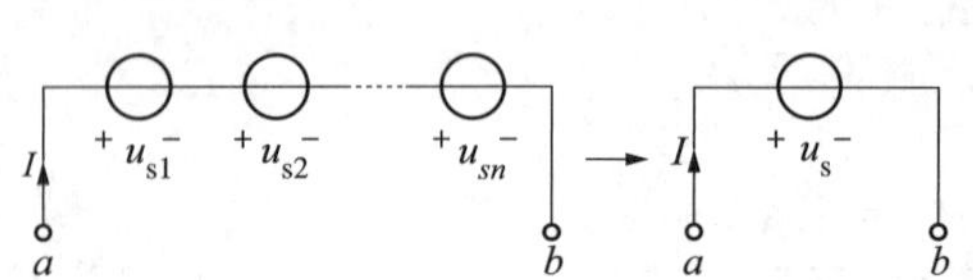

图 1-23　电压源的串联及其等效电路

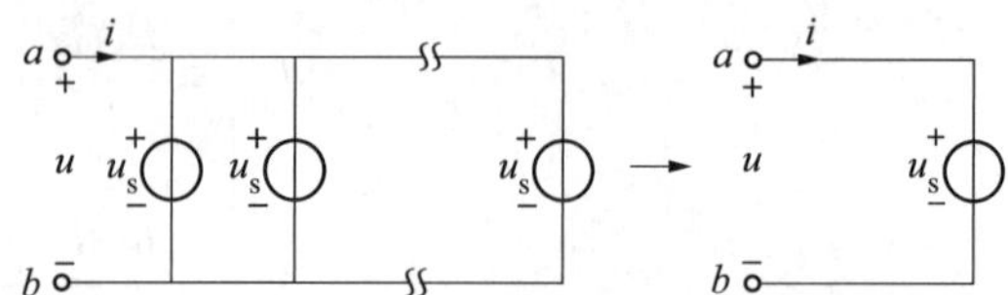

图 1-24　电压源的并联及其等效电路

3. 与其他元件的并联

与理想电压源并联的任一元件或支路，对理想电压源的电压无影响，即对该理想电压源的外特性没有影响。图 1-25（a）中电流源 i_s 与图 1-25（b）中电阻 R，对电压源的电压都没有影响，根据等效的概念，图 1-25（a）、图 1-25（b）所示的并联电路都可用一个等效的电压源替代，即可用图 1-25（c）所示电路等效。此时等效电压源的电压仍为 u_s，但其电流不等于图 1-25（a）、图 1-25（b）中电压源的电流，而是等于外部电流 i。

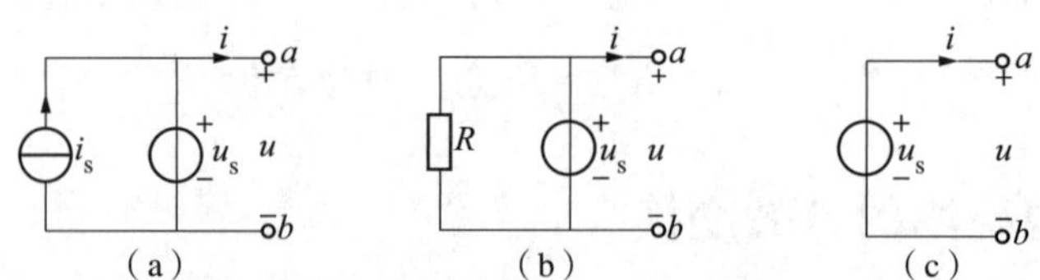

图 1-25　电压源的并联及其等效电路

（a）电流源与电压源并联电路；

（b）电阻与电压源并联电路；（c）（a）和（b）的等效电路

（二）理想电流源的连接与等效

1. 串联

n 个理想电流源，只有在各电流源电流值相等且方向一致的情况下才允许串联，否则违背 KCL，其等效电路为其中的任一电流源，如图 1-26 所示。

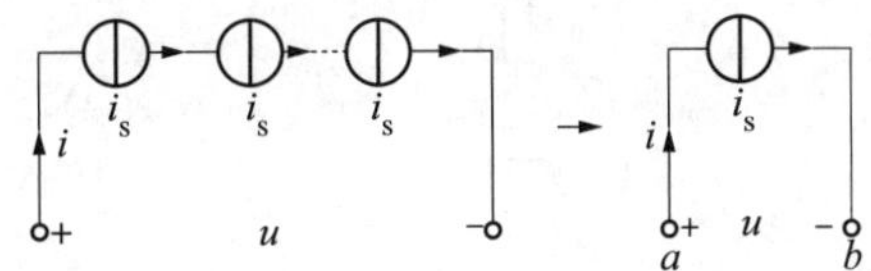

图 1-26　电流源的串联及其等效电路

2. 并联

n 个理想电流源并联电路可等效为一个电流源，等效电流源的电流为各并联电流源电流的“代数和”，如图 1-27 所示。即

$$i_s = i_{s1} + i_{s2} + \cdots + i_{sn} = \sum_{k=1}^{n} i_{sk} \tag{1-41}$$

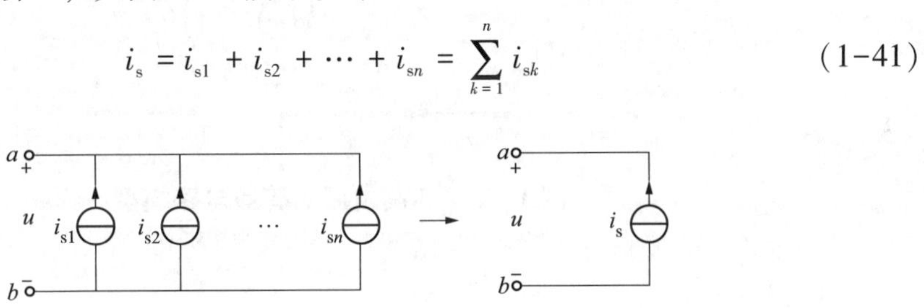

图 1-27　电流源的并联及其等效电路

同样应注意，在应用式（1-41）时，要根据各并联电流源的具体方向来确定其在“代数和”运算中的符号。

3. 与其他元件的串联

与理想电流源串联的任一元件或支路，对理想电流源的电流无影响，即对该理想电流源的外特性没有影响。图 1-28（a）中电压源 u_s 与图（b）中电阻 R，对电流源的电流都没有影响，根据等效的概念，图 1-28（a）、图 1-28（b）所示的串联电路都可用一个等效的电流源替代，即可用图 1-28（c）所示电路等效。此时等效电流源的电流仍为 i_s，但其电压不等于图 1-28（a）、图 1-28（b）中电流源的电压，而是等于外部电压 u。

（三）两种实际电源模型间的等效变换

实际电源存在两种电路模型：电压源模型和电流源模型。两种模型之间可以进行等效变换，如图 1-29 所示。

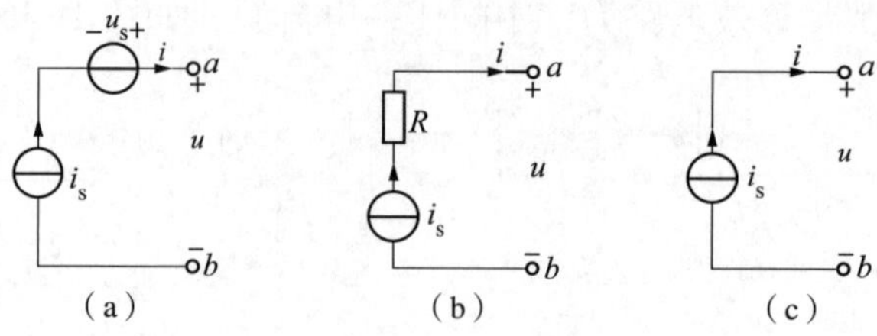

图 1-28 电流源的串联及其等效电路

(a) 电流源和电压源串联电路；(b) 电流源与电阻串联电路；(c) 图 (a) 和图 (b) 的等效电路

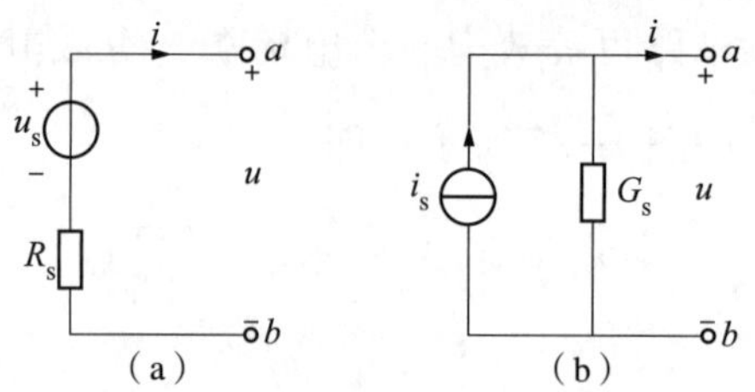

图 1-29 实际电源的等效电路模型

(a) 电压源模型；(b) 电流源模型

按照等效的概念，对于图 1-29 (a) 所示的电压源模型，可知其端口的伏安关系为

$$u = u_s - R_s i \tag{1-42}$$

同样对图 1-29 (b) 所示的电流源模型，可知其端口的伏安关系为

$$i = i_s - uG_s \tag{1-43}$$

按照等效的概念，当图 1-29 (a)、图 1-29 (b) 所示电路端口的伏安关系完全相同时，两者之间互为等效电路。可以得到它们等效的条件为

$$i_s = \frac{u_s}{R_s} \qquad G_s = \frac{1}{R_s} \tag{1-44}$$

等效变换时应注意：

(1) 理想电流源的方向对应理想电压源的负极指向正极的方向。

(2) 两种电源模型间的相互变换，只对其外部电路等效，对电源内部电路是不等效的。

(3) 理想电压源没有等效的电流源模型，理想电流源也没有等效的电压源模型。

（四）含独立源网络的等效变换

两种实际电源的等效变换，可看作理想电压源与电阻的串联电路、理想电流源与电导的并联电路之间的等效变换。因此，可推广至含独立源网络。

可以得到含独立源网络的等效变换方法，即利用实际电源的两种模型之间的等效变换方法和电阻的等效变换方法，经过不断简化、等效，最终可将含独立源的二端网络化简为理想电压源串联电阻的等效电路模型（戴维南电路模型）或者理想电流源并联电阻的等效电路模型（诺顿电路模型）。

四、支路电流法

利用前面所讲述的等效变换逐步简化电路原理进行分析计算时，能做到简单有效，但该方法仍有局限性，仅能解决具有一定结构且简单的电路，对于复杂的电路，该方法难以应用，并且在电路等效变换过程中，由于原电路结构的改变，该方法并不能体现主电路分析的普遍规律。下面介绍一种更具普遍规律的最基本、最直观的方法——支路电流法。

1. 分析线性电路的一般方法

根据前面所讲述的 KCL 和 KVL 可以列出电路中所有电流电压的独立方程，若实际电路中有 n 个支路，可以列出 n 个支路电流和 n 个支路电压的 $2n$ 个独立方程。对一个具体的电路，每一条确定的支路中的各个电路元件上流经的电流是同一个值，支路两端的电压等于该支路上相串联的各个电路元件的电压的代数和，由 VAR（元件约束）可以得到每条支路上的电压和电流关系，即支路的 VAR，如图 1-30 所示。

2. 支路电流法原理

图 1-31 所示电路共有 6 条支路、4 个节点、7 个回路（3 个网孔）。各支路电流 i_1 ~ i_6 参考方向均已标出，元件上的电压与电流取关联参考方向。求 6 条支路的电流，需要建立 6 个方程的方程组。

首先，规定对任一节点，流入该节点的电流取正，流出该节点的电流取负，列出各个节点的 KCL 方程。

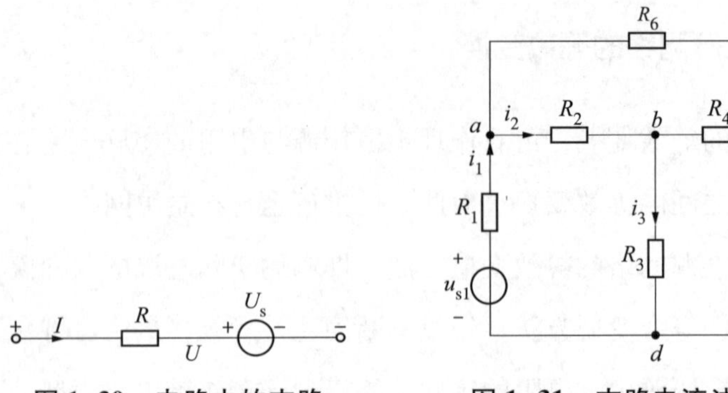

图 1-30　电路中的支路　　　　图 1-31　支路电流法示例

节点 a　　$i_1 - i_2 - i_6 = 0$

节点 b　　$i_2 - i_3 - i_4 = 0$

节点 c　　$i_4 - i_5 + i_6 = 0$

节点 d　　$-i_1 + i_3 + i_5 = 0$

以上 4 个方程中，可由任意 3 个方程线性变换得到第四个方程，即 4 个方程中只有 3 个是独立方程。因此，对于 n 个节点的电路，有（n-1）个独立的 KCL 方程。对应于该独立方程的节点称为独立节点，则剩下的一个节点称为非独立节点。图 1-31 中选择节点 d 为非独立节点，a、b、c 三个节点为独立节点列出独立方程。

其次，以顺时针方向绕行，根据 KVL 列写各网孔的电压方程，可得图 1-31 所示电路 3 个网孔的电压方程。

网孔 $abca$　　$i_6R_6 - i_4R_4 - i_2R_2 = 0$

网孔 $bcdb$　　$-i_3R_3 + i_4R_4 + i_5R_5 - u_{s2} = 0$

网孔 $abda$　　$i_2R_2 + i_3R_3 - u_{s1} + i_1R_1 = 0$

以上 3 个方程中，任意一个方程无法由另外两个推导出。因此，3 个方程是互相独立的。可以证明，剩下 4 个回路的 KVL 方程均能由以上 3 个方程线性变换得到。将这组独立 KVL 方程对应的回路称为一组独立回路。独立回路的特征之一是回路中包含一个独有支路。网孔作为电路的特殊回路一定包含有独立支路（仅限平面电路模型），即一个网孔就是一个独立回路，电路中的网孔数即为独立回路数。因此，通常情况下可以直接选取网孔为独立回路列写 KVL 方程。

在有 b 条支路、n 个节点的电路中，需列写 b 个方程求解所有支路电流。如上所述，n 个节点独立的 KCL 方程数为（$n-1$），需要列写的 KVL 方程数为 $l=b-(n-1)$。以支路电流为变量，列写 KCL 和 KVL 方程进行电路分析的方法称为支路电流法。

3. 支路电流法的解题步骤

对于有 b 条支路、n 个节点的电路，采用支路电流法进行分析的步骤归纳如下：

（1）选定支路电流的参考方向，标明在电路中，电流的参考方向可以任意假设。

（2）根据 KCL 列出节点方程，n 个节点可列（$n-1$）个独立方程（$\sum I=0$），可假设电流流出节点为正，电流流入节点为负。

（3）选取 $b-(n-1)$ 个独立回路（通常取网孔），设定各独立回路的绕行方向（如顺时针方向），根据 KVL 列出独立回路的电压方程（$\sum U=0$）。

（4）联立求解上述 b 个独立方程，得出待求的各支路电流，必要时加以检验。

（5）确定各支路电流的方向。当支路电流的计算结果为正值时，其方向和假设方向相同；当计算结果为负值时，其方向和假设方向相反。

（6）如有必要，由支路电流和各元件的伏安关系再求出其他物理量，如电压、功率等。

五 网孔电流法

支路电流法以支路电流为变量，电路方程数量为支路数量，支路数量越多计算量就越大。为此需要探讨其他能够减少电路方程数目的电路分析方法。回路电流法就是通过一组回路电流建立电路方程组进而减少电路的方程数以简化计算的方法。

1. 网孔电流

网孔电流，即网孔边界流动的电流，为假想的物理量。在图 1-32 所示的电路中共有 3 个网孔，可选择网孔电流为 i_{l1}、i_{l2} 和 i_{l3}。

对每个网孔，其外沿电流即为网孔电流，即 R_1 支路、R_5 支路、R_6 支路的电流分别为 $i_1=i_{l1}$、$i_5=i_{l2}$ 和 $i_6=i_{l3}$，进一步分析可知，R_2 支路、R_3 支路、R_4 支路的电流分别为 $i_2=i_{l1}-i_{l2}$、$i_3=i_{l1}-i_{l3}$ 和 $i_4=i_{l3}-i_{l2}$。可以得出：电路中各支路的电流可由网孔电流求出。

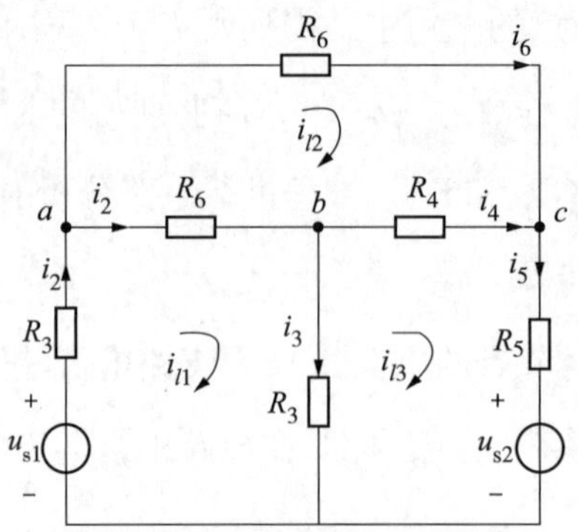

图 1-32　网孔电流法示例

2. 网孔电流法原理

图 1-32 所示的电路中，可以列出 6 个支路电流与 3 个独立回路电流的关系式（1-45），即

$$\left.\begin{aligned} i_1 &= i_{l1} \\ i_2 &= i_{l1} - i_{l2} \\ i_3 &= i_{l1} - i_{l3} \\ i_4 &= i_{l3} - i_{l2} \\ i_5 &= i_{l3} \\ i_6 &= i_{l2} \end{aligned}\right\} \tag{1-45}$$

由支路电流与独立回路电流的关系，使用独立回路电流代替支路电流列出各网孔的 KVL 方程，即

$$\left.\begin{aligned} R_1 i_{l1} + R_2(i_{l1} - i_{l2}) + R_3(i_{l1} - i_{l3}) - u_{s1} = 0 \\ R_6 i_{l2} - R_4(i_{l3} - i_{l2}) - R_2(i_{l1} - i_{l2}) = 0 \\ R_4(i_{l3} - i_{l2}) + R_5 i_{l3} + u_{s2} + R_3(i_{l3} - i_{l1}) = 0 \end{aligned}\right\} \tag{1-46}$$

以网孔电流为变量，整理变量系数后得

$$\left.\begin{aligned} (R_1 + R_2 + R_3) i_{l1} - R_2 i_{l2} - R_3 i_{l3} = u_{s1} \\ -R_2 i_{l1} + (R_2 + R_4 + R_6) i_{l2} - R_4 i_{l3} = 0 \\ -R_3 i_{l1} - R_4 i_{l2} + (R_3 + R_4 + R_5) i_{l3} = -u_{s2} \end{aligned}\right\} \tag{1-47}$$

可将以上方程组进行概括，写出回路电流法的典型方程形式，即

$$\left.\begin{aligned} R_{11}i_{l1}+R_{12}i_{l2}+R_{13}i_{l3}&=u_{s11}\\ R_{21}i_{l1}+R_{22}i_{l2}+R_{23}i_{l3}&=u_{s22}\\ R_{31}i_{l1}+R_{32}i_{l2}+R_{33}i_{l3}&=u_{s33}\end{aligned}\right\}\tag{1-48}$$

式（1-48）中，R_{11}、R_{22}、R_{33} 为具有重叠的下标，称为独立回路的自电阻，分别为各独立回路中所有电阻之和，当独立回路的绕行方向与独立回路电流的方向一致时，自电阻均为正值。R_{13}、R_{21}、R_{23}、R_{31}、R_{32} 等电阻具有不重叠的下标，称为互电阻，分别为两个独立回路公共支路上的电阻，互电阻可为正值也可为负值。当互电阻中流过的两个独立回路的电流方向一致时，互电阻取正值；反之，则取负值。在线性电路中，满足 $R_{12}=R_{21}$、$R_{13}=R_{31}$、$R_{32}=R_{23}$。u_{s11}、u_{s22}、u_{s33} 分别是各独立回路内所有电源电压的代数和。由于将电源电压值放在 R 方程右侧，因此，电源电压方向与独立电路绕行方向一致时取负值；反之，则取正值。

由方程组式（1-48）可知，方程组的方程数比支路电流法少 3 个。对于有 n 个节点、b 条支路的电路，回路电流法列写的方程数为 $b-(n-1)$，比支路电流法少（$n-1$）个。

以一组独立回路的回路电流为变量，将 KCL 方程融合到 KVL 方程中，只列写 KVL 方程对电路进行分析计算的方法称为网孔电流法。

将式（1-48）推广到 b 条支路、l 个独立回路的电路中，其回路电流方程应该为

$$\left.\begin{aligned} R_{11}i_{l1}+R_{12}i_{l2}+\cdots+R_{1l}i_{ll}&=u_{s11}\\ R_{21}i_{l1}+R_{22}i_{l2}+\cdots+R_{2l}i_{ll}&=u_{s22}\\ &\cdots\\ R_{l1}i_{l1}+R_{l2}i_{l2}+\cdots+R_{ll}i_{ll}&=u_{sll}\end{aligned}\right\}\tag{1-49}$$

网孔在平面电路中是特殊的回路，网孔为独立回路，其 KVL 方程组为独立方程组。网孔电流为环流于网孔各支路的电流。网孔电流自动满足 KCL 方程，是一组独立的可求解变量。以网孔电流为变量列 KVL 方程进而分析求解电路的方法称为网孔电流法，网孔电流法是回路电流法的一种特殊形式。

当采用网孔电流法，并将电路中所有网孔电流的方向都设为顺时针方向（互电

阻皆为负值）时，上述典型方程组简单描述为

自电阻×本网孔电流十互电阻×相邻网孔电流=网孔内所有电源的电压升

3. 网孔电流法的解题步骤

通过上述分析，将网孔电流法的一般分析步骤概括如下。

（1）选择网孔回路为独立回路，标出各网孔标号、网孔电流及网孔电流参考方向，通常取同为顺时针（或同为逆时针）。

（2）列写出用网孔电流表示的各网孔的 KVL 方程。

（3）联立求解用网孔电流表示的 KVL 方程，求出需要的网孔电流。

（4）由网孔电流求取需要的支路电流，根据支路电流求得支路电压，并进一步求出支路功率，进而求得其他需要的电路变量。

在网孔分析法中，由于省略 KCL 方程，因而与支路电流法比较，计算得到简化。

六 节点电压法

节点电压法也称为节点电位法。与网孔电流法类似，节点电压法也能减少方程的数目。以独立节点对参考节点的电压（节点电压）为电路求解对象，利用基尔霍夫电流定律和欧姆定律导出（n-1）个独立节点电压为未知量的方程，联立求解各节点电压，从而求解其他电路变量。

1. 节点电压

任选电路中一点作为参考节点，电路中其他各点到参考节点之间的电位差为各节点的电压。以图 1-33 中的电路为例，电路中有 6 条支路、4 个节点。以节点 d 为参考节点，设 a、b、c 的节点电压分别为 u_{n1}、u_{n2}、u_{n3}，电路中任一条支路的电压和电流都能用这组节点电压表示，KVL 方程自动满足。因此，节点电压法不需列出 KVL 方程，只列 KCL 方程即可。一般先选定参考节点（即零电位点），用符号“⊥”进行标注。对于具有 n 个节点的网络，有（n-1）个独立节点电压。

2. 节点电压法原理

图 1-33 所示的电路中，首先利用 3 个独立节点电压表示电路所有支路的电压和电流，再以这 3 个独立节点电压为变量列相应独立节点的 KCL 方程。

用独立节点电压表示各支路的电压为

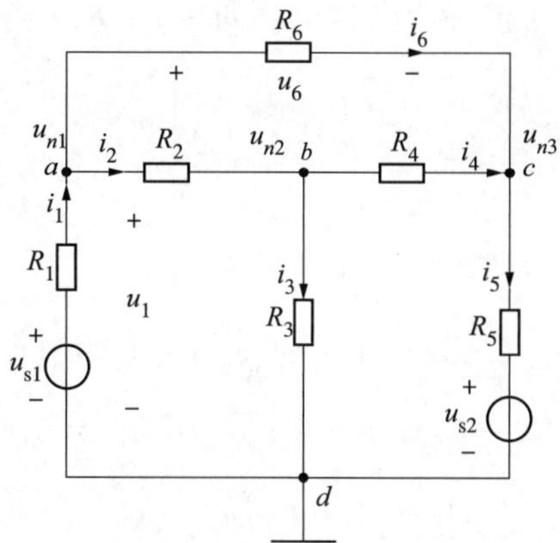

图 1-33 节点电压法示例

$$\left.\begin{aligned}
u_{ad} &= u_{n1} \\
u_{ab} &= u_{n1} - u_{n2} \\
u_{bd} &= u_{n2} \\
u_{bc} &= u_{n2} - u_{n3} \\
u_{cd} &= u_{n3} \\
u_{ac} &= u_{n1} - u_{n3}
\end{aligned}\right\} \tag{1-50}$$

用节点电压表示所有的支路电流为

$$\left.\begin{aligned}
i_1 &= \frac{u_{n1} - u_{s1}}{R_1} = G_1(u_{n1} - u_{s1}) \\
i_2 &= \frac{u_{n1} - u_{n2}}{R_2} = G_2(u_{n1} - u_{n2}) \\
i_3 &= \frac{u_{n2}}{R_3} = G_3 u_{n2} \\
i_4 &= \frac{u_{n2} - u_{n3}}{R_4} = G_4(u_{n2} - u_{n3}) \\
i_5 &= \frac{u_{n2} - u_{s2}}{R_5} = G_5(u_{n2} - u_{s2}) \\
i_6 &= \frac{u_{n1} - u_{n3}}{R_6} = G_6(u_{n1} - u_{n3})
\end{aligned}\right\} \tag{1-51}$$

设流入各节点的电流为正，流出为负，列写 a、b、c 节点的 KCL 方程为

$$\left.\begin{aligned} i_1 - i_2 - i_6 = 0 \\ i_2 - i_3 - i_4 = 0 \\ i_4 - i_5 + i_6 = 0 \end{aligned}\right\} \tag{1-52}$$

将式（1-51）代入式（1-52）中，将支路电流用节点电压替换后可得

$$\left.\begin{aligned} (G_1 + G_2 + G_6)u_{n1} - G_2u_{n2} - G_6u_{n3} = G_1u_{s1} \\ -G_2u_{n1} + (G_2 + G_3 + G_4)u_{n2} - G_4u_{n3} = 0 \\ -G_6u_{n1} - G_4u_{n2} + (G_4 + G_5 + G_6)u_{n3} = G_5u_{s2} \end{aligned}\right\} \tag{1-53}$$

与网孔电流法类似，可将式（1-53）写成节点电压法的典型方程形式为

$$\left.\begin{aligned} G_{11}u_{n1} + G_{12}u_{n2} + G_{13}u_{n3} = i_{s11} \\ G_{21}u_{n1} + G_{22}u_{n2} + G_{23}u_{n3} = i_{s22} \\ G_{31}u_{n1} + G_{32}u_{n2} + G_{33}u_{n3} = i_{s33} \end{aligned}\right\} \tag{1-54}$$

式（1-54）中，G_{11}、G_{22}、G_{33} 为具有重叠的下标，称为独立节点的自电导，分别为与 a、b、c 三个独立节点相连的所有支路电导之和，自电导均取正值，如 $G_{11}=G_1+G_2+G_3$。G_{12}、G_{13}、G_{21}、G_{23}、G_{31}、G_{32} 等电阻具有不重叠的下标，称为互电导，分别为两个相关独立节点间共有支路的电导之和，互电导均取负值，如 $G_{12}=-G_2$、$G_{13}=-G_6$。若两独立节点间没有共有支路，或其共有支路无电导，则认为这两个独立节点的互电导为零。i_{s11}、i_{s22}、i_{s33} 分别是流入节点 a、b、c 的所有电源电流的代数和，由于将电源电流值放在方程的右边，电流方向流入节点时取正号；反之，则取负号，如 $i_{s11}=G_1u_{s1}$。

推广到 n 个节点的一般电路，得到典型表达式为

$$\left.\begin{aligned} & G_{11}u_{n1} + G_{12}u_{n2} + \cdots + G_{1(n-1)}u_{n(n-1)} = i_{s11} \\ & G_{21}u_{n1} + G_{22}u_{n2} + \cdots + G_{2(n-1)}u_{n(n-1)} = i_{s22} \\ & \cdots \\ & G_{(n-1)1}u_{n1} + G_{(n-1)2}u_{n2} + \cdots + G_{(n-1)(n-1)}u_{n(n-1)} = i_{s(n-1)(n-1)} \end{aligned}\right\} \tag{1-55}$$

以上典型方程还能简要描述为

自电导×本节点电压+互电导×相连节点电压=本节点所连电源的等效流入电流

3. 节点电压法的解题步骤

通过上述分析，将节点电压法的一般分析步骤概括如下：

（1）电路中任选一节点为参考节点，用接地符号（⊥）表示，其余独立节点与参考节点间的电压就是节点电压，其参考方向是由独立节点指向参考节点。

（2）按一般公式列出（$n-1$）个独立节点的节点方程，自电导恒为正，互电导恒为负。

（3）联立求解节点方程，求出各节点电位。

（4）指定支路电压和支路电流的参考方向，由节点电位计算各支路电压和支路电流。

（5）若电路中存在电压源与电阻串联的支路，则将其等效变换为电流源与电阻的并联。

七 叠加定理

线性电路的基本性质之一是具有叠加性，描述这一性质的定理就是叠加定理。

通过分析图 1-34 所示电路说明叠加定理。

设支路电流 I_1、I_2 的参考方向如图 1-34（a）所示，用支路电流法求解支路电流，对图 1-34（a）所示电路列写 KCL、KVL 方程，可得

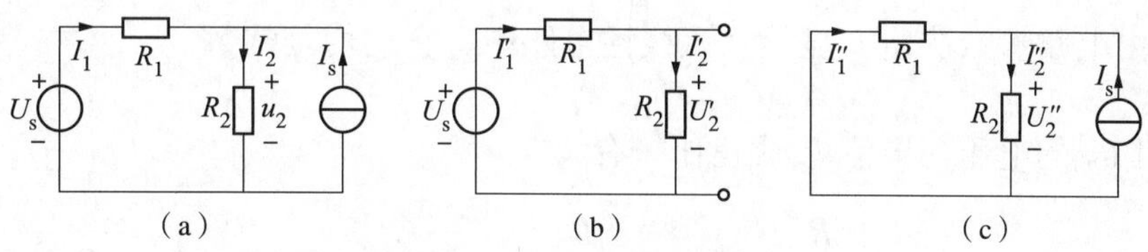

图 1-34 叠加定理示例

（a）电路图；（b）U_s 单独作用电路；（c）I_s 单独作用电路

KCL：$I_s + I_1 = I_2$

KVL：$U_s - R_1I_1 = R_2I_2$

解之得

$$I_1 = \frac{U_s - R_2 I_s}{R_1 + R_2} = \frac{1}{R_1 + R_2}U_s - \frac{R_2}{R_1 + R_2}I_s \tag{1-56}$$

$$I_2 = \frac{U_s + R_1 I_s}{R_1 + R_2} = \frac{1}{R_1 + R_2}U_s + \frac{R_1}{R_1 + R_2}I_s \tag{1-57}$$

由式（1-56）可知，支路电流 I_1（即流过 R_1 的电流）与两激励参数 U_s、I_s 有关。

在图 1-34（a）电路中，若令 $I_s=0$，即电流源相当于开路，变换后电路如图 1-34（b）所示，则支路电流 I_1 的分量为 $I_1' = \frac{1}{R_1 + R_2}U_s$，$I_1'$ 与式（1-56）第一项一致，这就是电压源 U_s 单独作用时在 R_1 上产生的电流，其大小与 U_s 成正比。

若令 $U_s=0$，即电压源相当于短路，变换后电路如图 1-34（c）所示，则支路电流 I_1 的分量为 $I_1'' = -\frac{R_2}{R_1 + R_2}I_s$，$I_1''$ 与式（1-56）第二项一致，I_1'' 就是 I_s 单独作用时在 R_1 上产生的电流，其大小与 I_s 成正比。

因此，当 U_s 和 I_s 同时作用时，则有

$$I_1 = I_1' + I_1'' = K_1 U_s + K_2 I_s \tag{1-58}$$

同理，对于支路电流 I_2 有

$$I_2 = I_2' + I_2'' = K_3 U_s + K_4 I_s \tag{1-59}$$

式（1-58）和式（1-59）中系数 $K_1 = \frac{1}{R_1 + R_2}$、$K_2 = \frac{-R_2}{R_1 + R_2}$、$K_3 = \frac{1}{R_1 + R_2}$ 和 $K_4 = \frac{R_1}{R_1 + R_2}$ 由电路参数决定，显然在该线性电路中，它们均是常数。

电阻 R_2 的电压与电流 I_2 成正比，有

$$U_2 = R_2 I_2 = \frac{R_2}{R_1 + R_2}U_s + \frac{R_1 R_2}{R_1 + R_2}I_s = K_5 U_s + K_6 I_s = U_2' + U_2'' \tag{1-60}$$

由式（1-60）可知，U_2 由两个分量 U_2' 和 U_2'' 组成，这两个分量分别与电路中的激励 U_s 和 I_s 成正比，其比例系数 K_5 和 K_6 也由电路参数决定的，也是常数。

由此可得如下结论：在线性电路中，任一支路中的电流（或电压）都是电路中各独立电源分别单独作用时在该支路中产生的电流（或电压）之代数和，这就是叠加定理。

叠加定理中所说的独立电源单独作用，是指当某个独立电源作用于电路时，其他独立电源不作用，都取零值，即不作用的电压源用短路替代、不作用的电流源用开路替代。例如，图1-34（a）电路中的 U_s 和 I_s 分别单独作用时的等效电路为图1-34（b）和图1-34（c）。

由式（1-58）~式（1-60）可知，支路中的响应是各独立源单独作用时所产生的响应分量的叠加，并且该响应分量的大小与每个独立电源的大小呈线性关系。这种性质是线性电路所特有的，称为线性或比例性。支路中的响应是各个电源单独作用时所产生的响应分量的叠加，这一结论可以很容易地推广到一般情况。

在应用叠加定理时，需要注意的是：

1. 激励与响应的关系

当电路（网络）是单个激励作用时，响应和激励成正比，激励增大（或减小）多少倍，则响应也随之增大（或减小）多少倍；当电路（网络）是多个激励时，则必须是所有的激励都增大（或减小）多少倍，响应才增大（或减小）多少倍。多个激励作用下的线性电路中响应和激励成比例这一性质，应确切地理解为响应分量和产生该分量的激励成正比例。

2. 总响应与响应分量之间的关系

总响应是响应分量的叠加，是响应分量的代数和。因此，在对响应分量进行叠加时，必须遵行的规则是响应分量和总响应参考方向一致取正，相反则取负。

3. 受控源处理

如果电路（网络）中含有受控源，则由于受控源的非独立性，当电路（网络）中无独立源时，各支路电流和电压将为零，受控源也将不复存在。故在应用叠加定理时仅考虑每个独立源的单独作用，当每个独立源单独作用时，受控源应和电阻一样保留在电路中。

4. 电路功率计算

由于功率不是电流或电压的一次函数，因此不能用叠加定理来计算功率。

下面以图1-34（a）电路中计算 R_2 的功率为例进行说明。

根据式（1-59）和式（1-60），R_2 消耗的功率为

$$P_2 = U_2 I_2 = (U_2' + U_2'')(I_2' + I_2'') = U_2' I_2' + U_2'' I_2'' + U_2' I_2'' + U_2'' I_2' \tag{1-61}$$

如应用叠加原理计算，有

$$P_2 = P_2' + P_2'' = U_2'I_2' + U_2''I_2'' \tag{1-62}$$

比较式（1-61）和式（1-62），显然两者不等。在计算功率时，可采用叠加定理求解电压和电流，但功率必须根据待求元件的总电压和总电流进行计算。

八 戴维南定理与诺顿定理

在电路分析过程中，若仅对电路一部分或某一条支路的响应感兴趣时，如果用前面介绍的系统分析方法进行研究，必然要求解描述电路的方程组。为了便于分析计算，突显主要问题，常常应用等效原理，将不感兴趣的部分电路进行等效化简，将所要分析的待求电路转换为一个简单电路。下面将详细介绍戴维南定理和诺顿定理。

1. 戴维南定理

二端网络，按照其内部是否含有独立源，二端网络可分为有源二端网络和无源二端网络。

戴维南定理叙述如下：线性有源二端网络 N，如图 1-35（a）所示，就其两个端钮 a、b 而言，可以用一个理想电压源与一个电阻串联的支路来等效代替，等效电路如图 1-35（b）所示。等效理想电压源的电压等于该有源二端网络 N 的开路电压 U_{oc}，如图 1-35（c）所示。串联的等效电阻 R_0 等于有源网络 N 转变为无源网络 N0 时 a、b 间的等效电阻 R_0，如图 1-35（d）所示。

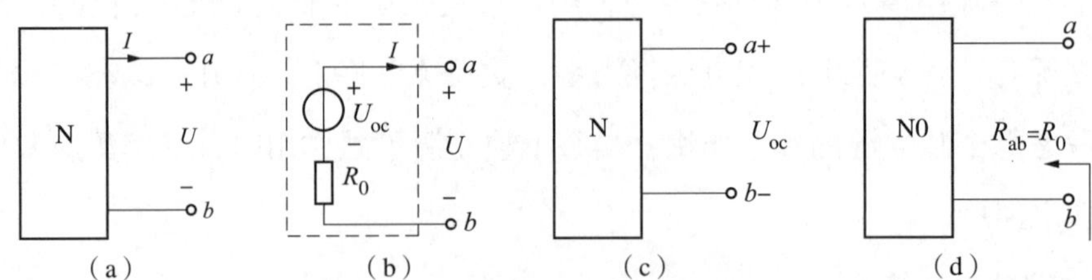

图 1-35 戴维南定理示例

（a）线性有源二端网络；（b）线性有源二端网络等效电路；

（c）有源二端网络开路及求开路电压电路；（d）无源网络 N0 及求等效电阻 R_0 电路

如图 1-36（a）所示电路，已知有源二端网络的负载 R 上电流为 I，根据替代定理，用大小为 I 的电流源替换 R，得到如图 1-36（b）所示电路。

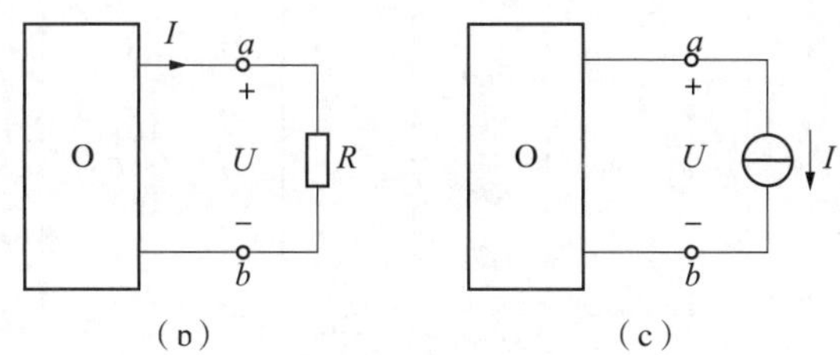

图 1-36 戴维南定理的证明

(a) 有源二端网络外接负载电路；(b) 等效电路

因图 1-36 (b) 所示电路是线性电路，该电路可采用叠加定理分析，图中电压 U 可视为两分量之和，其中一个分量是当外接电流源为零时（外接电流源开路），由二端网络内部所有独立源（包括独立电压源 U_s、独立电流源 I_s）共同作用产生的电压 $U' = U_{OC}$，另一个分量则是在有源二端网络内部所有独立电源置零时（电压源短接，电流源开路），由外接电流源单独作用时产生的电压 $U'' = -R_0I$（因为此时双端有源网络已转换为无源二端网络，可用一个电阻 R_0 进行等效）。于是

$$U = U' + U'' = U_{oc} - R_0I \tag{1-63}$$

式（1-63）即为线性二端网络 N 在端钮 a、b 处伏安关系。同时式（1-63）也是电压源与电阻串联支路的伏安特性表达式，其中电压源电压等于有源二端网络的开路电压 U_{oc}，所串电阻等于有源二端网络变为无源二端网络时，从 a、b 端口看入的等效电阻 R_0，戴维南定理得证。图 1-35 (b) 是图 1-35 (a) 线性有源二端网络的等效电路，也称为戴维南等效电路。

戴维南定理是一个十分有用的定理，在电路分析中，它可以使复杂问题简单化。由于戴维南定理只要求被等效的有源二端网络是线性的，对负载（非等效部分）无要求，因此，负载（非等效部分）可以是线性的，也可以是非线性的。

2. 诺顿定理

一个线性有源二端网络 N，如图 1-37 (a) 所示，就其两个端钮 a、b 来看，可以用一个理想电流源与一个电阻并联的电路来等效替代，等效电路如图 1-37 (b) 所示。等效理想电流源的电流等于该网络 N 端口处的短路电流 I_{sc}，如图 1-37 (c) 所示；并联的等效电阻 R_0 等于网络 N 中所有独立源为零值时，a、b 端的等效电阻 R_0，这就是诺顿定理。

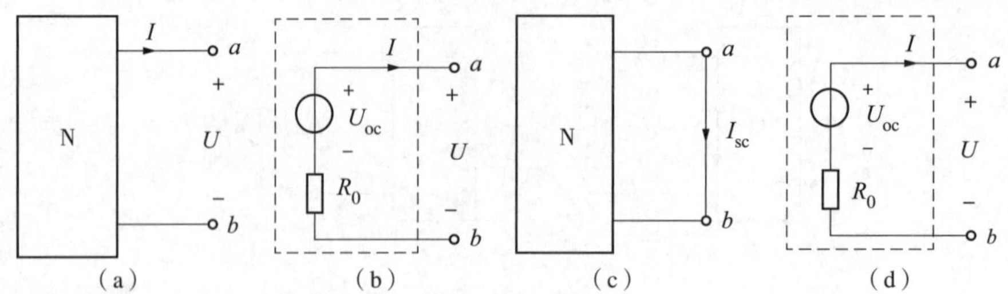

图 1-37　诺顿定理示例

（a）线性有源二端网络；（b）诺顿等效电路；（c）网络 N 端口短路电路；（d）戴维南等效电路

根据戴维南定理，图 1-37（a）所示的有源二端网络 N 可等效为一个理想电压源与一个电阻串联电路，如图 1-37（d）所示。根据本章第二节实际电源的等效变换，可得相应的一个理想电流源与电阻并联的等效电路，如图 1-37（b）。其中

$$U_{oc}=R_0I_{sc} \tag{1-64}$$

或

$$I_{sc}=\frac{U_{oc}}{R_0} \tag{1-65}$$

至此，诺顿定理得证。

值得注意的是诺顿等效电路借助戴维南等效电路根据电源等效变换原理得以证明的，然而在实际问题中，诺顿等效电路不需要借助戴维南等效电路求得。诺顿定理中，电路 a、b 端的等效电阻 R_0 的计算方法与戴维南定理相同。

习题及参考答案

1. 在下图所示电路中，已知 $V_a=40\text{V}$，$V_b=-10\text{V}$，$V_c=0\text{V}$。

（1）计算 U_{ba} 及 U_{ac}。

（2）若选择 b 点为参考点，求 a、c 两点的电位。

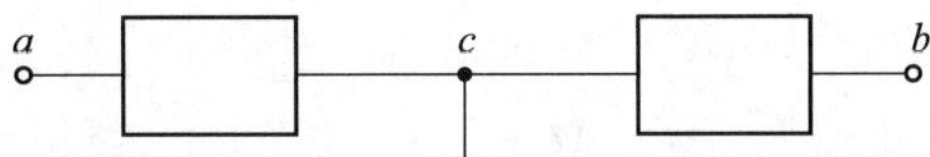

2. 在下图所示电路中，已知三个元件流过相同电流 $I=-1\text{A}$，$U_1=4\text{V}$。要求：

（1）计算元件 1 的功率 P_1，并说明是吸收还是发出功率。

（2）若已知元件 2 发出功率为 10W，元件 3 吸收功率为 6W，求 U_2、U_3。

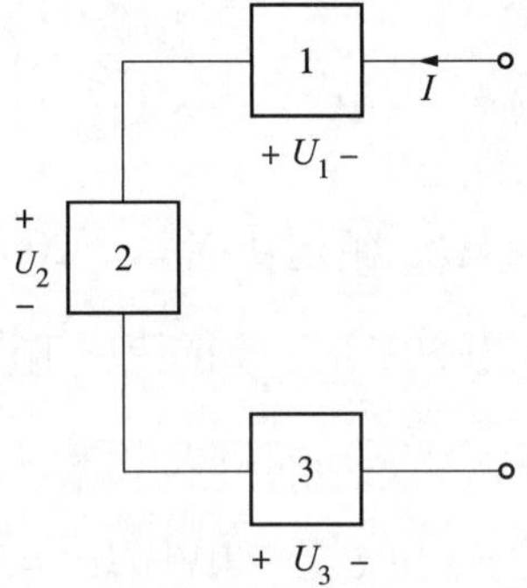

3. 在下图所示电路中，求电压 U_{AB}。

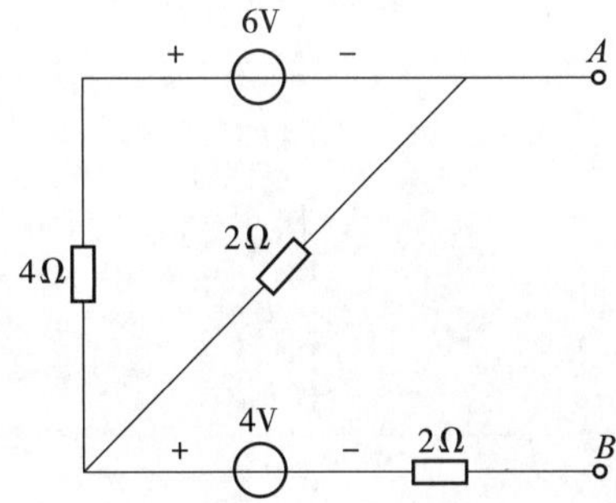

4. 利用等效变换法求出下图所示电路的等效电阻，已知 $R_1=6\Omega$，$R_2=3\Omega$，$R_3=8\Omega$，$R_4=2\Omega$。

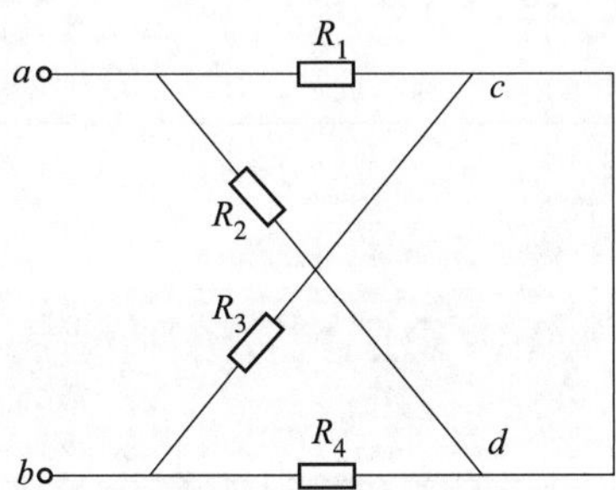

5. 利用电阻的等效变换求出下图所示电路的等效电阻，已知 $R_1=12\Omega$，$R_2=$

6Ω，$R_3=8Ω$，$R_4=4Ω$，$R_5=10Ω$。

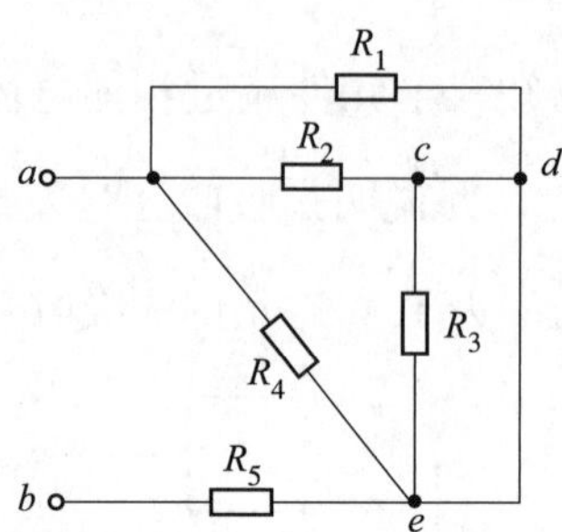

6. 某一电阻元件阻值 $R=15Ω$，额定功率 $P_N=200W$。

（1）当加在电阻两端电压为 60V 时，判断该电阻能否正常工作。

（2）若该电阻要正常工作，计算外加最大电压。

7. 如下图所示电路图中，已知 $U_{s1}=40V$，$U_{s2}=20V$，$R_1=5Ω$，$R_2=2Ω$，$I_3=2A$，求 I_1 和 I_2。

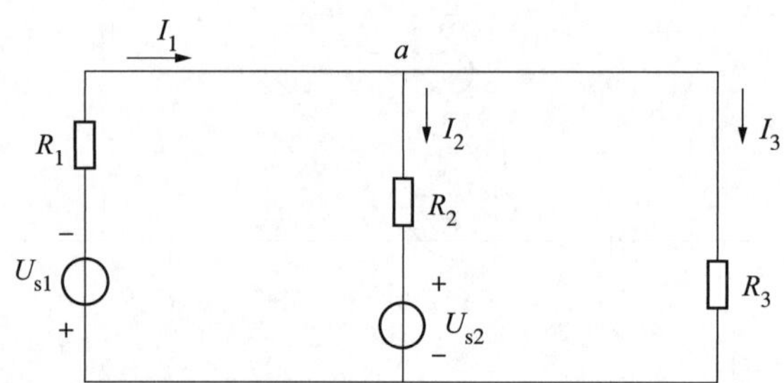

8. 如下图所示，当接通开关 S 后，电流表的读数为 0，并且用万用表测得 $U_{ae}=60V$，根据以上条件可知外电路处于开路状态，试分析如何确定该电路的开路点。

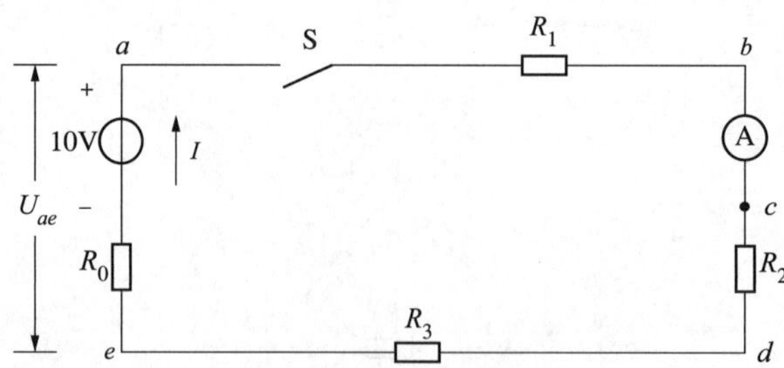

9. 求下图所示电路中的各支路电流。

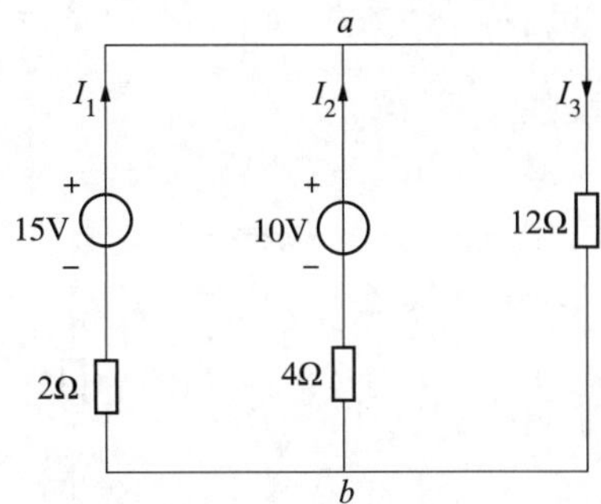

10. 用节点电压法求下图所示电路的 i_1、i_2、i_3。

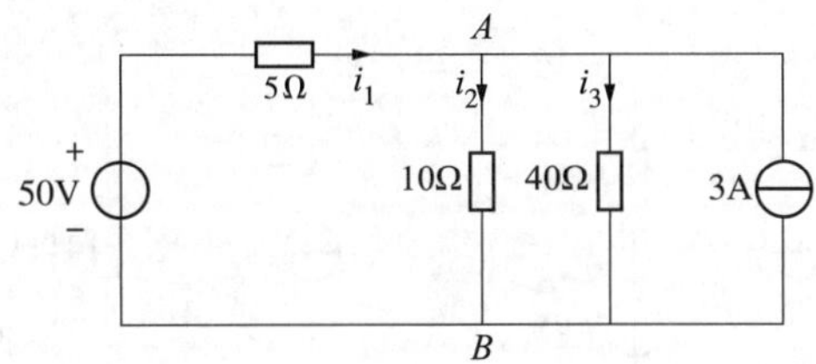

11. 如下图所示电路，试用叠加定理求电压源中的电流 i 和电流源两端的电压 u。

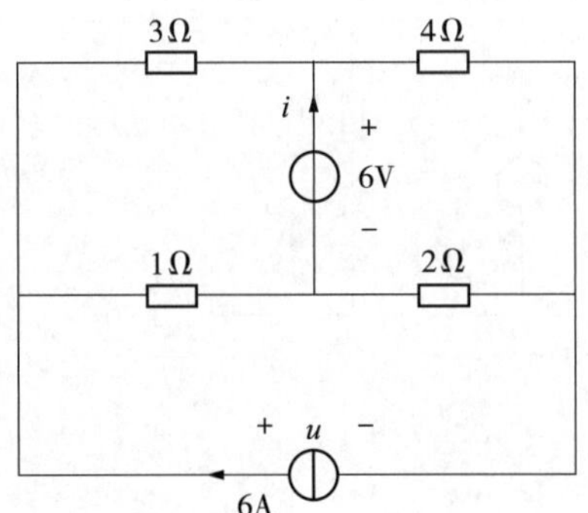

12. 在下图所示电路中，已知 $I_s = 1A$，试用支路电流法求各支路电流，并计算电压源电压 U_s。

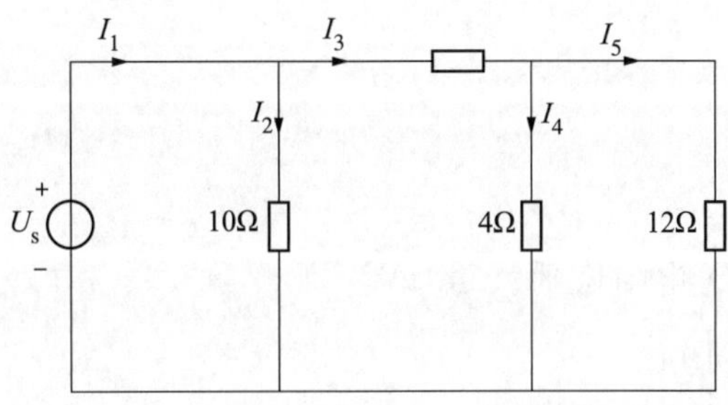

13. 电路如下图所示，已知 $E_1 = 3V$，$E_2 = 8V$，$R_1 = 3\Omega$，$R_2 = 2\Omega$，$R_3 = 4.8\Omega$，利用戴维宁定理，求 R_3 两端的电压 U_{R_3}。

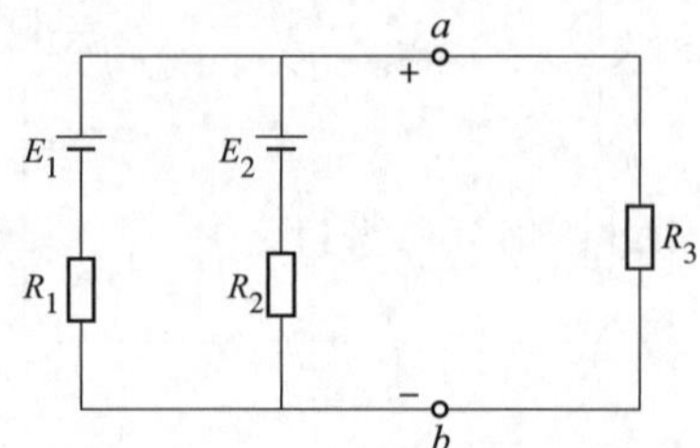

14. 在下图所示电路中，试用诺顿定理求流过 15Ω 电阻的电流 I。

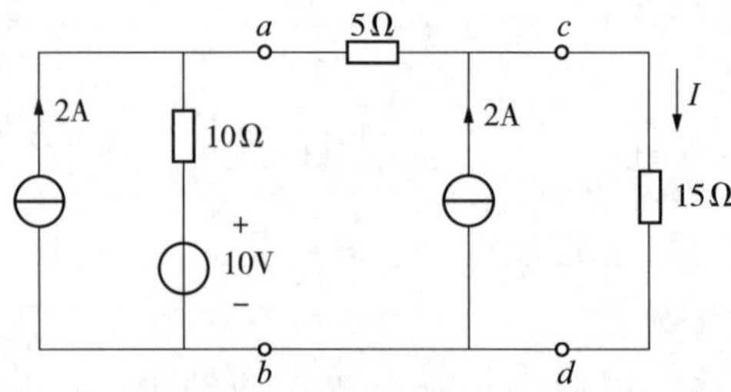

15. 二端网络如下图所示，求其诺顿等效电路。

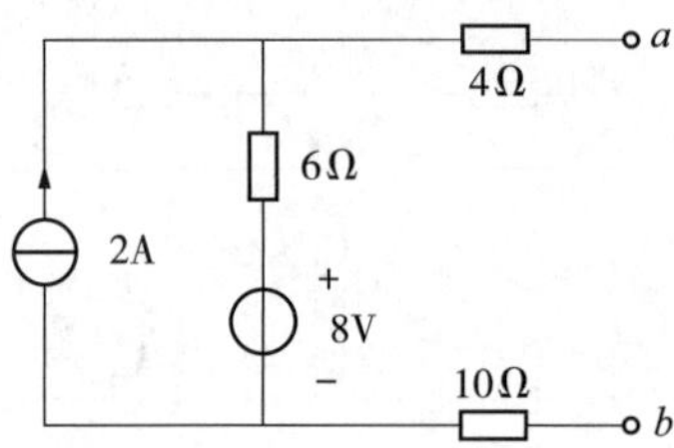

参考答案

1. $U_{ba} = -50V$，$U_{ac} = 40V$；$V_a = 50V$，$V_c = 10V$

2. $P_1 = 4W$，吸收功率；$U_2 = 10V$，$U_3 = -6V$

3. $U_{AB} = 2V$

4. $R_{ab} = 3.6\Omega$

5. $R_{ab} = 12\Omega$

6. 不能正常工作，电阻烧毁；54.8V

7. $I_1 = -8A$，$I_2 = -10A$

8. 使用万用表直流电压档测试判定。参考操作步骤为：

（1）将万用表的黑表笔放在 e 点，红表笔放在 a 点，测得 $U_{ae}=60V$。

（2）黑表笔固定在 e 点，移动红表笔测量，若测得 $U_{be}=60V$，则 ab 段连通。

（3）移动红表笔，若测得 $U_{ce}=0$，则开路点在 bc 段，当 bc 之间开路，c 点与 e 点的电位相等，即 $U_{ce}=0$；如果测得 U_{ce} 仍为 60V，则 bc 段连通。

（4）如此依次测量，可找到开路点。

9. $I_1=1.5A$，$I_2=-0.5A$，$I_3=1A$。

10. $i_1=2A$，$i_2=4A$，$i_3=1A$。

11. $I=3A$，$u=12V$。

12. $I_1=8A$，$I_2=4A$，$I_3=4A$，$I_4=3A$，$U_s=80V$。

13. $U_{R_3}=4.8V$。

14. $I=2A$。

15. 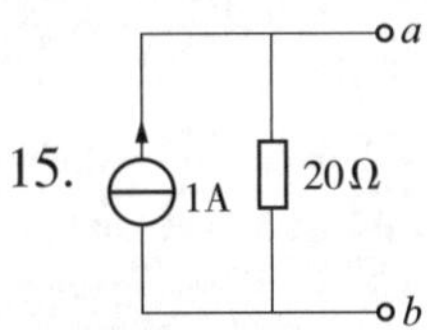

第2章

电测量指示仪表

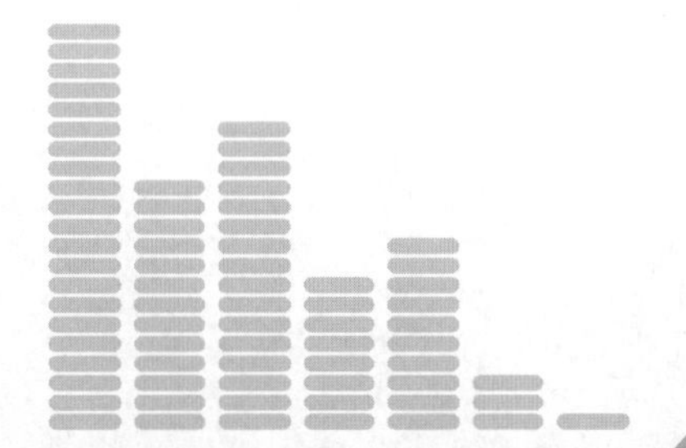

第 1 节 概 述

电流表、电压表、功率表及电阻表是在电测量领域中使用最早、最广泛的一种仪表，其结构和工艺水平都达到了相当完善的程度。

当前使用的电测量指示仪表虽然形式各异、种类繁多，但是其结构是基本一致的，都是由测量机构和测量线路两部分组成。被测量通过测量线路作用到测量机构上，驱动仪表的可动部分并产生机械位移，以此指示被测量的大小，并读出被测量的值，模拟仪表结构框图如图 2-1 所示。

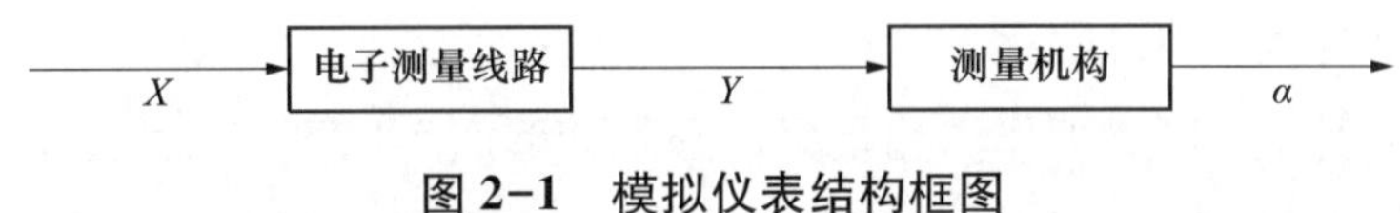

图 2-1 模拟仪表结构框图

仪表的被测量可以是电压、电流、电阻、功率、电感及互感等电路参数。由于测量机构只能把某种特定大小的电量转换成仪表指针的偏转角，所以在测量前必须用测量线路把被测量 X 变成测量机构所能接受的并与被测量成正比的某一中间变量 Y，测量机构再把中间变量 Y 转变成偏转角 α。这里 Y 称为“中间变量”，它是 X 的单值函数。

下面分两部分介绍电测量指示仪表的基本工作原理。

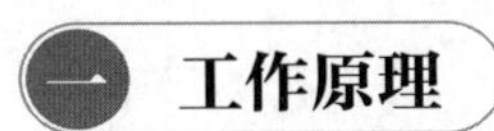

一 工作原理

（一）测量线路

被测电量 X 经测量线路转换成中间变量 Y 后送至仪表的测量机构，测量机构接受到 Y 时，其可动部分便产生偏转。由于测量机构的偏转角度具有一定的范围，所以测量线路的作用就是把不同性质的被测量 X 转换成测量机构能接受的一定范围的特种电量。具体来说，若被测量 X 过大或过小，超出了测量机构的接受范围，测量线路就必须对被测电量进行必要的量值大小转换，以适应测量机构可接受的范围；若被测量 X 与测量机构可接受的量为非同种量，测量线路还得把被测量转换为一定范围的测量机构能够接受的同种量。在仪表中能完成这种转换工作的是由电阻、电感、电容及其他元件构成的电路，此电路称为测量线路。

（二）测量机构

测量机构的作用一是接受到被测量 X 经测量线路转换成的中间电量 Y 后，产生一定的偏转角度（简称偏转角 α）；二是能将电能转换为机械能。正由于具有此功能，因此称为测量机构。由于偏转角 α 与中间电量 Y 的大小成正比关系。而 Y 与 X 又成单值函数关系，因此偏转角能够正确反映被测电量 X 的大小。一般来说，测量机构都是由可动部分和固定部分构成。可动部分是由转轴及固定在转轴上的指针、游丝、线圈、阻尼器等组成；固定部分是由固定在仪器外壳上的线圈、磁铁、轴承、支架和标度盘等构成。

要保证仪表稳定可靠工作，测量机构必须能够产生以下三种力矩。

1. 转动力矩

转动力矩的作用是使可动部分产生偏转。根据转动力矩产生的方式不同，电测量指示仪表一般分为电磁系、磁电系、电动系、铁磁电动系等类型。转动力矩是由磁场（或电场）产生的，不同类型的仪表其电磁场产生的方式不同。在电测量指示仪表中引起偏转的是电磁力矩，用 M 表示。它是由中间变量 Y 在测量机构的固定部分中产生的磁场（或电场）与可动部分中的电流（或磁场）相互作用而产生的。它与可动部分偏转角 α 的大小成反比，可表示为

$$M_z = \frac{dA}{d\alpha} \tag{2-1}$$

式中：M_z 为引起偏转的电磁力矩；A 为电磁场能量；α 为偏转角。

由以上分析可知：对于每一个被测量 X 就有一个唯一确定的转动力矩 M_z 与之对应。因此转动力矩 M_z 与被测量 X 之间可以写成

$$M_z = F(X) \tag{2-2}$$

2. 反作用力矩

为确保被测量 X 通过指示仪表测量机构可动部分偏转角 α 直接读出，就要求不同量值的被测量 X 应对应不同的偏转角 α。但是，如果测量机构只有偏转力矩 M_z 而没有其他力矩，那么不管 M_z 值有多大，可动部分的指针就会在 M_z 的作用下做加速运动而永远不会停止在某一稳定的偏转角 α 处，也就不可能由可动部分偏转角 α 的大小直接读出被测量 X 的大小。因此，根据平衡原理，为了在不同被测量值 X 作用下能够得到不同的稳定偏转角 α，就要在可动部分加上反作用力矩，用 M_F 表示，它的大小应与偏转角 α 成正比，作用方向与转动力矩 M_z 相反，即

$$M_F = K\alpha \tag{2-3}$$

式中：M_F 为反作用力矩；K 为反作用力矩系数。

在不考虑摩擦力矩的情况下，当转动力矩 M_z 和反作用力矩 M_F 大小相等、方向相反时，可动部分的指针则停止转动，稳定在确定的位置。根据式（2-2）和式（2-3）得

$$\alpha = \frac{F(X)}{K} \tag{2-4}$$

由此知：根据 α 的大小可直接读出被测量 X 的量值。

产生反作用力矩 M_F 的方式有机械方式和电气方式两种。机械方式是用弹性元件游丝、张丝或吊丝等可动部分转动时，弹性元件被扭转，产生和偏转角成正比的、方向与转动方向相反的反作用力矩，使转动停止。电气方式是运用电气元器件，其产生反作用力矩 M_F 的方式与机械方式基本相同。

3. 阻尼力矩

转动力矩 M_z 和反作用力矩 M_F 都是静态力矩。由于可动部分的惯性作用，可动部分的指针往往在稳定偏转角 α 处的两侧摆动而不能立即停止在 α 处，从而延长了测量时间。因而，为了减少摆动次数，缩短测量时间，还必须在可动部分增加一个和可动部分运动速度成正比的、与运动方向相反的力矩，该力矩称为阻尼力矩，用 M_P 表示，即

$$M_P = -C\frac{\mathrm{d}\alpha}{\mathrm{d}t} \tag{2-5}$$

式中：M_P 为阻尼力矩；C 为阻尼系数；$\frac{d\alpha}{dt}$ 为可动部分的运动角速度。

阻尼力矩可以由电磁力产生，也可以用空气阻尼器。如果选择得当可以减少指针的摆动次数，减少测量时间。

除上述三种力矩外，对那些轴支撑仪表还要考虑轴尖与轴承之间的摩擦，因为它们可产生与可动部分运动方向相反的摩擦力矩，阻止可动部分的运动，则

$$M_M = Nm \tag{2-6}$$

式中：M_M 为摩擦力矩；N 为比例系数，它与材料、尺寸、接触情况及物理性质有关；m 为可动部分的质量。

摩擦力矩不可避免，因此在存在摩擦力矩的情况下，仪器平衡条件的转动力矩 M_z 是反作用力矩 M_F 与摩擦力矩 M_M 之和。即

$$M_z = M_F + M_M \tag{2-7}$$

将式（2-2）、式（2-3）和式（2-6）代入式（2-7）得

$$\alpha = \frac{F(X) - Nm}{K} \tag{2-8}$$

由式（2-8）知：偏转角 α 与被测量 X 一一对应，由偏转角 α 可直接得到被测量 X 的大小。

根据阻尼状态，阻尼一般分为过阻尼、临界阻尼及欠阻尼三种状态，如图 2-2 所示，在模拟仪表中一般选择临界阻尼。

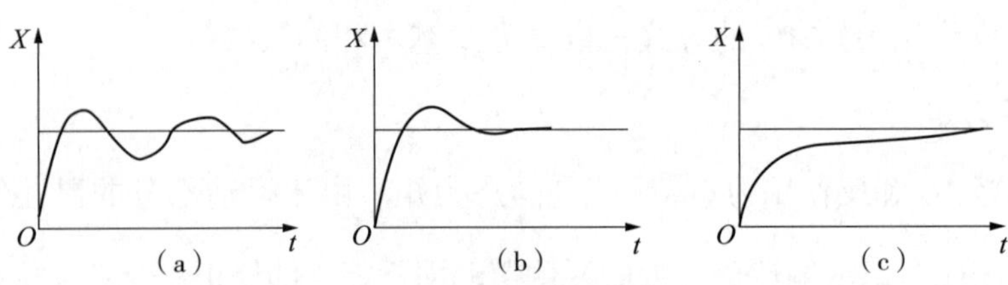

图 2-2　阻尼状态图

（a）过阻尼；（b）临界阻尼；（c）欠阻尼

二　分类

由于测量机构所接受的中间量 Y 不是电流便是电压或者是两者的乘积，根据它

们转动力矩产生的方式不同，可分为磁电系、电磁系、电动系及感应系等类型。

1. 磁电系仪表

磁电系仪表是利用永久磁铁产生的磁场与载流线圈相互作用的原理制成的。磁电系仪表具有以下优点：

（1）准确度高，可达 0.1 级。

（2）灵敏度高，指针式可达 1μA/格以上，检流计可达 10^{-10}A/格。

（3）仪表内部消耗功率小，电压表内阻高。

（4）刻度均匀。

磁电系表头与不同的分流电阻并联，可得到各种量限的直流电流表；与不同的附加电阻串联，可得各种量限的直流电压表。

磁电系表头加上一定的测量线路又可构成欧姆表和整流系仪表。在欧姆表中，中值电阻就是欧姆表的总内阻值。

全波和半波整流式仪表有不同的波形因数；整流系仪表是按正弦量的有效值刻度的，因而只适用于测量正弦交流电。

2. 电磁系仪表

电磁系仪表是测量交流电压和交流电流的常用的一种仪表。（排斥式）电磁系仪表其基本原理是在固定线圈通过电流时，电流磁场使固定铁片和活动铁片同时磁化。由于两铁片具有相同的极性，动片将受到排斥力而转动。不管磁化电流方向如何，两铁片被磁化后总是相互排斥的，所以这种仪表活动部分的偏转方向不随电流方向而变，这种仪表可以用来测量交、直流。

电磁系仪表活动部分的偏转角与通过固定线圈电流（直流或交流有效值）的平方成正比，因而其刻度是不均匀的。

在电磁系仪表中，被测电流直接通入固定线圈，因此电磁系仪表的过载能力强；为使活动部分偏转，通入固定线圈中的电流必须足够大，因此电磁系仪表的灵敏度低。

电磁系仪表固定线圈的感抗随频率变化，因此电磁系仪表不宜用于较高频率信号的测量，否则会产生频率附加误差。

由于仪表的固定铁片和活动铁片有磁滞，一般电磁系仪表的准确度不高。但由于它结构简单，便于制造、成本低、工作可靠、交直流两用（还可测量非正弦交流电压、电流）等优点而使其得到广泛的应用。

3. 电动系仪表

电动系仪表是利用载流导体在磁场中受到力这一基本原理制成的。固定线圈中通过电流产生磁场，活动线圈中有电流流过时，与此磁场相互作用带动指针偏转。

电动系仪表准确度高，频率特性较好，使用的频率范围宽；但电动系仪表功率消耗大，过载能力差，受外磁场影响也比较大。

铁磁电动系仪表的固定线圈绕在铁芯上，它的磁场较强，因而仪表受外界磁场影响小、功率消耗小、灵敏度高，但准确度不太高。

电动系仪表由于其指针偏转角正比于动圈中电流、定圈中电流以及它们夹角的余弦值，故其突出应用是进行功率测量。

电动系测量机构用途很广，它们不仅可以做成交直流两用、准确度较高的电压表和电流表，而且可做成测量功率的功率表及测量相位、频率的相位表和频率表。

4. 感应系仪表

感应系测量机构是利用活动部分的导体在交变磁场中产生感应电流而受到磁场作用力的原理制成的。

感应系测量机构主要是用作电能表。

感应系仪表测量机构产生转动力矩的部分由电压电磁铁、电流电磁铁和能够转动的铝盘组成。电压电磁铁和电流电磁铁产生三个具有一定相位差的磁通，它们从不同位置穿过铝盘，形成移进磁场。在移进磁场作用下铝盘中产生感应电流，铝盘受到转动力矩，使铝盘沿移进磁场的移进方向旋转。

在感应系测量机构中活动部分所受的平均转动力矩与被测负载的有功功率成正比。

用感应系测量机构组成电能表时，仪表中还要有一个能够产生制动力矩的部分。这是一个永久磁铁，当铝盘在其磁场中转动时，能够产生制动力矩。制动力矩与转动力矩平衡，使铝盘匀速转动。

电能表与一般指示仪表的区别就在于有旋转角不受限制的活动部分——铝盘。被测电路消耗的电能与铝盘转过的圈数成正比，可用与铝盘相连的积算机构显示出来。

应根据负载电压、电流来选择额定电压、电流合适的电能表。接线时要按仪表接线图上的进、出线依次对号接线。

此外，根据测量机构的工作原理不同，还有静电系仪表、热电系仪表等。

第2节 技术要求

电测量指示仪表的技术要求是衡量其质量优劣的重要标志，也是检定的重要依据，本节就一些主要技术特性加以介绍。

一 外观及标志

仪表的外观不但要确保完好无损，同时不应有可能引起测量错误和影响准确度的缺陷，而且要有保证正确使用的标志。要正确检查仪表的外观和标志，就必须了解仪表刻度盘上的符号及含义。这些符号表征了仪表的主要性能和指标。掌握这些符号的含义有利于指导使用人员正确使用仪表。仪表标度盘上常见的符号及含义见表2-1。

表2-1　　仪表标度盘上的符号及含义

序号	符号	含义	序号	符号	含义
1	⎓	直流线路和（或）直流响应的测量机构	5	☆（内标0）	不经受电压试验的装置
2	∿	交流线路和（或）交流响应的测量机构	6	⊥	标度盘垂直使用的仪表
3	☆	试验电压为500V	7	⊓	标度盘水平使用的仪表
4	☆（内标2）	试验电压高于500V（如2kV）	8	∠60°	标度盘对水平面倾斜（如60°）的仪表

续表

序号	符号	含义	序号	符号	含义
9	1	等级指数（如 1），除基准值为标度尺长和指示值外	17		静电系仪表
10	1	等级指数（如 1），基准值为标度尺长	18		磁电系比率表
11	1	等级指数（如 1），基准值为指示值	19		电屏蔽
12		磁电系仪表	20		磁屏蔽
13		电磁系仪表	21		接地端
14		电动系仪表	22		零（量程）调节器
15		铁磁电动系仪表	23	+	正端
16		感应系仪表	24	-	负端

二 仪表的误差

仪表的误差是仪表的主要技术特性。任何一个仪表在测量时都有误差，仪表误差的大小，说明其指示值和被测量参考值的接近程度。因此仪表的准确度越高，它的最大允许误差就越小。

（一）仪表误差的表示方法

仪表误差的表示方法分为以下三类：

1. 绝对误差

测量结果 X 和被测量参考值 X_0 之差称为绝对误差。绝对误差 Δ 可表示为

$$\Delta = X - X_0 \tag{2-9}$$

式中：Δ 为示值误差；X 为仪表的指示值；X_0 为被测量的实际值（参考值）。

除了绝对误差外，在实际测量中还经常用到修正值这一概念。修正值等于未修正测量结果的绝对误差，但正负号相反。设修正值以 C 表示，则有

$$C = -\Delta = X_0 - X \tag{2-10}$$

标准仪器和仪表经检定以后，一般要给出修正值。当知道了标称值（或示值）及相应的修正值之后，可求出参考值 X_0（已修正测量结果），即

$$X_0 = X + C \tag{2-11}$$

式（2-11）表明，将标称值（或示值）加上其对应的修正值以后，可以减小系统误差的影响。在检定工作中，通常采用加修正值的办法来保证量值传递的准确性和一致性。

绝对误差的表示方法有其不足之处，它有时不能全面地反映出测量的准确程度，此时可以采用相对误差表示方法。

2. 相对误差

相对误差等于绝对误差 Δ 与被测量的参考值 X_0 之比，通常以百分数表示。即

$$\delta = \frac{\Delta}{X_0} \times 100\% \tag{2-12}$$

式中：δ 为相对误差。

相对误差只有大小和符号而无测量单位。

相对误差可以用来评价量具、仪器和仪表的准确度等级。

3. 引用误差

相对误差虽然可以衡量测量的准确度，但一般不用它来衡量电测量指示仪表的准确度。因为每一个电测量指示仪表都有一定的测量范围，即使绝对误差在仪表的一个量限的全部分度线上保持不变，而相对误差将随着被测量的减小而增大，也就是说在仪表的各个分度线上的相对误差不是一个常数。为了便于划分电测量指示仪表准确度级别，而用引用值 X_N 代替实际值 X_0 作为相对误差表达式的分母，此时相对误差称为引用误差。

引用误差等于绝对误差 Δ 与引用值 X_N 之比，通常以百分数表示。即

$$\gamma = \frac{\Delta}{X_N} \times 100\% \quad (2-13)$$

式中：γ 为引用误差；X_N 为引用值。

由式（2-13）可以看出。引用误差是相对误差的一种特殊表示形式。电测量指示仪表的准确度级别是采用引用误差来表示的。

根据产生误差的原因，仪表的误差分为基本误差和附加误差两类。

（二）电测量指示仪表的基本误差

在规定的条件下，由于仪表的内部特性和质量方面的缺陷所引起的误差，叫作基本误差。规定的条件是指周围温度应为+20℃或仪表温度盘上注明的温度；仪表的工作位置应在规定的位置上（水平或垂直）；电源的波形应为正弦波；频率应为50Hz或注明的数值；除地磁场外没有外界磁场的影响；功率因数应为规定值等，这些条件称为检定条件或参考条件。因此，仪表在检定中必须遵守这些条件。

基本误差主要是由摩擦误差、轴隙误差、不平衡误差、游丝或张丝的永久变形误差、标度尺分度不均匀和装配不正确误差、读数误差和内部电磁场误差等引起的。

根据 JJG 124—2005《电流表、电压表、功率表及电阻表》规定，电测量指示仪表的基本误差用引用误差形式来表示，它的绝对值在标度尺工作部分的所有分度线上不应超过仪表准确度级别的数值。

电测量指示仪表的基本误差按下式表示，即

$$\gamma = \frac{X - X_0}{X_N} \times 100\% \quad (2-14)$$

引用值 X_N 的选择方法：

（1）对于单向均匀标度尺的仪表，引用值即为测量上限 X_N。

（2）对于双向均匀标度尺的仪表，引用值即为两个方向测量上限绝对值之和。

（3）对于无均匀标度尺的仪表，引用值即为标度尺工作部分上下限之差。

由于仪表标度尺内各分度线的绝对误差是不相同的。为了衡量仪表是否合格，为此引出最大基本误差，即公式中的分子 Δ 要取标度尺工作部分的带数字分度线出现的最大绝对误差 Δ_{max} 来计算，这时可求出仪表的最大基本误差，即

$$\gamma_{max} = \frac{\Delta_{max}}{X_N} \times 100\% \tag{2-15}$$

式中：γ_{max} 为最大基本误差。

由于电测量指示仪表是按其最大允许误差来划分准确度级别的，因此最大基本误差不应超过仪表的最大允许误差。

在对仪表进行检定时，在标度尺测量范围（有效范围）内的所有分度线上，仪表的基本误差极限（最大允许误差）不应超过表2-2的规定。

表2-2　模拟仪表准确度等级及最大允许误差

准确度等级	0.1	0.2	0.5	1.0	1.5
最大允许误差（%）	±0.1	±0.2	±0.5	±1.0	±1.5
准确度等级	2.0	2.5	5.0	10	20
最大允许误差（%）	±2.0	±2.5	±5.0	±10	±20

在选择测量仪表时不能片面追求高准确度等级，还需同时兼顾测量量限的选择，如果量限选取得不适合，高等级仪表可能比低等级仪表测量误差更大。

【例2-1】被测量电流为1A，用准确度等级为0.1级量限为2.5A的电流表和用准确度等级为0.2级量限为1A的电流表分别测量，试问可能出现的最大误差分别为多少？

解：

用准确度等级为0.1级量限为2.5A的电流表测量时，可能出现的最大相对误差为

$$\gamma_{m1} = \frac{\pm 0.1\% \times 2.5\text{A}}{1\text{A}} \times 100\% = \pm 0.25\%$$

用准确度等级为0.2级量限为1A的电流表测量时，可能出现的最大相对误差为

$$\gamma_{m2} = \frac{\pm 0.2\% \times 1\text{A}}{1\text{A}} \times 100\% = \pm 0.2\%$$

（三）升降变差

仪表的变差主要由磁滞误差、轴隙误差和摩擦误差等引起的。电测量指示仪表变差是在外界条件不变的情况下，仪表测量同一量值时，被测量上升值与下降值之

间的差值。其表示方法见下式：

$$\gamma_b = \frac{|X_{up} - X_{down}|}{X_N} \times 100\% \qquad (2\text{-}16)$$

式中：X_{up}、X_{down} 为上升和下降的实测值。

仪表的升降变差不应超过最大允许误差的绝对值。

（四）偏离零位

电测量指示仪表的偏离零位是指当仪表接入被测量并保持规定时间以后，将被测量减至零，仪表指示器对零位的偏离值。其主要是由游丝或张丝的永久变形误差和摩擦误差引起的。关于偏离零位，对标度尺上有零分度线的仪表，应进行断电时回零试验；电阻表不进行断电时回零试验。

当在测量范围上限通电 30s 后，立即减小被测量至零，断电 15s 内，用标度尺的百分数表示，指示仪表偏离零分度线不应超过最大允许误差的 50%。

对功率表还应进行只有电压线路通电、指示器偏离零分度线的试验，其改变量不应超过最大允许误差的 100%。

（五）阻尼

电测量指示仪表应具有良好的阻尼特性，当接入电路后，仪表的指针会很快接近平衡位置，以便迅速地读出仪表的示值。仪表的阻尼特性是用过冲和阻尼时间来表示，它与测量机构和测量线路有关。根据仪表的工作原理，仪表阻尼主要是由可动部分的结构和重量引起的。

除具有延长响应时间的仪表和相应国家标准中另有规定外，指示仪表的阻尼应满足下列要求。

1. 过冲

对全偏转角小于 180°的仪表，其过冲不得超过标度尺长度的 20%，其他仪表不得超过 25%。

2. 响应时间

除制造厂和用户另有协议外，对仪表突然施加能使其指示器最终在标度尺 2/3

处的被测量，在4s之后的任何时间，其指示器偏离最终静止位置不得超过标度尺全长的1.5%。

（六）仪表的附加误差

仪表在使用过程中，使用条件常常偏离规定的正常条件，这时仪表的读数与被测量的实际值之间会出现某些附加的差异，该差异称为附加误差。

附加误差包括对仪表指示值有一定影响的量造成的示值偏离，其中有温度误差，频率误差，外界电场、磁场及电压波形，功率因数等外界条件因素引起的误差。

对仪表指示值有影响的量包括温度、工作位置、频率、电压、波形、电磁场及功率因数等，当其中某一个偏离确定基本误差时的额定值，都会产生附加误差。附加误差的表示方法和基本误差相同。

1. 位置影响

位置影响是为反映仪表可动部分的平衡状态而设置的。

（1）对有位置标志且没有装水准器的仪表，将其自标准位置向任意方向倾斜5°或规定值，其误差改变量不应超过最大允许误差绝对值的50%；

（2）对无位置标志的仪表应倾斜90°，即为水平或垂直位置，其误差改变量不应超过最大允许误差绝对值的100%。

2. 功率因数影响（仅适用于功率表）

应在超前和滞后两种状态下试验，由此引起仪表误差的改变量不应超过最大允许误差绝对值的100%。

第3节 检定/校准试验

电测量指示仪表的检定可依据JJG 124—2005《电流表、电压表、功率表及电阻表》检定规程进行。JJG 124—2005 适用于直接作用模拟指示直流和交流（频率 40Hz～10kHz）电流表、电压表、功率表和电阻表（电阻 1Ω～1MΩ）以及测量电流、电压及电阻的万用表的首次检定、后续检定和使用中的检验。所谓“直接作用”是指其指示器与可动部分具有机械连接，且可由可动部分直接驱动；“模拟指示”是指指示或显示输出信息为被测量的连续函数。

JJG 124—2005《电流表、电压表、功率表及电阻表》检定规程不适用于自动记录式仪表、数字式仪表、电子式仪表、平均值电压表、峰值电压表、泄漏电流表、三相功率表及电压高于 600V 的静电电压表的检定。

一 检定要求

（一）对检定条件的要求

电测量指示仪表的检定条件是指对仪表进行检定时所需的环境条件及保证仪表的基本误差、升降变差和偏离零位时，仪表应处的各种条件。这些条件包括仪表本身的条件和其他一些对仪表示值有影响的外界条件。

其中环境条件规定为：

（1）(20±2)℃，40%RH～60%RH（准确度等级等于和小于 0.2）。

（2）(20±5)℃，40%RH～80%RH（准确度等级等于和大于 0.5）。

（二）对检定装置的要求

（1）由检定装置、环境条件等引起的测量不确定度（k 取 2）应小于被检表最大允许误差的 1/3。

（2）电源在 30s 内的稳定度应不低于被检表最大允许误差的 1/10。稳定时间是以检定一个分度线所用时间间隔为依据。

（3）调节器应保证由零调至被检表上限，且平稳而连续地调至仪表的任何一个分度线，其调节细度应不低于被检表最大允许误差的 1/10。

因为调节器的调节细度与仪表的读数误差相适应，仪表的读数误差一般等于分度线（或指针）的宽度，而分度线（或指针）的宽度相当于仪表允许误差的 1/5～

1/3。这就要求调节器的调节细度要小于仪表的读数误差，否则就不能把仪表的指针调到分度线上。

(4) 检定装置应有良好的屏蔽和接地，以避免外界干扰。屏蔽和接地可以起到两个作用：一是装置中加屏蔽后，可以使被保护的元件和屏蔽之间的电位差接近零，减少或消除它们之间的泄漏电流；二是加屏蔽以后，可以改变泄漏电流的路径，使泄漏电流不经过被保护的元件，起到保护元件的作用。

（三）对检定项目的要求

1. 仪表检定项目确定的基本原则

由于电测量指示仪表的技术特性是衡量其质量特性的主要依据。因此仪表在进行周期检定时，只能根据需要检定某些项目，这些项目应该能够表示仪表的主要技术指标和仪表在使用过程中容易发生变化的特性。

JJG 124—2005《电流表、电压表、功率表及电阻表》检定规程中规定了新生产的和使用中的仪表周期检定时的检定项目及修理后的仪表应增加的检测项目。

2. 使用中的仪表周期检定的项目

使用中的仪表周期检定时，应检定以下项目：

(1) 外观检查。

(2) 基本误差检定。

(3) 升降变差的检定（仅对可动部分为轴承、轴尖支撑的标准表）。

(4) 偏离零位。

3. 首次及修理后仪表的检定项目

首次及修理后的仪表除检定上述项目外，根据修理后的部位还应检定如下项目：

(1) 位置影响。

(2) 介电强度试验。

(3) 绝缘电阻。

(4) 阻尼。

(5) 功率因数的影响。

修理后的仪表没有必要对全部附加项目进行检定，可根据修理部位的部件，对上述5项中有选择地进行检定。

位置影响及阻尼与仪表可动部分的零部件有关，因此当修理了可动部分或阻尼器时，要做位置影响检查及测量阻尼；绝缘与测量机构和测量线路的绝缘情况有关，因此测量机构和测量线路的绝缘情况改变或零部件的相对位置改变时，要做绝缘电阻试验；功率因数与仪表的测量机构和测量线路有关，当修理了测量机构和测量线路时，要做功率因数影响的测定。

4. 检定的一般要求

（1）根据被检表的功能、准确度、量限及频率应分别检定其基本误差，能在多种电源下使用的仪表，应分别连接每种电源进行检定。也可以根据用户需要，只检所需的部分。

（2）等级指数小于和等于0.5的仪表，对每个检定点应读数两次，其他仪表可读数一次。

（3）凡公用一个标度尺的多量限仪表，可以只对其中某个量限（称全检量限）的有效范围内带数字的分度线进行检定，而对其余量限（称非全检量限）只检测量上限和可以判断为最大误差的带数字分度线。

（4）对于有一个额定频率的交流仪表，应在额定频率下检定。

（5）对于额定频率为50Hz的交直流两用仪表，除要在直流下对测量范围内带数字的分度线进行检定之外，还应在额定频率50Hz下检定量程上限和可以判定最大误差的分度线。

（6）对于有额定频率范围及扩展频率范围的交直流两用仪表，还应在额定频率范围内上限频率、扩展频率的上限分别检定量程上限和可以判定最大误差的分度线。

（7）对于有额定频率范围及扩展频率范围的交流仪表，不仅要在频率为50Hz下对仪表测量范围带数字的分度线进行检定，而且还要对扩展频率范围上限频率及下限频率（仅对内装互感器的）分别检定量程上限和可以判定最大误差的分度线。

（8）检定带有外附专用分流器及附加电阻的仪表可按多量限仪表的检定方法检定。

（9）检定带“定值分流器”和“定值附加电阻”的仪表，应分别检定仪表和附件，仪表不应超过最大允许误差。

（10）规定用定值导线或具有一定电阻值的专用导线进行检定的仪表，应采用定值导线或与标明的电阻值相等的专用导线一起进行检定。

配定值导线仪表实际上是毫伏表，一般它是与定值分流器配合使用，毫伏表的测量上限与导线的电压降之和等于定值分流器的电压降。由于毫伏表的内阻较低，此时导线上的压降不能忽略，因此这类仪表一定要配定值导线一起检定。

【例2-2】有一只C4-mV型直流毫伏表，量程为44.84mV，配以$r_0=0.035\Omega$定值导线和额定电压为45mV的分流器配合测量大电流用。假设在用同一分流器测量某一电流时没采用定值导线，而用阻值为0.2Ω的导线与分流器连接。试问会引起多大的测量误差？（已知毫伏表内阻$R_0=9.926\Omega$）

解：

1）采用定值导线时，通过毫伏表的电流为I_0，则

$$I_0=\frac{U_x}{R_0+r_0}=\frac{U_x}{9.926+0.035}=0.10039U_x$$

式中：U_x为毫伏表指示的某一电压值。

2）采用非定值导线，毫伏表仍指示在U_x时，通过毫伏表的电流为I_x，则

$$I_x=\frac{U_x}{R_0+r}=\frac{U_x}{9.926+0.2}=0.09876U_x$$

故引起的测量误差为

$$\delta=\frac{I_x-I_0}{I_0}=\frac{0.09876U_x-0.10039U_x}{0.10039U_x}=-1.6\%$$

（11）读数时应避免视差。

1）带有刀型指针的仪表，应使视线经指示器尖端与仪表度盘垂直。

2）带有镜面标度尺的仪表，应使视线经指示器尖端与镜面反射像重合。

（12）仪表置于检定环境中，应有足够的时间（通常为2h），以消除温度梯度。除制造厂另有规定，不允许预热。

仪表在检定环境中放置足够的时间是为了保证环境条件的一致性。所谓环境条

件的一致性是指在检定之前仪表所处的温湿度条件应与周围实验室的温湿度条件相同，尤其是仪表内外部环境条件的一致性。要达到此一致性，实际上是要求将被检仪表在检定的温湿度条件下放置一定的时间，以使被检仪表的温湿度等于检定仪表所规定的环境条件，否则检定的结果就会不准确。这是因为仪表的指示值与温湿度有关。至于仪表在检定条件下放置多长时间才能达到上述要求的一致性，一般很难作出具体的规定，因为仪表从一个温度变到另一个温度，需要的时间与温湿度差、仪表的结构及空气的流动有关。一般来讲，仪表在检定条件下放置 2h 以上即可达到温湿度的一致性。

（13）预调机械零位。在对电测量指示仪表进行预热前，用仪表的调零器将仪表的指针调到零位上，以后的检定过程中不再重新调零。这也说明仪表的零位与仪表的热状态无关；否则，测量结果会有一定的误差，测量结果也不会准确可靠。

电阻表在读数前，用机械零位调节器和电气零位调节器将指示器调在零分度线上。

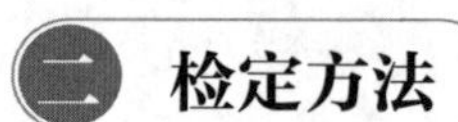

二 检定方法

根据所用标准器的不同，指示仪表可有以下 5 种检定方法，在保证准确度的情况下，允许使用规程中未规定的检定方法，但需经上级计量管理部门的批准。电测量指示仪表检定方法的要求及适用范围见表 2-3。

表 2-3　　电测量指示仪表检定方法的要求及适用范围

所用标准器	对标准器的要求及注意事项	适用范围
数字多用表	（1）数字多用表要按使用说明书要求进行预热和预调，选择合适的功能和量限。 （2）数字电压表的输入阻抗应大于与之配用的分压箱或标准电阻阻值的 10^4 倍。 （3）数字多用表的显示位数应满足被检表的要求，有足够的分辨力。 （4）作为交流标准的数字多用表，必须有 50Hz/60Hz 频率的校准结果	各级别交直流仪表的检定

续表

所用标准器	对标准器的要求及注意事项	适用范围
标准源	（1）多功能校准源应按说明书要求进行预热。 （2）选择的多功能校准源量程应与被检表量程相适应	各级别交直流仪表的检定
直流电位差计	（1）检定仪表的测量上限时，应使直流电位差计的第一测量盘有大于零的示值。 （2）加到分压箱上的电压不应超过允许值。 （3）检定电压表时应注意泄漏电流的影响	检定等级指数不大于0.5的直流仪表
指示仪表	（1）标准表的测量上限与被检表的测量上限之比应在1~1.25范围内，以使标准表的误差与被检表的准确度等级相适应。 （2）标准表和被检表的工作原理要尽量相同，否则会因工作原理不同而带来测量误差。 （3）标准表的标度尺在选择时应符合有关要求，标准尺过短会增大读数误差，从而降低测量准确度	检定等级指数不小于0.5的交直流仪表
标准电阻箱	（1）接触良好。 （2）导线电阻影响	所有级别的指示电阻表

三 检定程序

电测量指示仪表的检定方法较多，但最常使用的是标准源，目前国内大多数计量技术机构均采用标准源法检定指示仪表。本节以标准源法为例，说明指示仪表的检定过程。

（一）检定线路及对标准源的要求

1. 检定线路

图2-3（a）所示为检定电流表、电压表及电阻表连接线路图，图2-3（b）所示为检定功率表连接线路图。

2. 对标准源的要求

对标准源的要求如表2-4所示。

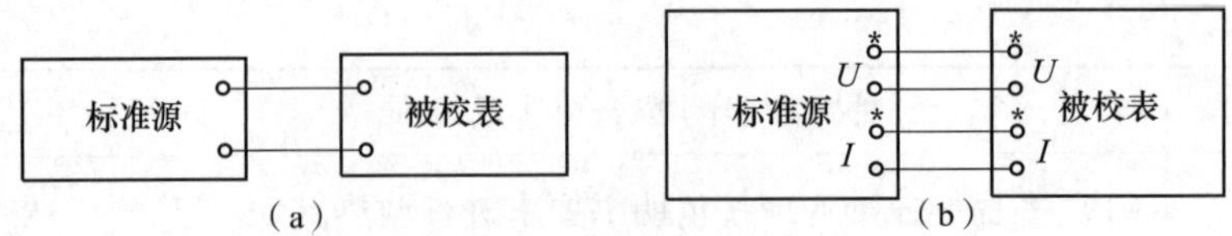

图 2-3　标准源法检定指示仪表接线图

(a) 检定电流表、电压表及电阻表连接线路图；(b) 检定功率表连接线路图

表 2-4　　对标准源的要求表

被检表的准确度等级		0.1 级	0.2 级	0.5 级	1.0 级及以下
标准源	最大允许误差	±0.02%	±0.05%	±0.1%	±0.2%
	30s 稳定性	0.01%	0.02%	0.05%	0.1%
	输出频率最大允许误差	±0.02%	±0.05%	±0.05%	±0.2%
	输出相位最大允许误差	±0.02°	±0.03°	±0.05°	±0.1°
被检表上限时标准源的读数位数		不少于 6 位	不少于 5 位	不少于 5 位	不少于 4 位

（二）全检量限基本误差及升降变差的检定

(1) 开启标准器并按规定预热。恒温，调整被检表零位，并接入测量回路。

(2) 检定电流表时，缓慢调节标准源电流，使指针顺序地指在每个数字分度线上；检定电压表时，缓慢调节标准源电压，使指针顺序地指在每个数字分度线上；检定功率表时，固定标准源电压至被检表额定值，缓慢调节标准源电流，使指针顺序地指在每个数字分度线上。记录各检定点的标准值。（当检定直流功率表时可固定电压至额定值，固定电压的最大允许误差不得超过被检定表等级指数的 1/10）

(3) 输出电流或电压至量限的上限以上，立刻缓慢地减少，使指针顺序指在每个数字的分度线上，并记录各检定点的标准值。（对等级指数大于 0.5 的电测量指示仪表可不检定下降时示值误差）

(4) 对记录的标准值数据进行计算和修约。

注意：电测量指示仪表检定时要求上升过程中不允许有下降，下降过程中不允许有上升；否则，无法得到升降变差。

（三）偏离零位的检定

偏离零位的检定在全检量限基本误差检定之后进行。调节被测量至测量上限，停30s，缓慢地减小被测量至零并切断电源，15s内读取指示器对零分度线的偏离值。

对功率表还应进行只有电压线路通电，指示器偏离零分度线的试验。对电压线路加额定电压，将电流回路断开，读取指示器对零分度线的偏离值。

（四）非全检量限基本误差及升降变差的检定

（1）缓慢调节电流或电压，使指针指在全检量限最大误差点和测量上限点的分度线上，并记录这些点的标准值。

（2）输出电流或电压至量限的上限以上，立刻缓慢地减少，使指针指在测量上限点和全检量限最大误差点的分度线上，并记录这些点的标准值。

（3）对记录的标准值数据进行计算和修约。

（4）选取所有量限中基本误差和示值变差的最大值（指绝对值）作为最大基本误差和最大示值变差。（注：最大基本误差有符号而最大示值变差无符号）

（五）位置影响的检定

1. 有位置标志仪表的检定程序

（1）将仪表置于所标志的位置，调节零位，通电并调节电源使指针分别指在测量上限和下限的分度线上，轻敲，记录每点的标准值 X_{i0}。

（2）仪表向前、后、左、右倾斜5°或标志值，每次都要调节零位，然后通电并调节电源使指针指在与（1）相同的分度线上，轻敲，记录每点的标准值 X_{ij}。

（3）由位置引起的改变量，应是 X_{i0} 相对 X_{ij} 的最大偏差，按式（2-17）计算，即

$$\gamma_{w} = \left|\frac{X_{ij} - X_{i0}}{X_{N}}\right|_{max} \times 100\% \tag{2-17}$$

式中：X_{ij} 为第 i 个测量点，不同位置下标准值；X_{i0} 为第一个测量点，仪器平放下标准值。

2. 无位置标志仪表的检定程序

（1）将仪表置于正常工作位置，调节零位，通电并调节电源使指针分别指在测量上限和下限的分度线上，轻敲，记录每点的标准值 X_{i0}。

（2）仪表倾斜 90°（对固定式仪表将安装面水平，对便携式仪表将支撑面垂直），每次都要调节零位，然后通电并调节电源使指针指在与（1）相同的分度线上，轻敲，记录每点的标准值 X_{ij}。

（3）由位置引起的改变量，应是 X_{i0} 相对 X_{ij} 的最大偏差，按式（2-17）计算。

（六）功率因数影响

（1）在电压、电流及频率均为额定值的条件下，调节移相设备使 $\cos\varphi=1$，调节电流使指示器指在测量范围中心的分度线上，用标准器测量此时的功率实际值 X_{01}。

（2）调节移相设备，使 $\cos\varphi=0.5$（滞后），调节电流使指示器指在与（1）相同的分度线上，用标准器测量此时的功率实际值 X_{02}。功率因数引起的改变量按式（2-18）计算，即

$$\gamma_{L} = \left|\frac{X_{02} - X_{01}}{X_{N}}\right| \times 100\% \tag{2-18}$$

式中：X_{02} 为 $\cos\varphi=0.5$（滞后）条件下，功率标准值；X_{01} 为 $\cos\varphi=1$ 条件下，功率标准值。

（3）若有要求时，还应在 $\cos\varphi=0.5$（超前）或制造厂给定值，测量功率因数影响，程序同（2），用标准器测量此时的功率实际值 X_{03}。功率因数引起的改变量按式（2-19）计算，即

$$\gamma_{C} = \left|\frac{X_{03} - X_{01}}{X_{N}}\right| \times 100\% \tag{2-19}$$

式中：X_{03} 为 $\cos\varphi=0.5$（超前）条件下的功率标准值。

（4）由功率因数引起的改变量取超前影响及滞后影响的最大值，即

$$\gamma_{\varphi}=\max(\gamma_L, \gamma_C) \tag{2-20}$$

（七）阻尼的检定程序

（1）测量并记录标度尺长度 B_{SL}，以 mm 为单位。

（2）将仪表接至可调电源上，突然施加被测量，使指示器产生近似标度尺 2/3 长的稳定偏转。

（3）测量并记录指示器第一次摆动的过冲量 B_X，以 mm 为单位。按式（2-21）计算，即

$$\left(\frac{B_X}{B_{SL}}\right)\times 100\% \tag{2-21}$$

式中：B_{SL} 为标尺长度；B_X 为摆动过冲量。

（4）用秒表测定指示器在进入近似停止并保持最后停止位置的两边等于标度尺长 1.5%的带宽内所需时间，重复测量 5 次取平均值，作为响应时间。

（八）绝缘电阻

用额定电压为 500V 的绝缘电阻表测量仪表所有线路与参考地之间的绝缘电阻，施加电压 1min 后测得的绝缘电阻值不应小于 5MΩ。

（1）试验的环境温度为 15~35℃，相对湿度不超过 75%。

（2）被检仪表的所有测量端连接在一起接至绝缘电阻表的 L 端钮上，被检仪表外壳的“参考地”接至绝缘电阻表的 E 端钮上。若被检仪表的外壳均为塑料等绝缘材料而无导电部件时，可在被检仪表下垫一金属板作为“参考地”。

（3）试验时，施加约 500V 的直流电压，历时 1min 后，读取绝缘电阻值。

（九）介电强度试验

（1）试验的环境条件：环境温度为 15~35℃，相对湿度不大于 75%。

（2）对电压试验装置的要求：试验装置输出波形应为工频实用正弦波，击穿电流设为5mA。试验装置输出功率要足够。

（3）试验程序。

1）将试验电压平稳地上升到仪表规定试验电压值，在此过程中不应出现明显的变化，保持1min，然后平稳地降到零。

2）在电压试验过程中不应出现击穿、闪烁或飞弧；否则，认为电压试验不合格。

3）如果功率表的电流和电压线路没有固定连接，尚需进行电流与电压线路之间的电压试验。

四 指示仪表检定中几个值得注意的问题

1. 检定点的选取问题

在JJG 124—2005《电流表、电压表、功率表及电阻表》检定规程中规定：“凡公用一个标度尺的多量限仪表，可以只对其中某个量限（称全检量限）的有效范围内带数字的分度线进行检定，而对其余量限（称非全检量限）只检上限和可以判定为最大误差的带数字的分度线。”

多量限仪表改变量限的方法不外乎以下几种：

（1）改变测量线路中的电阻（分流器或附加电阻），如磁电系仪表改变量限的方法。

（2）改变测量机构中线圈的连接方法，如电磁系电流表及电动系大量限的电流表改变量限的方法。

（3）既改变测量机构中线圈的连接方法又同时改变线路中的电阻，如电磁系电压表及大部分电动系仪表改变量限的方法。

（4）利用互感器来改变量限。

非基本量限的检定，实际上是检定非基本量限与基本量限的比例关系，由量限变换原理可知此比值应近似为一常数。因此，非基本量限的误差曲线近似为基本量限误差曲线的上、下平移。图2-4所示为基本量限与非基本量限误差曲线图。

图 2-4 中横轴表示仪表示值，纵轴表示示值误差，与横轴平行的两虚线间表示被检仪表的最大允许误差（上、下限）。粗实线表示基本量限示值误差曲线，细虚线表示非基本量限示值误差曲线。

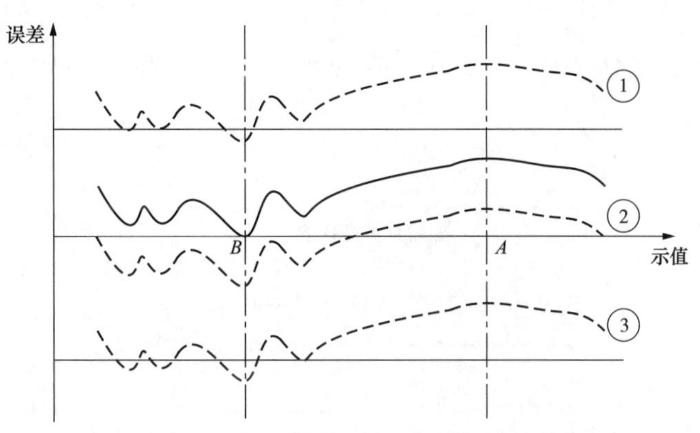

图 2-4　基本量限与非基本量限误差图

按检定规程规定非基本量限只检上限和最大误差点（*A* 点），可以判断：示值误差曲线如①则仪表非基本量限不合格，示值误差曲线如②则非基本量限合格，示值误差曲线如③则非基本量限合格。可事实并非如此：示值误差曲线如①、②判断无误，可示值误差曲线如③则由不合格被判为合格，这是因为此时的最大示值误差出现在基本量限的最小示值误差点（*B* 点），按检定规程规定的检定点则无法检测到。故检定规程规定的非基本量限检定点中的最大示值误差点应是指基本量限的最大正、负示值误差点（即最大示值误差点及最小示值误差点）。

2. 带定值分流器的仪表如何检定

JJG 124—2005《电流表、电压表、功率表及电阻表》检定规程中规定：“检定带‘定值分流器’和‘定值附加电阻’的仪表，应将仪表和附件分别检定，仪表不应超过最大允许误差。”

在实际工作中最常见的就是检定带“定值分流器”的仪表，带“定值分流器”的仪表实际上大部分是毫伏表。毫伏表的测量电压与导线的压降之和等于定值分流器的电压降。由于毫伏表的内阻很低，所以分流器的电位端钮间的引线电阻是不容忽视的。

采用标准源法校准直流毫伏表时，均假定在理想状况下进行的，忽略连接导线和标准源的内阻，认为加在直流毫伏表两端的电压 U_{AB} 等于标准源输出电压 U_0，即 $U_{AB}=U_0$。实际情况是标准源内阻 r_0 不可能为 0，连接导线电阻 r_x 也不可能为 0，直流毫伏表内阻更不可能为∞。标准源校准直流毫伏表等效电路如图 2-5 所示。

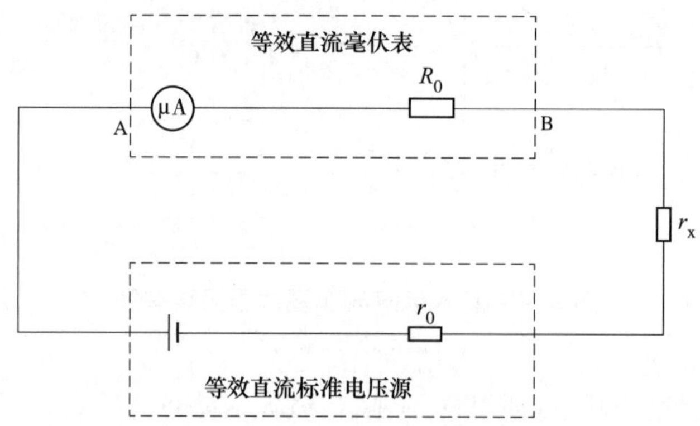

图 2-5　标准源法校准直流毫伏表等效电路图

由图 2-5 知，由此引入的方法误差为

$$\delta=\frac{r_0+r_x}{R_0+r_0+r_x}\times 100\% \tag{2-22}$$

式中：r_0 为标准源内阻；r_x 为导线电阻；R_0 为毫伏表内阻。

通常标准源内阻 r_0 为 0.01~2Ω，导线电阻 r_x 为 0.01~0.2Ω，直流毫伏表内阻为 4~10Ω。这样，方法误差就达到了 2%以上，无法忽略。

由于很多标准源未给出内阻这一技术指标，而仅对连接导线给出了要求，如潍坊计算机公司的 DO30E 数字式三用表校验仪要求“被检仪表用小于 10mΩ 的导线与仪器输出端子连接”，上海电表厂的 XF30 多功能校准源要求“200mV 大电流输出时，连接导线截面积应大于 $2.5mm^2$，长度小于 60cm”。同时，也不可能知道每一个被校仪表的内阻，因此用标准源法校准直流低内阻毫伏表时带来的方法误差很难也无法完全修正。

在实际校准工作中，总想有这样一种方法：影响量可忽略，操作简单，数据处理容易。在不能用标准源对直流低阻毫伏表校准的情况下，建议使用标准数字表法。标准表法校准直流毫伏表等效电路图如图 2-6 所示。

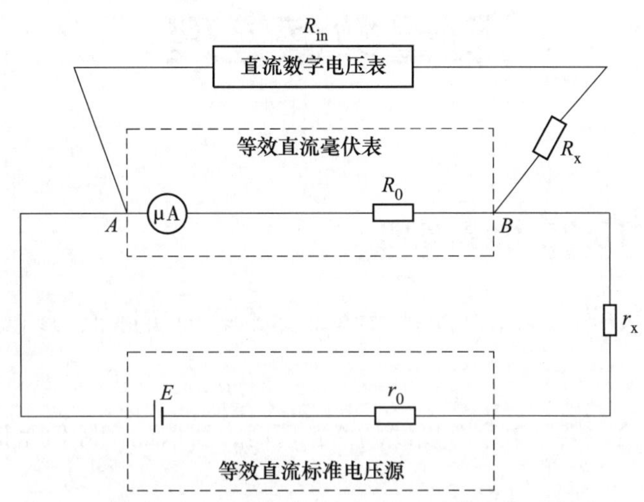

图 2-6　标准表法校准直流毫伏表等效电路图

在图 2-6 的 A、B 两点（即直流毫伏表的接线端钮）接入一技术指标满足检定要求的直流数字电压表，此时引入的方法误差为

$$\delta' = \frac{R_0 + R_x}{R_0 + R_x + R_{in}} \times 100\% \tag{2-23}$$

式中：R_{in} 为数字电压表输入阻抗。

由于数字电压表的输入阻抗很高（一般均大于 10MΩ），标准源内阻和连接导线按 10Ω 计，则引入的方法误差（系统误差）约为 0.0001%，此误差与直流毫伏表的最大允许误差相比可完全忽略。此时，数字电压表测量值即为输入直流毫伏表的标准电压值，此电压值和直流毫伏表指示值相比较，即可计算出直流毫伏表的误差。

3. 功率表的检定

一般来说，独立的两台电源（一台用于电压输出，另一台用于电流输出）是不能用来检定交流功率表的，这是由于两台电源的初始相位差无法确定，同时两台电源的频率也不能完全相同造成的。

第 4 节 测量数据处理

一 实际值/修正值的数据处理

（1）为便于数据处理，0.5 级及以上标准表的实际值/修正值一般用格数表示。

（2）计算被检表某一数字分度线的修正值时，所取的实际值是该分度线上两次测量所得的实际值的平均值。

（3）实际值/修正值的数据都要先计算后修约，计算和修约应按以下规定进行：

1）计算后的位数应比计算前的位数多保留一位，以待修约处理。

2）修约后的小数位数及末位数应和被检表的分辨力（可以读出最小的分度之长度）及检定设备的不确定度相一致。实际值/修正值的修约间隔见 JJG 124—2005《电流表、电压表、功率表及电阻表》中表 10。

3）数值修约后，其末位数只能是下述三种情况之一。

a. 是 1 的整数倍，即 0~9 中的任何数；

b. 是 2 的整数倍，即 0~8 中的任何偶数；

c. 是 5 的整数倍，即 0 或 5。

4）数据修约原则。

a. 应将被修约的数向最靠近（即差值最小）的一个允许修约值舍入。

例：

按 0.01 修约间隔修约：100.007→100.01，100.132→100.13。

按 0.02 修约间隔修约：100.009→100.00，100.132→100.14。

按 0.05 修约间隔修约：100.057→100.05，100.132→100.15。

b. 当被修约数的值与上下两个允许修约值的间隔相等时，按下述原则处理。

（a）当按 1 的整数倍修约（常规修约）时，修约末位效应为偶数。

例：按 0.1 修约间隔修约：100.05→100.0，100.15→100.2。

（b）当按 2 的整数倍修约（0.2 单位修约）时，修约的末位数应使末两位数被 4 整除。

例：按 0.02 修约间隔修约：100.010→100.00，100.150→100.16。

（c）当按 5 的整数倍修约时，2.5 应舍去，7.5 应进为 10。

例：按 0.05 修约间隔修约：100.025→100.00，100.175→100.20。

【例 2-3】某 0.2 级标度尺为 150 格电测量指示仪表 300V 量程时 100 格示值处的检定数据为 200.258V（上升）和 200.124V（下降），试计算此刻度的检定结果（实际值/修正值）。

解：

实际值为

$$\frac{200.258\text{V}+200.124\text{V}}{2}\times(150\text{格}/300\text{V}) = 100.0955\text{格}$$

根据 JJG 124—2005 规定，0.2 级标度尺为 150 格的指示仪表修约间隔为 0.05，则

100 格示值处的检定结果如下：

实际值：100.10 格；

修正值：0.10 格。

二 最大基本误差、最大升降变差的数据处理

（1）找出仪表示值与各次测量实际值之间的最大差值（绝对误差）作为仪表的最大基本误差。

（2）找出被检表所有量限各分度线两次测量结果上升与下降之差值中绝对值最大的一个作为仪表的最大升降变差。

（3）仪表的最大基本误差，最大升降变差的数据修约采用四舍六入偶数法则。对等级指数小于等于 0.2 的仪表，保留小数末位数两位（去掉百分号的小数部分），第三位修约；等级指数大于等于 0.5 的仪表保留小数位数一位，第二位修约。

【例 2-4】表 2-5 所示为某 0.5 级标度尺为 150 格的电测量指示仪表 150V 量程部分刻度线的检定数据，试计算其最大基本误差和最大升降变差。

表 2-5 某 0.5 级标度尺为 150 格的电测量指示仪表 150V 量程部分刻度线的检定数据

示值（格）	上升（V）	下降（V）
30	29.75	30.18
—	—	.—
60	60.15	60.28
—	—	—
90	90.15	90.35
—	—	—
120	120.22	120.42
—	—	—
150	150.23	150.51

解：

仪表上升过程中的最大误差为 0.25V，下降过程中的最大误差为-0.51V，两者取大为-0.51V，则最大基本误差为

$$\frac{-0.51\text{V}}{150\text{V}}\times 100\% = -0.34\% = -0.3\%$$

仪表上升与下降之差值中绝对值最大的出现在 30 格示值处，为 0.43V，则最大升降变差为

$$\frac{0.43\text{V}}{150\text{V}}\times 100\% = 0.29\% = 0.3\%$$

三 偏离零位的数据处理

仪表偏离零位的数据修约采用四舍六入偶数法则。对等级指数小于或等于 0.5 的仪表，保留小数末位数两位（去掉百分号的小数部分），第三位修约；等级指数大于和等于 1.0 的仪表保留小数位数一位，第二位修约。

进行偏离零位的数据处理，首先要测量标尺长度。一般指示仪表的表盘均为圆弧形，不同的圆弧长度不等，具体哪条圆弧长度才是标尺长度呢？标尺长度定义为在给定标尺上，始末两条标尺标记之间且通过全部最短标尺标记各中点的光滑连线的长度。

圆弧长度不易测量，一般是通过测量角度来确定圆弧长度。标尺长度 B_{SL} 按式（2-24）计算，即

$$B_{SL}=\frac{\pi}{180}\times R\theta \tag{2-24}$$

式中：R 为标度尺圆弧的半径，mm；θ 为标度尺的工作部分弧度，即指示器的全偏转角，(°)。

【例 2-5】某 0.2 级标度尺为 150 格电测量指示仪表，经测量标度尺长度为 200mm，偏离零位为 0.1mm。试计算此仪表偏离零位的检定结果。

解：

$$\frac{0.1\text{mm}}{200\text{mm}}\times 100\%=0.05\%$$

四 位置影响的数据处理

位置影响的数据修约采用四舍六入偶数法则。对等级指数小于等于 0.5 的仪表，保留小数末位数两位（去掉百分号的小数部分），第三位修约；等级指数大于和等于 1.0 的仪表保留小数位数一位，第二位修约。

【例 2-6】某 0.5 级标度尺为 100 格量程为 5A 的指示仪表，测量上限为 100 格，测量下限为 10 格，仪表标志为水平使用。位置影响检定记录如下，试计算此仪表位置影响的检定结果。

正常位置：$X_{0down}=\underline{0.5010\text{A}}$，$X_{0up}=\underline{5.0020\text{A}}$。

下限：$X_{i1}=0.5018\text{A}$，$X_{i2}=0.4975\text{A}$，$X_{i3}=0.5023\text{A}$，$X_{i4}=0.5015\text{A}$。

上限：$X_{i1}=5.0028\text{A}$，$X_{i2}=5.0021\text{A}$，$X_{i3}=5.0035\text{A}$，$X_{i4}=5.0047\text{A}$。

解：

仪表测量下限时偏离的最大值为-0.0035A，仪表测量上限时偏离的最大值为 0.0027A，两者取大为-0.0035A，则位置影响为：$\gamma_{w}=\left|\frac{-0.0035\text{A}}{5\text{A}}\right|\times 100\%=0.07\%$。

五 功率因数影响的数据处理

功率因数影响的数据修约采用四舍六入偶数法则。对等级指数小于或等于 0.5

的仪表，保留小数末位数两位（去掉百分号的小数部分），第三位修约；等级指数大于和等于1.0的仪表保留小数位数一位，第二位修约。

【例2-7】某0.5级标度尺为150格量程为10A、300V的功率表，其功率因数影响检定记录如下，试计算此仪表功率因数影响的检定结果。

$\cos\varphi=1$，$X_{01}=1502.5\text{W}$；$\cos\varphi=0.5$（滞后），$X_{02}=1503.4\text{W}$；$\cos\varphi=0.5$（超前），$X_{03}=1500.7\text{W}$。

解：

$$\gamma_L=\left|\frac{X_{02}-X_{01}}{X_N}\right|\times100\%=\left|\frac{1503.4\text{W}-1502.5\text{W}}{3000\text{W}}\right|\times100\%=0.03\%$$

$$\gamma_C=\left|\frac{X_{03}-X_{01}}{X_N}\right|\times100\%=\left|\frac{1500.7\text{W}-1502.5\text{W}}{3000\text{W}}\right|\times100\%=0.06\%$$

$$\gamma_\varphi=\max(\gamma_L,\gamma_C)=0.06\%$$

六 阻尼的数据处理

阻尼的数据修约采用四舍六入偶数法则。过冲保留至1%的整数倍；响应时间保留至0.1s的整数倍。

【例2-8】某0.5级标度尺为150格的电测量指示仪表，经测量标度尺长度为130mm，其阻尼检定记录如下，试计算此仪表阻尼的检定结果。

过冲量$B_X=11\text{mm}$；阻尼时间$t_i=3.2$、3.1、2.9、3.1、3.3s。

解：

过冲：$\dfrac{11\text{mm}}{130\text{mm}}\times100\%=8\%$。

阻尼时间：$t=\overline{t_i}=3.12\text{s}=3.1\text{s}$。

七 合格判据

判断电测量指示仪表是否合格，以修约后的数据为准。对全部检定项目都符合要求的仪表，判定为合格；有一个检定项目不合格的，判为不合格。指示仪表合格判据见表2-6。

表 2-6 指示仪表合格判据表

检定项目	合格判据
外观检查	应有仪器名称、制造厂名（或商标）、出厂编号以及其他保证其正确使用的信息、通用标志和符号。 不应有引起测量错误和影响准确度的缺陷
基本误差	≤MPE
升降变差	≤MPEV
偏离零位	≤50%MPE； ≤100%MPE（对功率表，电压回路施加额定值，电流回路断开）
位置影响	有位置标志：≤50%MPEV； 无位置标志：≤100%MPEV
功率因数影响	≤50%MPEV
阻尼	过冲：≤20%（全偏转角小于180°）；≤25%（其他）。 阻尼时间：≤4s
绝缘电阻测量	≥5MΩ
介电强度试验	试验中不出现击穿或飞弧现象

注 MPE 为最大允许误差；MPEV 为最大允许误差绝对值。

第5节 报告出具

一 准确度等级指数小于或等于 0.5 的电测量指示仪表的报告出具

（1）经检定合格的仪表，发给检定证书。对可降级使用的仪表也可以发给降级后的检定证书。

1）检定证书封面中检定结论栏应给出“符合××级”的结论；

2）仪表检定周期一般为1年；

3）检定证书中应给出仪表的最大基本误差、最大升降变差及各检定点的修正值或实际值。

（2）检定不合格的仪表发给检定结果通知书，并注明不合格项目。

以下为某0.2级C41-μA型直流微安表周期检定证书内页格式：

检定结果

1. 外观检查：合格。

2. 基本误差和升降变差的检定：合格。

量程	示值	实际值	量程	示值	实际值
1000μA	10	10.05	100μA	10	10.05
	20	20.10		90	90.20
	30	30.05		100	100.20
	40	40.10	200μA	10	10.05
	50	50.10		90	90.20
	60	60.15		100	100.20
	70	70.15	500μA	10	10.05
	80	80.15		90	90.20
	90	90.15		100	100.20
	100	100.20			
最大基本误差：-0.20%；最大升降变差：0.00%					

3. 偏离零位检定：合格。

（以下空白）

二 准确度等级指数大于 0.5 的电测量指示仪表的报告出具

（1）经检定合格的仪表，发给检定证书。对可降级使用的仪表也可以发给降级后的检定证书。

1）检定证书封面中检定结论栏应给出“符合××级”的结论；

2）仪表检定周期一般为 2 年；

3）检定证书中可不给出数据，但要说明仪表所检定项目是否合格。

（2）检定不合格的仪表发给检定结果通知书，并注明不合格项目。

以下为某 1.5 级 6L2 型交流电压表周期检定证书内页格式：

检定结果

1. 外观检查：合格。

2. 基本误差检定：合格。

3. 偏离零位检定：合格。

注：根据 JJG 124—2005《电流表、电压表、功率表及电阻表》第 6.4.10 条款规定，本证书不出具数据。

（以下空白）

习题及参考答案

1. 电测量指示仪表的误差可分为两大部分，________误差和________误差。

2. 电测量指示仪表阻尼的概念应包括________和________。

3. 电测量指示仪表的级别是采用________误差表示，它是________

误差的特殊表示形式。

4. 电测量指示仪表是由____________和____________两个基本部分组成。

5. 电动系仪表由于其指针偏转角正比于动圈中电流、定圈中电流以及_____________，故其突出应用是功率测量。

6. 对于有额定频率范围及扩展频率范围的交流仪表，不仅要在频率为 50Hz 下对仪表测量范围内带数字的分度线进行检定，而对扩展频率范围____________及下限频率（仅对内装互感器的）还要分别检定____________和可以判定最大误差的分度线。

7. 对有位置标志且没有装水准器的仪表，将其自标准位置向任意方向倾斜 5°或规定值，其误差改变量不应超过____________。

8. 等级指数大于 0.5 的仪表检定周期一般为____________。

9. 一只 2.5 级、工作范围为-5A~0~5A 的双向标度尺的电流表，检定时+2A 刻度点的实际值为 1.85A，该点的基本误差为（　　）。

A. +3%　　B. +0.15　　C. 1.5%　　D. 2.5%

10. 有一只 0.2 级的直流功率表，电压量程为 150V，电流量程为 5A。采用固定电压的方法进行检定时，该电压的误差不大于（　　）。

A. 0.015V　　B. 0.03V　　C. 0.075V　　D. 0.15V

11. 有一只准确度为 0.2 级，量程为 100μA 的直流电流表，采用直流数字电压表检定电流表的方法，在保证检定允许误差范围内，数字电压表的输入阻抗及位数应选（　　）。

A. 1MΩ 六位　　B. 10MΩ 四位　　C. 100MΩ 五位　　D. 10MΩ 五位

12. 电测量指示仪表的阻尼力矩，在测量过程中（　　）。

A. 大小不变　　B. 方向不变

C. 指针运动过程中为零　　D. 指针静止时为零

13. 如果在量程为 150V、5A 的电动系功率表的电压回路加 150V 交流电压，电流回路通以 5A 的直流电流时，功率表的读数是（　　）。

A. 750W　　B. 375W　　C. 0W　　D. 150W

14. 偏离零位检定时，调节被测量至测量上限，停（　　），缓慢地减小被测量至零并切断电源，15s 内读取指示器对零分度线的偏离值。

A. 10s　　B. 20s　　C. 30s　　D. 60s

15. 使用中的2.5级指示仪表周期检定时，(　　) 项目可以不检定。

A. 外观检查　　B. 基本误差　　C. 升降变差　　D. 偏离零位

16. 当按0.2修约间隔修约时，120.300修约后应为 (　　)。

A. 120.30　　B. 120.2　　C. 120.3　　D. 120.4

17. 对下列被检仪表（标度尺满刻度均为150格）进行修约、化整，给出修正值，计算最大基本误差及示值变差，并判断仪表是否合格，填于表中。

仪表等级 示值（格）	0.5		0.2		0.1	
	上升	下降	上升	下降	上升	下降
30	30.05	30.18	30.025	30.028	30.064	30.067
60	60.15	60.28	60.235	60.126	60.036	60.064
90	90.15	90.35	90.211	90.239	90.027	90.081
120	120.28	120.42	120.253	120.297	120.132	119.928
150	150.23	150.51	150.335	150.123	150.108	150.002

仪表等级 示值（格）	修正值（格）		
	0.5	0.2	0.1
30			
60			
90			
120			
150			
最大基本误差			
最大示值变差			
合格与否			

18. 某三用表校验仪400V电压量程（注：满量程显示为400.00）时的测量误差限为±(0.05%R_d+4个字)，问能否用它作标准器对0.5级150V量程的电压表进行检定？

19. 为保证电测量指示仪表稳定可靠地工作，测量机构至少应产生哪些力矩？

20. 电测量指示仪表的最大基本误差、最大升降变差的数据修约有何规定？

参考答案

1. 基本　附加　2. 过冲　阻尼时间　3. 引用　相对　4. 测量线路　测量机构

5. 它们夹角的余弦值　6. 上限频率　量程上限　7. 最大允许误差的 50%

8. 2 年

9. C　10. B　11. C　12. D　13. C　14. C　15. C　16. D

17. 解：

仪表等级 示值（格）	修正值（格）		
	0. 5	0. 2	0. 1
30	0. 1	0. 05	0. 06
60	0. 2	0. 20	0. 04
90	0. 2	0. 20	0. 06
120	0. 4	0. 30	0. 04
150	0. 4	0. 25	0. 06
最大基本误差	-0. 3%	-0. 22%	-0. 09%
最大示值变差	0. 2%	0. 14%	0. 14%
合格与否	合格	不合格	不合格

18. 解：

被检表 150V 量程的最大允许误差为

$\Delta_x = 0.5\% F_s = 0.5\% \times 150\text{V} = 0.75\text{V}$

三表校验仪 150V 的最大允许误差为

$\Delta_s = 0.05\% R_d + 4$ 个字 $= 0.05\% \times 150\text{V} + 4 \times 0.01\text{V} = 0.115\text{V}$

$$\frac{\Delta_x}{\Delta_s} = \frac{0.75\text{V}}{0.115\text{V}} = 6.5 \geqslant 3$$

三用表校验仪可以作为标准器对 0. 5 级 150V 量程的电压表进行检定。

19. 答：

为保证电测量指示仪表稳定可靠地工作，测量机构至少应产生转动力矩、反作用力矩及阻尼力矩。

20. 答：

仪表的最大基本误差，最大升降变差的数据修约采用四舍六入偶数法则。对等级指数小于或等于0.3的仪表，保留小数末位数两位（去掉百分号的小数部分），第三位修约；等级指数大于和等于0.5的仪表保留小数位数一位，第二位修约。

第 3 章

数字多用表

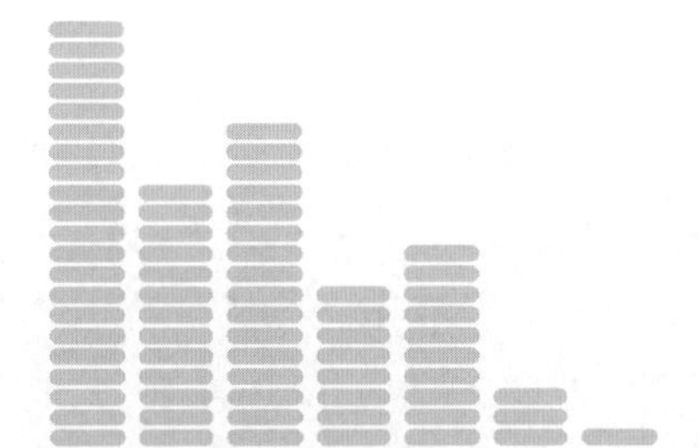

第1节 概 述

数字多用表（DMM）一般具有直流电压、直流电流、直流电阻、交流电压和交流电流测量功能，也包括具有上述单一测量功能或组合测量功能的仪表。数字多用表的工作原理很多，一般根据 A/D 转换的不同，分为 V/T 变换型、逐次逼近比较型、双积分型、脉冲调宽型、剩余电压再循环型等。数字多用表的显示位数有 3½、4½（4）、5½（5）、6½、7½、8½位，最大允许误差从±2%~±0.0005%不等。

下面对数字多用表的工作原理作一简单介绍。

一 直流电压测量功能工作原理

（一）直流电压测量功能基本工作原理

仅具有直流电压测量功能的数字多用表可称为直流数字电压表。直流电压测量功能是数字多用表的最基本功能，直流电流、直流电阻、交流电压和交流电流测量功能均是在直流电压测量功能基础上扩展得到的。数字多用表直流电压测量功能的基本工作原理如图 3-1 所示。

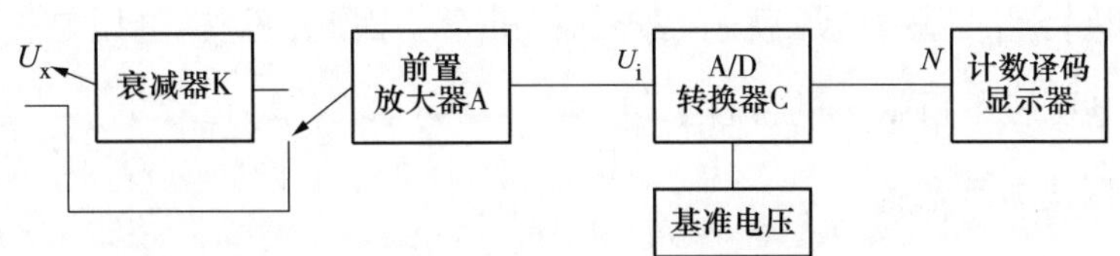

图 3-1 数字多用表直流电压测量功能的基本原理框图

被测量 U_x 经衰减器和前置放大器变换为 A/D 转换器可接受输入范围的量，再经 A/D 转换器（模数转换器）转换成数字量 N，计数译码显示电路完成对 N

的记录和显示。不同的 U_x 值与不同的 N 值一一对应，从而实现对模拟量 U_x 的数字化测量。

$$N=KACU_x \tag{3-1}$$

式中：K 为衰减器衰减系数；A 为前置放大器放大系数；C 为 A/D 转换器转换系数。

理想情况下 K、A、C 都是常数，N 正比于 U_x，即显示值正比于被测量。

（二）直流电压测量电路各部分主要功能

1. 衰减器

衰减器的作用是对大信号进行衰减以便使整机的测量范围向大量程扩展。

2. 前置放大器

前置放大器的作用一方面是使测量范围向小量程扩展，另一方面是为了改善整机的输入特性，减小整机的零电流，提高整机的输入电阻，并且前置放大器作为 A/D 转换器的前级，也可以减小和固定输入 A/D 转换器的信号源的输出电阻。

3. A/D 转换器

A/D 转换器的作用是将一定范围内的模拟量 U_x 转换成数字量 N，这部分是数字多用表的核心，不同原理的 A/D 转换器构成了不同原理的数字多用表，A/D 转换器的不同特性也对整机产生着重要影响。

4. 基准电压

基准电压是数字多用表的内部参考电压。所谓测量就是将被测量与同性质的已知的标准量进行比较，用标准量或标准量的倍数来表示被测量。A/D 转换器就是实现这一比较的装置，基准电压就是已知的标准量。因此，基准电压是作为测量仪器的直流数字电压表不可缺少的部件。

5. 计数译码显示电路

将 A/D 转换器输出的数字量 N 变成十进制数显示出来。

二 交流电压测量功能工作原理

一个交流-直流电压转换器配上一个直流数字电压表，就构成了一台交流数字电压表。交流电压有三个特征量：有效值、平均值和峰值，根据这三个特征量，交直流电压转换器也分成有效值、平均值和峰值三种类型。采用不同原理的交直流电压转换器配上直流数字电压表就构成不同原理的交流数字电压表。常见的3½、4½位手持式数字万用表中交流电压测量电路大多采用运算法有效值转换器原理。

三 直流数字电流表的基本原理

直流数字电流表是用于对直流电流进行精密测量的设备。一般是将被测直流电流信号转换成直流电压，然后进行测量，这种转换电路被称为直流电流-直流电压（I–U）转换器。根据转换原理不同，可分为分流器式直流电流-直流电压转换器和负反馈式直流电流-直流电压转换器。根据被测电流的大小不同，这两种转换器都有广泛的应用。常见的3½、4½位手持式数字万用表中直流电流测量电路大都采用分流器式直流电流-直流电压转换器。

四 交流数字电流表的基本原理

在数字多用表中，交流电流的测量功能是以交流电流-交流电压变换器和交流电压-直流电压变换器为基础实现的。被测交流电流首先流经交流电流-交流电压变换器，转变成交流电压，再经过交流电压-直流电压变换器转变成直流电压，直流数字电压表对此电压进行测量，最后在显示器上显示出被测交流电流的实际值。

五 直流数字欧姆表的基本原理

将电阻变换成直流电压的转换电路称为电阻-电压（Ω–U）变换器，简称欧姆变换器。欧姆变换器通常有两种构成方式，即运算放大器式和积分运算式。直流数字式欧姆表通常由一个精确的直流运算放大器和一个直流数字电压表组成，有的做成插件，成为数字多用表的一部分，有的则做成单功能的数字欧姆表。总之，数字欧姆表利用电阻-电压变换，再用直流数字电压表测量出电压，从而得到被测电阻的欧姆数值。常见的3½、4½位手持式数字万用表中欧姆变换器大都采用运算放大器式欧姆变换器。

第2节 技术要求

数字多用表（DMM）的技术要求较多，包括显示位数、输入阻抗及零电流、示值误差及最大允许误差、附加误差、串/共模干扰抑制比等。

一 显示位数

数字多用表的显示位数是以完整显示的数字（即能够显示 0~9 的十个数码的显示能力）的多少来确定。能够显示“9”的数字的位称为“满位”，否则称“半位”或“½位”。显示数字的位置从左至右规定为第一位（首位）、第二位……末位等，半位只可能出现在首位。数字多用表按显示位数可分为三位半、四位半、五位半、六位半、七位半、八位半等。

二 输入阻抗及零电流

工作条件下在仪器输入端子间测得的输入回路的阻抗称为输入阻抗，用 R_i 表示。

在输入信号为零时，DMM 的输入电路中由于数字表内部电路引起的电流称为零电流，用 I_0 表示。

三 示值误差及最大允许误差

1. 示值误差

数字多用表的示值与对应输入量的参考值（标准值）之差称为示值误差，按式（3-2）计算，即

$$\Delta = P_X - P_N \tag{3-2}$$

式中：Δ 为示值误差；P_X 为被校数字多用表的示值（读数值）；P_N为对应输入量的参考值（标准值）。

数字多用表的示值误差也可以用相对误差形式来表示，即

$$\gamma = \frac{\Delta}{P_N} \times 100\% \tag{3-3}$$

式中：γ 为相对示值误差。

2. **最大允许误差**

由数字多用表技术说明书规定的，相对于已知参考量值的测量误差的极限值称为数字多用表的最大允许误差。

数字多用表的最大允许误差可用式（3-4）~式（3-6）表示，即

$$\Delta_{MPE} = \pm(a\% \cdot Y_X + b\% \cdot Y_m) \tag{3-4}$$

$$\Delta_{MPE} = \pm(a\% \cdot Y_X + n\text{个字}) \tag{3-5}$$

$$\Delta_{MPE} = \pm(a\% \cdot Y_X + b\% \cdot Y_m + n\text{个字}) \tag{3-6}$$

式中：Δ_{MPE}为最大允许误差；a 为与读数值有关的误差系数；Y_X 为被测量的读数值（示值）；

b 为与量程值有关误差系数；Y_m 为数字多用表的量程值；n 为数值（n 个字即相当于所在量程末位数字的 n 倍）。

由以上三种表示方式可知，DMM 的最大允许误差主要由两部分组成：一部分是与被测显示值 Y_X 大小有关的项，即 a 项误差。它包括 DMM 基准电压的误差、转换误差、输入放大器误差、衰减器误差、刻度系数误差、非线性误差等。另一部分是与被测显示值 Y_X 大小无关的项，即 b 项误差（包括 n 个字），它是由 DMM 的量化误差、零点漂移、噪声干扰等因素引起的。一般称第一项为读数误差，第二项（包括第三项）为固定项误差或满度误差。这种用两项误差之和来表示误差的方法是为了更有效地发挥 DMM 的特长，因为 DMM 与一般的指针式仪表相比具有更高的准确度和灵敏度等性能。

DMM 的最大允许误差也可用相对误差形式表示，即

$$\gamma_{MPE} = \frac{\Delta_{MPE}}{Y_X} \times 100\% \tag{3-7}$$

式中：γ_{MPE} 为最大允许相对误差。

形如式（3-4）时，相对误差可表示为式（3-8）的形式，即

$$\gamma_{MPE}=\pm\left(a\%+b\%\cdot\frac{Y_m}{Y_X}\right) \tag{3-8}$$

在使用DMM时要注意，一般DMM是多功能、多量程仪表，测量时最好在满量程或接近满量程使用，至少要在满量程的10%以上使用，小于满量程的10%时，要用下一个量程；否则，测量误差将增大。图3-2所示为DMM最大允许误差与读数的关系图，图3-3所示为DMM相对最大允许误差与读数的关系。

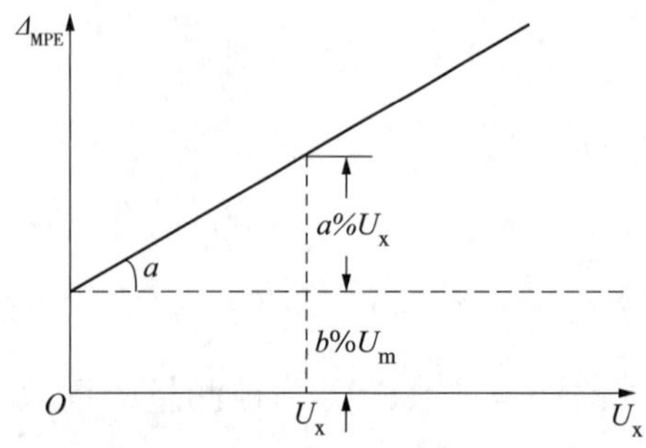

图3-2　DMM最大允许误差与读数的关系

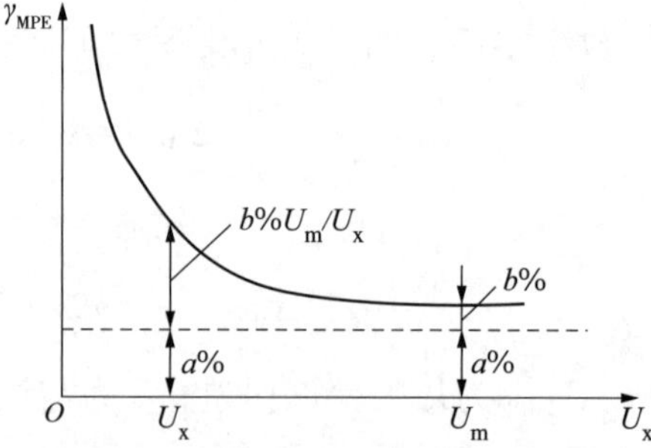

图3-3　DMM相对最大允许误差与读数的关系

由图3-2可知：数字多用表最大允许误差 Δ_{MPEV} 随着读数 U_x 的增大而增大。

由图3-3可知：数字多用表相对最大允许误差 γ_{MPEV} 随着读数 U_x 的增大而减小。

最大允许误差的计算是DMM使用和校准的最基本知识，若不能正确计算DMM的最大允许误差就无法正确使用和校准DMM。下面举例说明DMM最大允许误差的计算。

【例3-1】两项误差之和的计算。

设有一台DMM，其DC 1V量程的最大允许误差 $\Delta_{MPE}=\pm(0.05\%U_x+0.01\%U_m)$。试问用此仪表1V量程测量1V和0.1V的电压时，最大允许误差和相对最大允许误差分别是多少？

解：

测量1V电压时：

$$\Delta_{MPE\,1V}=\pm(0.05\%\times1V+0.01\%\times1V)=\pm0.0006V$$

$$\gamma_{MPE\ 1V}=\pm\left(0.05\%+0.01\%\times\frac{1V}{1V}\right)=\pm0.06\%$$

测量 0. 1V 电压时：

$$\Delta_{MPE\ 0.1V}=\pm(0.05\%\times0.1V+0.01\%\times1V)=\pm0.00015V$$

$$\gamma_{MPE\ 0.1V}=\pm\left(0.05\%+0.01\%\times\frac{1V}{0.1V}\right)=\pm0.15\%$$

【例 3-2】两项误差之和的计算。

设有一台 3½位 DMM，其 DC 2V 量程的最大允许误差 $\Delta_{MPE}=\pm(0.5\%U_x+2$ 个字)。试问用此仪表 2V 量程测量 1V 电压时，最大允许误差和相对最大允许误差分别是多少?

解：

3½位 DMM 2V 量程最大显示为 1. 999V，则 1 个字 = 0. 001V，2 个字即为 0. 002V。

测量 1V 电压时：

$$\Delta_{MPE\ 1V}=\pm(0.5\%\times1V+0.002V)=\pm0.007V$$

$$\gamma_{MPE\ 1V}=\frac{\Delta_{MPE}}{Y_X}\times100\%=\frac{\pm0.007V}{1V}\times100\%=\pm0.7\%$$

【例 3-3】三项误差之和的计算。

设有一台 4½位 DMM，其 DC 2V 量程的最大允许误差 $\Delta_{MPE}=\pm(0.08\%U_x+0.01\%U_m+2$ 个字)。试问用此仪表测量 0. 5V 的电压时，最大允许误差和相对最大允许误差分别是多少?

解：

4½位 DMM 2V 量程最大显示为 1. 9999V，则 1 个字 = 0. 0001V，2 个字即为 0. 0002V。

测量 0. 5V 电压时：

$$\Delta_{MPE}=\pm(0.08\%\times0.5V+0.01\%\times2V+0.0002V)=\pm0.0008V$$

$$\gamma_{MPE}=\frac{\Delta_{MPE}}{Y_X}\times100\%=\frac{\pm0.0008V}{0.5V}\times100\%=\pm0.16\%$$

3. 最大允许误差中 *a*、*b* 项系数间的关系

a 项与 *b* 项误差系数间的比例关系是一个很重要的问题，对使用者而言，希望 *b*%越小越好，最好是零，只用 *a*%来表示仪表的测量误差。但对制造厂家却很难做到这点，所以 *a* 项误差与 *b* 项误差应有适当的比例。

设有一台 5½位数字电压表（DVM），1000V 量程时仪器的最大允许误差 $\Delta_{\text{MPE}} = \pm(0.006\% U_x + 0.008\% U_m)$。在满度时，$U_x = U_m = 1000\text{V}$，这时相对最大允许误差为

$$\gamma_{\text{MPE 1000V}} = \pm(0.006\% + 0.008\%) = \pm 0.014\%$$

如用此仪表测量 200V 电压时，相对最大允许误差为

$$\gamma_{\text{MPE 200V}} = \pm\left(0.006\% + 0.008\% \times \frac{1000.00\text{V}}{200.00\text{V}}\right) = \pm 0.046\%$$

这时误差增大了许多，相当于显示刻度标尺缩短了，相对误差就大了。所以，*b*>*a* 是不合理的，也是不允许的。*b* 项误差太大就降低了使用的价值。

如果仪器的最大允许误差改为 $\Delta_{\text{MPE}} = \pm(0.006\% U_x + 0.001\% U_m)$，则

满度时：

$$\gamma_{\text{MPE}} = \pm(0.006\% + 0.001\%) = \pm 0.007\%$$

200V 时：

$$\gamma_{\text{MPE 200V}} = \pm\left(0.006\% + 0.001\% \times \frac{1000.00\text{V}}{200.00\text{V}}\right) = \pm 0.011\%$$

这时，误差增加不多，这才是比较合适的。

数字式仪表的特点是量程通常呈 10 倍的关系变化，且有固定的计数容量。它不像模拟式仪表那样，可以任意刻度，使量程变换系数以任意倍数变化，这就给各量程的衔接上带来一定的困难。因此就必须压缩 *b* 项，最好使它不成为相对误差的主要成分。

GB/T 13978—2008《数字多用表》规定：$a \geqslant 4b$。

4. 示值误差与最大允许误差的关系

数字多用表的示值误差是由校准得到的，最大允许误差是由数字多用表制造商给定的。在不考虑示值误差测量不确定度的情况下，示值误差小于等于最大允许误差说明数字多用表示值误差符合其技术指标规定，否则认为其不符合技术指标规定。

四 附加误差

数字多用表的基本误差是在规定条件下给出的，当使用的环境、场合发生变化时可能带来不希望的附加误差，如温度附加误差、由输入阻抗零电流引入的附加误差等。

1. 温度附加误差

数字多用表的校准应在参考工作条件下进行，但可以在额定工作条件下使用。当使用时的工作条件偏离参考工作条件时会带来附加误差，尤其是温度附加误差。

【例3-4】设有一台 DVM，其 1V 量程在（23±5）℃时的技术指标为 $\Delta_{MPE}=\pm(0.0040\%U_x+0.0007\%U_m)$，在 0~18℃及 28~55℃范围内的温度附加误差不超过 $(0.0005\%U_x+0.0001\%U_m)$ /℃。试问用此仪表在 10℃测量 0.5V 电压时，由测量仪表引起的最大允许误差和相对最大允许误差分别是多少？

解：

基本误差限为

$$\Delta_{MPE1}=\pm(0.0040\%\times0.5V+0.0007\%\times1V)=\pm27\times10^{-6}V$$

温度系数引起的误差限为

$$\Delta_{MPE2}=\pm(0.0005\%\times0.5V+0.0001\%\times1V)/℃\times(18-10)℃=\pm28\times10^{-6}V$$

则由测量仪表引起的最大允许误差为

$$\Delta_{MPE}=\pm(|\Delta_{MPE1}|+|\Delta_{MPE2}|)=\pm55\times10^{-6}V$$

相对最大允许误差为

$$\gamma_{MPE}=\frac{\Delta_{MPE}}{Y_X}\times100\%=\frac{\pm55\times10^{-6}V}{0.5V}\times100\%=\pm0.011\%$$

2. 由输入阻抗零电流引入的附加误差

在进行电压测量时，DVM 要从信号源中吸取电流并消耗能量，这样由信号源取得的电流经过其内阻产生压降。信号源不可能是理想的恒压源，因此被测电压比信号源电压要小。

输入阻抗对电压测量的影响如图 3-4 所示。

设信号源电压为 U_x，内阻为 R_x，DVM 的输入阻抗为 R_i，则输入回路电流为

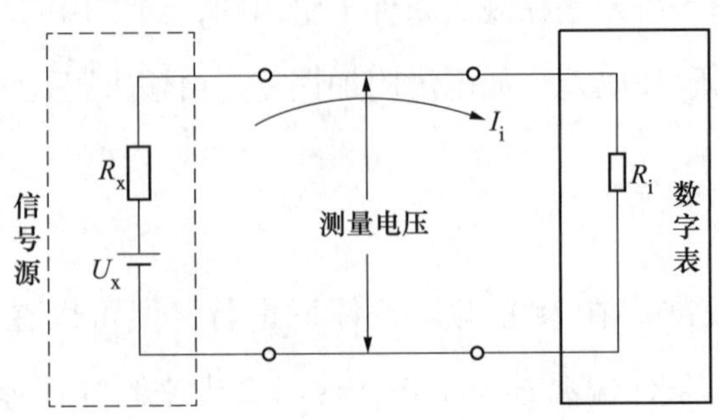

图 3-4　输入阻抗对电压测量的影响

$$I_i=\frac{U_x}{R_i+R_x}$$

产生的电压附加误差为

$$\Delta U_{x(R_i)}=-I_i\cdot R_x=-\frac{R_x}{R_i+R_x}\cdot U_x$$

相对附加误差为

$$\gamma_{R_i}=\frac{\Delta U_{x(R_i)}}{U_x}=-\frac{R_x}{R_i+R_x}\approx-\frac{R_x}{R_i} \tag{3-9}$$

由于前置放大器的作用，DMM 开机和关机状态下的输入阻抗不同。通常开机状态比关机状态下的输入阻抗高很多。因此，DMM 连接到负载能力很低的信号源（如标准电池）时，应在关机前断开连接。

3. 零电流引入的附加误差

零电流 I_0 是从 DVM 输入端流入或流出的一种电流，它通过输入阻抗 R_i 流入或流出 DVM。零电流不仅方向是变化的，同时会产生漂移，且在一定时间内随周围环境而变化。由于零电流的存在，它在被测量信号源内阻上同样要产生引起测量误差的电压降，即误差电压。

输入零电流对电压测量的影响如图 3-5 所示。

图 3-5 表示了零电流对电压测量的影响，电压附加误差为

$$\Delta U_{x(I_0)} = I_0 \cdot R_x$$

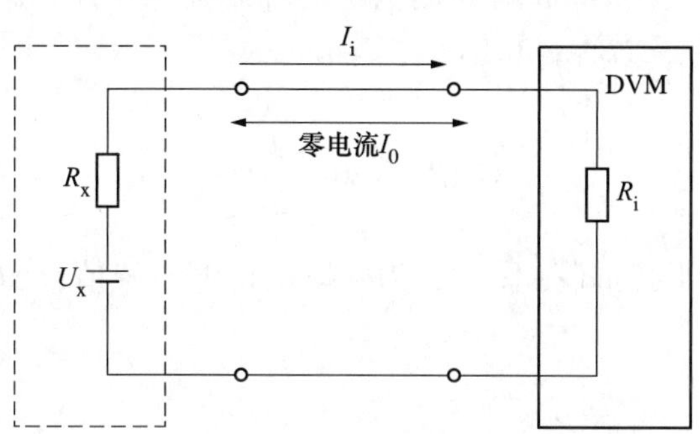

图 3-5 输入零电流对电压测量的影响

相对附加误差为

$$\gamma_{I_0} = \frac{\Delta U_{x(I_0)}}{U_x} = \frac{I_0 \cdot R_x}{U_x} \tag{3-10}$$

在测量过程中，输入阻抗和零电流引起的误差是同时存在的，故总的误差 γ_z 为

$$\gamma_z = \gamma_{R_i} + \gamma_{I_0} = \left(\frac{1}{R_i} + \frac{I_0}{U_x}\right) \cdot R_x \tag{3-11}$$

五 串/共模干扰抑制比

串/共模干扰抑制比是衡量数字多用表抗干扰能力的一个重要参数。在复杂的电磁环境中，数字多用表能否抵御干扰，按设计的技术指标稳定可靠地运行就显得尤为关键。

1. 串模干扰抑制比

串模干扰抑制比表征 DMM 对串模干扰电压的抑制能力。用串模电压的峰值与由它引起的读数最大变化值之比以对数表示，即

$$\mathrm{SMRR} = 20\lg \frac{U_{sm}}{\Delta U_{sm}} \tag{3-12}$$

式中：SMRR 为串模干扰抑制比；U_{sm} 为串模干扰电压峰值；ΔU_{sm} 为串模干扰电压引起的最大变化电压。

2. 共模干扰抑制比

共模干扰抑制比表征 DMM 对共模电压的抑制能力。用共模电压的峰值与由它引起的读数最大变化值之比以对数表示，即

$$\mathrm{CMRR}=20\lg\frac{U_{\mathrm{cm}}}{\Delta U_{\mathrm{cm}}} \tag{3-13}$$

式中：CMRR 为共模干扰抑制比；U_{cm} 为共模干扰电压峰值；ΔU_{cm} 为共模干扰电压引起的最大变化电压。

CMRR 又有交流和直流之分。

第 3 节 检定/校准试验

校准依据

数字多用表的校准依据为 JJF 1587—2016《数字多用表校准规范》。

JJF 1587—2016 适用于具有直流电压、直流电流、直流电阻、交流电压和交流电流测量功能的数字多用表的校准，也适用于具有上述单一测量功能或组合测量功能的仪表的校准。

依据 JJF 1587—2016 的数字多用表还必须满足以下条件。

（1）交直流电压测量上限为 1000V。

（2）交直流电流测量上限为 100A。

（3）电阻测量上限为 10GΩ。

（4）交流电压频率范围为 10Hz~1MHz。

（5）交流电流频率范围为 10Hz~10kHz。

二 校准条件

1. 环境条件

环境温度：20℃±2℃；

相对湿度：≤75%；

交流供电电压：220V±22V。

注：

（1）对于六位半及以下的数字表，环境温度的允许偏差也可以参照仪器使用说明书中的规定。

（2）交流供电电压的允许偏差也可以参照仪器使用说明书中的规定。

2. 测量标准及其他设备

JJF 1587—2016 提供了多种测量标准供选择，但并不要求技术机构所有的测量标准均需配备，技术机构可根据本机构所选择的校准方法配备相应的测量标准即可。大多数计量技术机构均采取标准源法校准数字多用表，此方法配备的测量标准要求如下：

（1）校准时所需的标准器及配套设备：多功能校准源（含各单功能源）。

（2）校准装置对应功能的最大允许误差绝对值（或不确定度）应不大于被校数字表校准点最大允许误差绝对值的1/3。

（3）应考虑多功能源的负载特性及温度系数对校准结果的影响。多功能源（电阻功能除外）输出应连续可调或外加设备可调。

（4）校准装置（包括测量电路）应具有良好的屏蔽保护和接地措施，并远离强电场和强磁场。

三 校准项目

（1）外观及通电检查。

（2）直流电压的示值误差。

（3）直流电流的示值误差。

（4）直流电阻的示值误差。

（5）交流电压的示值误差。

（6）交流电流的示值误差。

四 校准方法

（一）外观及通电检查

（1）被校数字表外形结构完好，外露件等不应损坏或脱落，机壳、端钮等不应有影响正常工作的机械碰伤，按键无卡死或接触不良的现象。

（2）被校数字表产品名称、制造厂家、仪器型号和编号等均应有明确标记。

（3）供电电压和频率标志应正确无误。

（4）通电检查被校数字表各测量功能、量程切换应正常，小数点位置应正确，显示字符段应完整。

注：如有必要时，被校数字表在恒温室内放置 5h 后再通电。

（二）校准点的选取原则

校准点应覆盖所有量程并兼顾各量程之间的覆盖性及量程内的均匀性；同时应参考被校数字表使用说明书中对校准点的建议；并可根据实际情况或送校单位的要求选取校准点。

1. DCV 校准点的选取原则

（1）基本量程正极性选取 3~5 个校准点。

（2）非基本量程正极性选取 2~3 个校准点。

（3）各量程负极性可只选取量程值（接近量程值）1 个校准点。

（4）正极性时，应覆盖量程值的 10%点和量程值（接近量程值）点。

（5）对于四位半及以下的数字表，可只选取各量程的量程值（接近量程值）点，应包含正负极性。

2. DCI 校准点的选取原则

（1）可参照 DCV 的选取原则。

（2）也可以只选取每个量程正负极性的量程值（接近量程值）点。

（3）或选取 10 的整数次幂点。

3. DCR 校准点的选取原则

（1）选取每个量程的量程值点（接近量程值）。

（2）或选取 10 的整数次幂点。

4. ACV 校准点的选取原则

（1）频率点的选取可参照被校数字表使用说明书中交流电压的技术指标，选取 3~6 个频率点（一般应包含 1kHz），并兼顾低频率点和高频率点。建议在 10Hz、60Hz（50Hz）、400Hz、1kHz、20kHz、50kHz、100kHz、300kHz、500kHz、1MHz 中优先选取。

（2）在 1kHz 频率点，每个电压量程选取 2~3 个电压校准点；在其他频率点，可只选取量程值（接近量程值）点。

（3）应根据数字表的电压频率积（V·Hz）选取校准点。

（4）对于四位半及以下的数字表，可只选取各量程的量程值（接近量程值）点，并参照使用说明书中技术指标选取 1~2 个频率点。

5. ACI 校准点的选取原则

（1）频率点的选取可参照被校数字表使用说明书中交流电流的技术指标，选取 3~5 个频率点（一般应包含 1kHz），并兼顾低频率点和高频率点。建议在 10Hz、60Hz（50Hz）、400Hz、1kHz、5kHz、10kHz 中优先选取。

（2）选取每个电流量程的量程值（接近量程值）点，或选取 10 的整数次幂点。

（3）对于四位半及以下的数字表，可只选取各量程的量程值（接近量程值）点，并参照使用说明书中技术指标选取 1~2 个频率点。

（三）校准方法（标准源法）

1. 交直流电压校准

多功能校准源和被校数字多用表按使用说明书的规定进行预热、预调（被校数字多用表直流电压功能需进行短路调零，交流电压功能不需进行调零）。按图 3-6 连接。

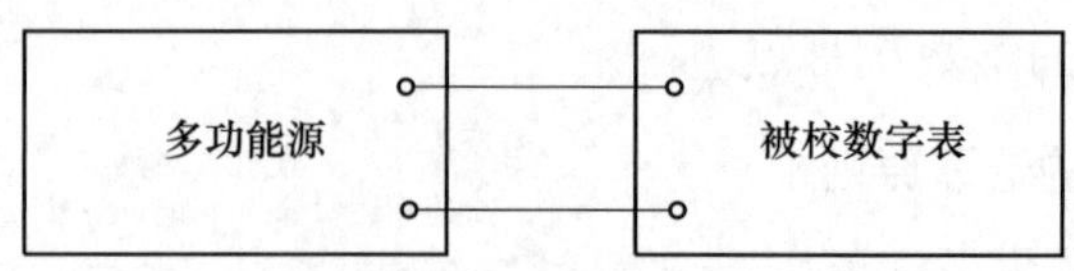

图 3-6　标准源法校准交直流电压

测试导线的接入可能会带来误差，主要是测试导线与接线端子连接时形成了热偶结带来的偏置误差。采取调零和采用相同材质（低热电动势导线）接线，可减小热偶结带来的偏置误差影响。但在交流测量中由于交流转换器在量程的较低部分不能很好地工作，所以调零并不适合交流测量。

保持测试端钮的清洁，测试导线采用低热电动势导线，交流电压在较高频率时应使用较短的同轴线作为测试导线。

6½位及以下 DMM 一般不设有保护端 G，但有的校准源却有保护端。此时，应将校准源的 L 端和 G 端用短路片短接。

大多数数字多用表都能测量频率低至 10Hz 的交流信号，校准时应设置正确的滤波器。

根据校准点设定多功能源的输出值，记录被校数字表的显示值。设多功能源的输出标准电压值为 V_N，被校数字表的显示值为 V_X，被校数字表的电压示值误差按式（3-14）计算，即

$$\Delta_V = V_X - V_N \tag{3-14}$$

式中：Δ_V 为电压示值误差；V_X 为被校数字多用表的电压显示值；V_N 为多功能源的输出电压值（标准值）。

被校数字表的电压相对示值误差按式（3-15）计算，即

$$\gamma_V = \frac{\Delta_V}{V_N} \times 100\% \tag{3-15}$$

式中：γ_V 为电压相对示值误差。

2. 交直流电流校准

多功能校准源和被校数字多用表按使用说明书的规定进行预热、预调（被校数字多用表直流电流功能需进行开路调零，交流电流功能不需进行调零）。按图 3-7 连接。

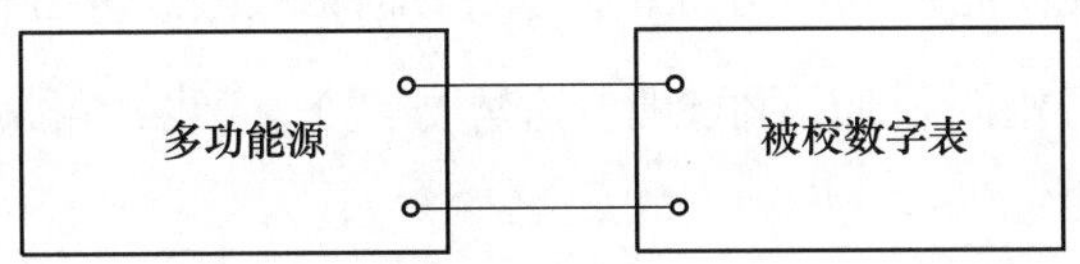

图 3-7 标准源法校准交直流电流

保持测试端钮的清洁，交流电流在较高频率时应使用较短的同轴线作为测试导线。根据校准点设定多功能源的输出值，记录被校数字表的显示值。设多功能源的输出标准电流值为 I_N，被校数字表的显示值为 I_X，被校数字表的电流示值误差按式（3-16）计算，即

$$\Delta_I = I_X - I_N \tag{3-16}$$

式中：Δ_I 为电流示值误差；I_X 为被校数字多用表的电流显示值；I_N 为多功能源的输出电流值（标准值）。

被校数字表的电流相对示值误差按式（3-17）计算，即

$$\gamma_I = \frac{\Delta_I}{I_N} \times 100\% \tag{3-17}$$

式中：γ_I 为电流相对示值误差。

3. 直流电阻校准

多功能校准源和被校数字多用表按使用说明书的规定进行预热、预调（被校数字多用表直流电阻功能需进行短路调零）。

电阻校准值小于或等于 100kΩ 时采用四端法测量，如图 3-8（a）所示；校准高阻值时可采用两端法测量，按图 3-8（b）连接；只有两端法测量的被校数字表按图 3-8（b）连接。

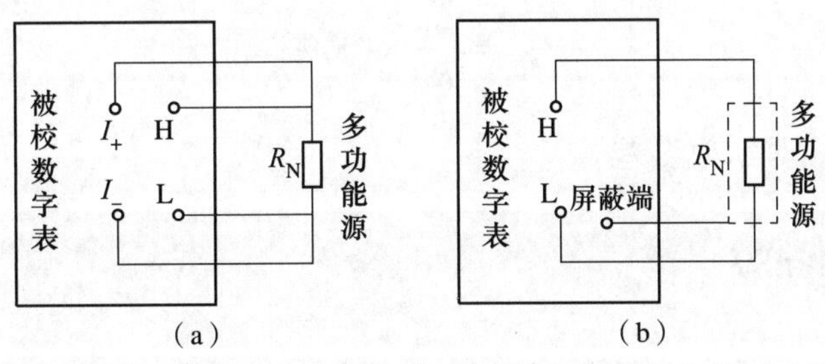

图 3-8 标准源法校准直流电阻

（a）四端法测量直流电阻电路；（b）二端法测量直流电阻电路

测试导线的连接可能带来两方面的误差，即接线的热偶结和引线电阻引入的误差，采取调零和采用相同材质（低热电动势导线）接线，可减小由此引入的误差影响。

电阻校准过程中通常会用到2线和4线连接方法。2线测量用于较大电阻测量，此时引线的电阻会被引入到测量结果中，如果被测电阻远远大于引线电阻，引线电阻带来的误差可以忽略不计。4线测量是测量小电阻的精确方法，这种方法能消除测试线电阻和接触电阻。在4线测量中，电压测量和电流测量分别由两个独立的测量单元测量完成。电流测量端接在电阻外侧，测试导线电阻不计入被测电阻；电压测量端接在电阻内侧，由于是高阻输入，通过的电流微乎其微，所以可以消除引线电阻。

保持测试端钮的干燥和清洁，测试导线采用低热电动势导线，高值电阻校准时应采用高绝缘测试导线并采取屏蔽措施。

多功能源电阻功能大多采用模拟电阻形式，与实物电阻相比，模拟电阻可以连续调节，具有很高的灵敏系数等，使用时应考虑激励电流对电阻值的影响。

根据校准点设定多功能源的输出值，记录被校数字表的显示值。设多功能源的输出标准电阻值为 R_N，被校数字表的显示值为 R_X，被校数字表的电阻示值误差按式（3-18）计算，即

$$\Delta_R = R_X - R_N - R_0 \tag{3-18}$$

式中：Δ_R 为电阻示值误差；R_X 为被校数字多用表的电阻显示值；R_N 为多功能源的输出电阻值（标准值）；R_0 为零电阻值（对具有调零功能的DMM，$R_0 = 0\Omega$；对不具有调零功能的DMM，其值为输入端短路时DMM显示值）。

被校数字表的电阻相对示值误差按式（3-19）计算，即

$$\gamma_R = \frac{\Delta_R}{R_N} \times 100\% \tag{3-19}$$

式中：γ_R 为电阻相对示值误差。

五 复校时间间隔

（1）建议复校时间间隔为1年。

（2）送校单位也可根据实际使用情况自主决定复校时间间隔。

第4节 测量数据处理

数字多用表校准时，测量数据的处理主要包括测量不确定度的评定、示值误差的计算与修约、最大允许误差的计算、符合性评定等。本节以标准源法校准数字多用表交流电压 10V 量程 10V 1kHz 点为例，详细说明测量数据的处理过程。

已知标准源在 3.3～33V、45Hz～10kHz 范围内的最大允许误差为±($150\times10^{-6}R_d$+600μV)；被校数字多用表为 6½位显示，在 10V 量程、10Hz～20kHz 范围内的最大允许误差为±(0.06%R_d+0.03%F_s)。

一 测量不确定度的评定

校准点不同，测量不确定度的评定结果可能不同，但对于同一校准方法，测量不确定度的评定方法基本相同。

（一）测量方法

依据 JJF 1587—2016《数字多用表校准规范》，采用标准源法对数字多用表进行校准。由多功能校准源输出 10V 1kHz 标准电压至被校数字多用表，记录数字多用表的显示值。

（二）测量模型

设 V_N 为多功能校准源的输出标准值，V_x 为被校数字多用表的显示值，由使用说明书可知，对于多功能校准源和数字多用表，在标准条件下，温度、湿度、输入零电流、输入阻抗等带来的影响可忽略，由此得

$$\Delta V=V_x-V_N$$

考虑数字多用表的分辨力对测量结果的影响，测量模型成为

$$\Delta V=V_x-V_N+\delta_{V_x}$$

式中：ΔV 为被校数字多用表的电压示值误差，V；V_x 为被校数字多用表的示值，V；V_N 为多功能校准源的输出标准值，V；δ_{V_x} 为被校数字多用表的分辨力对测量结果的影响，V。

（三）方差及灵敏系数

由测量模型知方差为

$$u_c^2=\sum_{i=1}^{n}(c_i \cdot u_i)^2$$

灵敏系数为

$$c_{V_x}=1, c_{V_N}=-1, c_{\delta_{V_x}}=1$$

（四）测量不确定度来源

由测量模型知标准源法校准数字多用表时，测量不确定度来源如下。

（1）测量结果重复性引入的不确定度 $u(V_x)$。

（2）由多功能校准源引入的不确定度 $u(V_N)$。

（3）由被校数字多用表的分辨率引入的不确定度 $u(\delta_{V_x})$。

（五）标准不确定度评定

1. 测量结果的重复性引入的标准不确定度

多功能校准源输出 10V1 kHz 交流电压，选择被校数字多用表 10V 量程，在相同环境条件下，重复测量 10 次，获得数据见表 3-1。

表 3-1　测量获得数据

次数	1	2	3	4	5
x_i（V）	10.00318	10.00321	10.00316	10.00318	10.00317
次数	6	7	8	9	10
x_i（V）	10.00319	10.00318	10.00321	10.00320	10.00322

测量结果的平均值：$\bar{x}=\frac{1}{10}\sum_{i=1}^{10}x_i=10.00319\text{V}$

单次测量值的实验标准偏差：$s=\sqrt{\frac{\sum_{i=1}^{10}(x_i-\bar{x})^2}{n-1}}=20\mu\text{V}$

则 $u(V_x)=20\mu\text{V}$

2. 由多功能校准源引入的标准不确定度 $u(V_N)$

多功能校准源经溯源符合其技术指标要求，技术说明书中给出其在 3.3~33V、45Hz~10kHz 范围内的最大允许误差为±($150\times10^{-6}R_d+600\mu\text{V}$)，则 10V 1kHz 点最大允许误差为

$$\Delta_{\text{MPE}}=\pm(150\times10^{-6}\times10\text{V}+600\mu\text{V})=\pm2100\mu\text{V}。$$

其半宽度 $a=2100\mu\text{V}$，在此区间内认为服从均匀分布，包含因子 $k=\sqrt{3}$，则

$$u(V_N)=a/k=2100\mu\text{V}/\sqrt{3}=1213\mu\text{V}$$

3. 由被校数字多用表的分辨率引入的标准不确定度 $u(\delta_{V_x})$

被校数字多用表为 6½显示，在交流电压 10V 点的分辨率为 10μV，在±5μV 区间内为均匀分布，包含因子 $k=\sqrt{3}$，因此

$$u(\delta_{V_x})=5\mu\text{V}/\sqrt{3}=3\mu\text{V}$$

（六）计算合成不确定度

不确定度分量的汇总见表 3-2。

表 3-2　不确定度分量的汇总

输入量	不确定度来源	标准不确定度（μV）	概率分布	灵敏系数	不确定度分量（μV）
V_x	测量结果的重复性	20	正态	1	20
V_N	多功能标准源的最大允许误差	1213	均匀	−1	−1213
δ_{V_x}	被校数字多用表的分辨力	3	均匀	1	3（舍去）

考虑被测数字多用表读数的重复性和分辨率存在重复，在合成标准不确定度时将两者中较小值舍去，则

$$u_c = \sqrt{u^2(V_x) + u^2(V_N)} = \sqrt{20^2 + (-1213)^2} = 1214\mu V$$

（七）计算扩展不确定度

取 $k=2$，则

$$U = k \times u_c = 2 \times 1214\mu V = 2428\mu V = 0.0025V$$

换算至相对扩展不确定度为

$$U_{rel} = 0.025\%,\ k=2。$$

二 示值误差的计算与修约

采用标准源法校准数字多用表交流电压 10V 1kHz 点，标准源输出为 10.00000V，被校准表显示为 10.00319V，校准结果的不确定度 $U=0.0025V$（$k=2$）。

示值误差为

$$10.00319V - 10.00000V = 0.00319V。$$

校准结果应进行修约，使其与测量不确定度的最末一位对齐，故修约后示值误差为

$$\Delta V = 0.0032V$$

三 最大允许误差计算

被校数字表交流电压在 10V 量程，10Hz～20kHz 范围内的最大允许误差为 $\pm(0.06\%R_d + 0.03\%F_s)$，则 10V 1kHz 点的最大允许误差为

$$\Delta_{MPE} = \pm(0.06\% \times 10V + 0.03\% \times 10V) = \pm 0.0090V$$

四 符合性评定

依据 JJF 1587—2016 校准的数字多用表一般不需作出符合性评定，但当客户有要求时，也可以应客户要求作出符合性评定。

（一）不考虑测量不确定度影响的符合性评定

数字多用表示值误差评定的测量不确定度（U_{95} 或 $k=2$ 时的 U）与其最大允许误差的绝对值（MPEV）之比小于等于 1∶3，即满足 $U_{95} \leqslant 1/3\text{MPEV}$ 时，示值误差符合性评定时可不考虑测量不确定度的影响（此时合格评定虽有误判的可能，但误判的概率很小），此时判定方法为

$$|\Delta| \leqslant \text{MPEV} \qquad \text{判为合格}$$

$$|\Delta| > \text{MPEV} \qquad \text{判为不合格}$$

本节示例中：

数字多用表 10V 1kHz 校准点示值误差评定的测量不确定度 $U=0.0025\text{V}$（$k=2$），10V 1kHz 校准点的 MPEV＝0.0090V。此时，$U \leqslant 1/3\text{MPEV}$，示值误差符合性评定时可不考虑测量不确定度的影响。

$\Delta V=0.0032\text{V}$，有 $|\Delta| \leqslant \text{MPEV}$，可判定数字多用表 10V 1kHz 校准点示值误差符合要求。

（二）需考虑测量不确定度影响的符合性评定

数字多用表示值误差评定的测量不确定度（U_{95} 或 $k=2$ 时的 U）与其最大允许误差的绝对值（MPEV）之比不满足小于或等于 1∶3 时，示值误差符合性评定时需考虑测量不确定度的影响。

1. 合格判据

数字多用表示值误差 Δ 的绝对值小于或等于其最大允许误差的绝对值 MPEV 与示值误差的测量不确定度 U_{95} 之差时可判为合格，即

$$|\Delta| \leqslant \text{MPEV} - U_{95} \qquad \text{示值误差判为合格}$$

2. 不合格判据

数字多用表示值误差 Δ 的绝对值大于其最大允许误差的绝对值 MPEV 与示值误差的测量不确定度 U_{95} 之和时可判为不合格，即

$$|\Delta| > \text{MPEV} + U_{95} \qquad \text{示值误差判为不合格}$$

3. 待定区

数字多用表示值误差Δ的绝对值大于其最大允许误差的绝对值MPEV与示值误差的测量不确定度U_{95}之差且小于或等于其最大允许误差的绝对值MPEV与示值误差的测量不确定度U_{95}之和时，则示值误差处于待定区，即

$$\mathrm{MPEV} - U_{95} < |\Delta| \leqslant \mathrm{MPEV} + U_{95} \text{ 示值误差处于待定区}$$

当数字多用表的示值误差处于待定区，不能做出符合性判定时，可以通过采用更高准确度的计量标准、改善环境条件、增加测量次数和改善测量方法等措施，以降低示值误差评定的测量不确定度后再进行符合性评定。

注：通过比较某校准点的示值误差和最大允许误差判断该校准点是否符合要求时，如果使用说明书中只给出年稳定性指标而没有给出最大允许误差的数字表，可以使用年稳定性指标作为该仪器的最大允许误差。若使用说明书中给出的年稳定性指标的置信概率不唯一，则以较大置信概率的年稳定性指标作为最大允许误差。

第5节 报告出具

数字多用表校准后应出具校准证书（报告），校准证书（报告）应至少包括以下信息：

（1）标题，如“校准证书”。

（2）实验室名称和地址。

（3）进行校准的地点（如果与实验室的地址不同）。

（4）证书或报告的唯一性标识（如编号），每页及总页数的标识。

（5）客户的名称和地址。

（6）被校对象的描述和明确标识。

（7）进行校准的日期。

（8）对校准所依据的技术规范的标识，包括名称及代号。

（9）本次校准所用测量标准的溯源性及有效性说明。

（10）校准环境的描述。

（11）校准结果及其测量不确定度的说明。

（12）如果与校准结果的有效性和应用有关时，应对校准过程中被校对象的设置和操作进行说明。

（13）对校准规范的偏离的说明。

（14）校准证书和校准报告签发人的签名、职务或等效标识。

（15）校准结果仅对被校对象有效的声明。

（16）未经实验室书面批准，不得部分复制证书或报告的声明。

数字多用表校准证书（报告）的封面及扉页按技术机构相关要求自行制定，数据页内容可参照下列格式给出，当不需要做出符合性评定时，可省略最大允许误差及结论栏。

1. 直流电压示值误差校准结果

直流电压示值误差校准结果见表3-3。

表3-3　直流电压示值误差校准结果　mV

量程	标准值	显示值	示值误差	最大允许误差	测量不确定度（$k=2$）	结论
100mV	10. 0000	9. 9998	−0. 0002	±0. 0040	0. 0005	符合
	50. 0000	49. 9987	−0. 0013	±0. 0060	0. 0008	符合
	100. 0000	99. 9974	−0. 0026	±0. 0085	0. 0012	符合
	−100. 0000	−99. 9980	+0. 0020	±0. 0085	0. 0012	符合
1V	0. 100000	0. 099999	−0. 000001	±0. 000011	0. 000002	符合
	0. 500000	0. 499996	−0. 000004	±0. 000027	0. 000004	符合
	1. 000000	0. 999991	−0. 000009	±0. 000047	0. 000006	符合
	−1. 000000	−1. 000009	−0. 000009	±0. 000047	0. 000006	符合

续表

量程	标准值	显示值	示值误差	最大允许误差	测量不确定度（$k=2$）	结论
10V	1. 00000	1. 00000	0. 00000	±0. 00009	0. 00001	符合
	4. 00000	3. 99999	−0. 00001	±0. 00019	0. 00002	符合
	6. 00000	5. 99998	−0. 00002	±0. 00026	0. 00003	符合
	8. 00000	7. 99997	−0. 00003	±0. 00033	0. 00003	符合
	10. 00000	9. 99995	−0. 00005	±0. 00040	0. 00004	符合
	−10. 00000	−10. 00001	−0. 00001	±0. 00040	0. 00004	符合
…						

2. 直流电流示值误差校准结果

直流电流示值误差校准结果见表 3-4。

表 3-4　　直流电流示值误差校准结果

量程	标准值	显示值	示值误差	最大允许误差	测量不确定度（$k=2$）	结论
10mA	10. 0000mA	9. 9996mA	−0. 0004mA	±0. 0070mA	0. 0004mA	符合
	−10. 0000mA	−9. 9995mA	+0. 0005mA	±0. 0070mA	0. 0004mA	符合
100mA	100. 000mA	99. 997mA	−0. 003mA	±0. 055mA	0. 005mA	符合
	−100. 000mA	−99. 997mA	+0. 003mA	±0. 055mA	0. 005mA	符合
1A	1. 00000A	0. 99978A	−0. 00022A	±0. 00110A	0. 00008A	符合
	−1. 00000A	−0. 99977A	+0. 00023A	±0. 00110A	0. 00008A	符合
…						

3. 直流电阻示值误差校准结果

直流电阻示值误差校准结果见表 3-5。

表 3-5　　直流电阻示值误差校准结果

量程	标准值	显示值	示值误差	最大允许误差	测量不确定度（$k=2$）	结论
100Ω	99. 995Ω	99. 997Ω	+0. 002Ω	±0. 014Ω	0. 001Ω	符合

续表

量程	标准值	显示值	示值误差	最大允许误差	测量不确定度（$k=2$）	结论
1kΩ	0.99999kΩ	0.99998kΩ	−0.00001kΩ	±0.00011kΩ	0.00001kΩ	符合
1MΩ	0.99997MΩ	0.99996MΩ	−0.00001MΩ	±0.00011MΩ	0.00002MΩ	符合
…						…

4. 交流电压示值误差校准结果

交流电压示值误差校准结果见表3-6。

表 3-6　　交流电压示值误差校准结果　　V

量程	频率	标准值	显示值	示值误差	最大允许误差	测量不确定度（$k=2$）	结论
10	1kHz	1.0000	1.0002	+0.0002	±0.0009	0.0001	符合
		5.0000	4.9997	−0.0003	±0.0060	0.0003	符合
		10.0000	9.9995	−0.0005	±0.0090	0.0005	符合
	10Hz	10.0000	9.998	−0.002	±0.039	0.003	符合
	60Hz		9.9979	−0.0021	±0.0090	0.0005	符合
	400Hz		9.9986	−0.0014	±0.0090	0.0005	符合
	20kHz		9.9994	−0.0006	±0.0090	0.0005	符合
	100kHz		10.002	+0.002	±0.068	0.005	符合
…							

5. 交流电压示值误差校准结果

交流电压示值误差校准结果见表3-7。

表 3-7　　交流电压示值误差校准结果　　A

量程	频率	标准值	显示值	示值误差	最大允许误差	测量不确定度（$k=2$）	结论
1A	60Hz	1.0000	0.9997	−0.0003	±0.0014	0.0003	符合
	400Hz		0.9997	−0.0003	±0.0014	0.0003	符合
	1kHz		0.9997	−0.0003	±0.0014	0.0003	符合
	5kHz		0.9995	−0.0005	±0.0014	0.0006	符合
…							

习题及参考答案

1. 数字表与指示仪表相比，显示直观、读数方便，不存在模拟仪表读数时产生的__________误差，减小了人为误差。

2. 直流数字电压表串模干扰抑制比测试时，施加一电压数字表的显示值为70.055mV，施加串模干扰信号 2sin（314t）V 后，数字表显示值的变化范围为70.045~70.065mV，则串模干扰抑制比 SMRR=__________。（lg2=0.3010，lg3=0.4771）

3. 数字表中电阻功能的测量原理一般是在被测量电阻上施加已知电流测量电压或施加已知电压测量电流，通过__________计算得到电阻值。

4. 如果数字表的使用说明书中只给出年稳定性技术指标而没有给出最大允许误差的技术指标，则可以使用__________作为该仪器的最大允许误差。

5. 数字表的最大允许误差可以表示为 $\Delta_{\text{MPE}}=\pm(a\%U_x+b\%U_m)$，也可表示为 $\Delta_{\text{MPE}}=\pm$（$a\%U_x+n$ 个字），这两种表示方式可以相互转换。某 4½位数字表最大显示值为 19999，其 2V 量程的最大允许误差为 $\Delta_{\text{MPE}}=\pm(0.05\%U_x+0.01\%U_m)$，也可以表示为 $\Delta_{\text{MPE}}=\pm(a\%U_x+$__________个字)。

6. 二进制数 0.0110 转换成十进制数为__________。

7. 直流数字电压表连接到负载能力很低的信号源（如标准电池）时，应在关机前断开连接，这是因为直流数字电压表非工作状态下的输入阻抗要比工作状态下的输入阻抗__________。

8. 多功能源电阻功能大多采用模拟电阻形式，与实物电阻相比，模拟电阻可以连续调节，具有很高的灵敏系数等，但模拟电阻使用时应考虑__________对电阻值的影响。

9. 数字表的核心部分是把（　　）的 A/D 转换器。

A. 数字量转换成模拟量　　B. 模拟量转换成数字量

C. 输入量转换成输出量　　D. 输出量转换成输入量

10. 测量电阻时有 2 线和 4 线测量方法之分，下列（　　）不宜采用于 2 线测量。

A. 1Ω　　B. 100kΩ　　C. 1MΩ　　D. 1GΩ

11. 某数字多用表用两端法校准其 200Ω 量程 100Ω 点时，所用标准电阻器检定证书中出具的检定值为 100.0012Ω。被校表短路时显示的电阻值为 0.15Ω，接入标准电阻器时显示的电阻值为 100.22Ω，则该校准点的示值误差为（　　）。

A. 0.07Ω　　B. −0.07Ω　　C. 0.06Ω　　D. −0.06Ω

12. 以下数字表最大允许误差表示方法中，正确的是（　　）。

A. $a\%R_d \pm n$ 个字　　B. $\pm a\%R_d \pm n$ 个字

C. $0.05\%R_d + n$ 个字　　D. $\pm(a\%R_d + n$ 个字$)$

13. 采用标准源法校准数字多用表交流电压 ACV 功能，多功能源在 0.33～3.3V、45Hz～10kHz 范围内输出的最大允许误差为$\pm(0.015\%R_d + 60\mu V)$，多功能源输出 1kHz、1V 电压，被校表 3 次测量的显示值分别为 1.000312、1.000314、1.000313V，则示值误差为（　　）。（3 次测量极差系数 dn = 1.693）

A. 0.00021V　　B. 0.00031V　　C. 0.00032V　　D. 0.000313V

14. 用 3½位数字万用表测量一个 10kΩ 的电阻，挡位在 2kΩ，结果表上显示值为“1”，则表明（　　）。

A. 表已损坏　　B. 超过量程　　C. 电阻值过小　　D. 测量准确度不够

15. 相同量程的数字电压表显示位数越多，则（　　）。

A. 测量范围越大　　B. 测量误差越小

C. 过载能力越强　　D. 测量分辨力越高

16. 某单位拟建立数字多用表校准装置，采用一稳定的数字表对其进行稳定性考核。6 个月内进行了 4 次测量，其中 10V 点的测量数据（单位：V）分别为 10.00015、10.00018、10.00009、10.00014，则按 JJF 1033—2023《计量标准考核规范》规定考核此时间段内计量标准的稳定性为（　　）。

A. 14×10^{-6}　　B. 18×10^{-6}　　C. 9×10^{-6}　　D. 4×10^{-6}

17. 设有一台DMM，其直流电压1V量程的技术指标$\Delta_{MPE}=\pm(0.05\%U_x+0.01\%U_m)$。试问用此仪表1V量程测量1V和0.1V的电压时，最大允许绝对误差和相对误差分别是多少？

18. 使用多功能校准源对一台数字多用表10V电压的重复性进行测试，测量值分别为10.00001V、10.00000V、10.00001V、10.00002V、10.00001V、10.00002V、10.00002V、10.00001V、10.00001V、10.00002V，试计算重复性引入的校准值的标准测量不确定度u_A。

19. 试问数字多用表校准点的选取原则是什么？

20. 通过比较某校准点的示值误差和最大允许误差判断该校准点是否符合要求时，如果使用说明书中只给出年稳定性指标该如何判断？

参考答案

1. 视觉　2. 106dB　3. 欧姆定律　4. 年稳定性指标　5. 2　6. 0.375　7. 低　8. 激励电流　9. B　10. A　11. A　12. D　13. B　14. B　15. D　16. C

17. 解：

测量1V电压时：

$$\Delta_{MPE\ 1V}=\pm(0.05\%\times1V+0.01\%\times1V)=\pm0.0006V$$

$$\gamma_{MPE\ 1V}=\pm\left(0.05\%+0.01\%\times\frac{1V}{1V}\right)=\pm0.06\%$$

测量0.1V电压时：

$$\Delta_{MPE\ 0.1V}=\pm(0.05\%\times0.1V+0.01\%\times1V)=\pm0.00015V$$

$$\gamma_{MPE\ 0.1V}=\pm\left(0.05\%+0.01\%\times\frac{1V}{0.1V}\right)=\pm0.15\%$$

18. 解：

数字电压表测量平均值为

$$\bar{x}=\frac{1}{10}\sum_{1}^{8}x_i=10.0000013V$$

标准差为

$$s(x_i) = \sqrt{\frac{\sum_{i=1}^{10}(x_i - \bar{x})^2}{(n-1)}} = 6.8 \times 10^{-6}\mathrm{V}$$

重复性引入的校准值的标准测量不确定度为

$$u_{\mathrm{A}} = \frac{s(x_i)}{\sqrt{n}} = 2.2 \times 10^{-6}\mathrm{V}$$

19. 答：

数字多用表的校准点应覆盖所有量程并兼顾各量程之间的覆盖性及量程内的均匀性，同时应参考被校数字多用表使用说明书中对校准点的建议，并可根据实际情况或送校单位的要求选取校准点。

20. 答：

通过比较某校准点的示值误差和最大允许误差判断该校准点是否符合要求。如果使用说明书中只给出年稳定性指标而没有给出最大允许误差的数字多用表，可以使用年稳定性指标作为该仪器的最大允许误差。若使用说明书中给出的年稳定性指标的置信概率不唯一，则以较大置信概率的年稳定性指标作为最大允许误差。

第 4 章

绝缘电阻表（兆欧表）

第 1 节 概 述

在电器设备中和电力传输线上，要把不同电位的导体隔离开，就要靠绝缘体。绝缘体的基本功能，就是阻止电流流通，使得电能按设计的途径传输，保证设备能正常工作。但绝缘体也不是绝对不导电的，只是它的泄漏电流很小而已。绝缘电阻是表征绝缘体阻止电流流通能力的参数，是绝缘特性的基本参数之一。绝缘电阻太低，泄漏电流就会很大，不但造成电能的浪费，而且还会引起发热等其他问题。同时，绝缘电阻太低，也是人员触电的主要原因之一。绝缘体绝缘性能的优劣可以通过绝缘电阻测试仪器来进行测量。

绝缘电阻测试仪器的种类较多，测量原理也各不相同，如绝缘电阻表（兆欧表）、电子式绝缘电阻表、高绝缘电阻测试仪（高阻计）等。本章将对直接作用模拟指示的绝缘电阻表（兆欧表）的测量原理、技术性能及检定方法加以介绍。

一 绝缘电阻基本概念

绝缘电阻是施加于绝缘体上两个导体之间的直流电压与流过绝缘体的泄漏电流之比，即

$$R = U/I \tag{4-1}$$

式中：R 为绝缘电阻，Ω；U 为直流电压，V；I 为泄漏电流，A。

一个绝缘体的绝缘电阻由两部分组成，即体积电阻与表面电阻。体积电阻是施加的直流电压 U 与通过绝缘体内部的电流 I_V 之比；表面电阻是施加的直流电压 U 与通过绝缘体表面电流 I_S 之比。绝缘体电阻是由体积电阻与表面电阻并联组成的，见图 4-1，即

$$R = \frac{R_V \cdot R_S}{R_V + R_S} \tag{4-2}$$

式中：R_V 为体积电阻，Ω；R_S 为表面电阻，Ω。

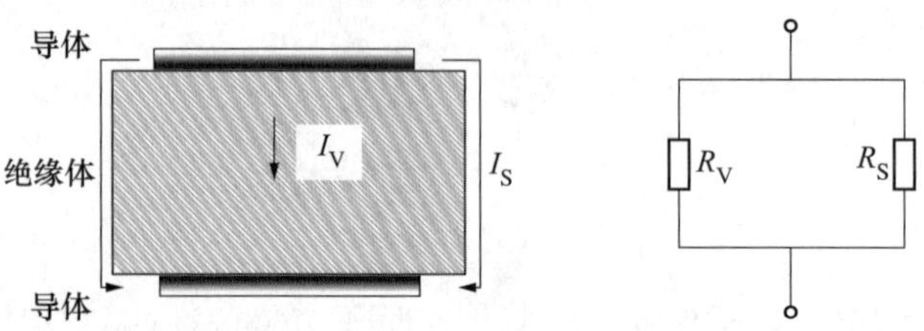

图 4-1　绝缘电阻结构图

绝缘体的电阻率均匀时，绝缘体的体积电阻主要取决于导体间绝缘体的厚度、导体和绝缘体接触的面积等，表面电阻则主要与绝缘体表面上放置的导体的长度、导体间绝缘体表面上的距离有关。影响绝缘电阻的环境因素主要有温度、湿度、电场强度和辐照等。

绝缘电阻的测量方法主要有直接测量法、比较测量法和充放电测量法。不同的测量方法决定了绝缘电阻表采用不同的测量原理。

二　绝缘电阻表（兆欧表）的工作原理

绝缘电阻表（兆欧表）是大量使用于电力网站和检测用电设备绝缘电阻的仪表，对保证产品质量和运行中的设备及人身安全具有重要意义。

绝缘电阻表（兆欧表）大都采用伏安法测量原理，即直接测量法。绝缘电阻表由直流电源装置、指示仪表、屏蔽组成，直流电源装置分为手摇直流发电机、化学电源（如干电池）和交流整流装置等；指示仪表分为磁电系电流表和磁电系比率表。大多数指针式绝缘电阻表（兆欧表）的指示仪表均为磁电系比率表，其结构原理如图 4-2 所示。

绝缘电阻表测量时，流过电流线圈的电流为

$$I_i = \frac{U_d}{R_i + R_x} \tag{4-3}$$

式中：I_i 为流过电流线圈的电流，A；U_d 为绝缘电阻表 L、E 两端的端钮电压，V；

R_i 为电流线圈的电阻，Ω；R_x 为被测的绝缘电阻，Ω。

流过电压线圈的电流为

$$I_u = \frac{U_d}{R_u + R_x} \tag{4-4}$$

式中：I_u 为流过电压线圈的电流，A；R_u 为电压线圈的电阻，Ω。

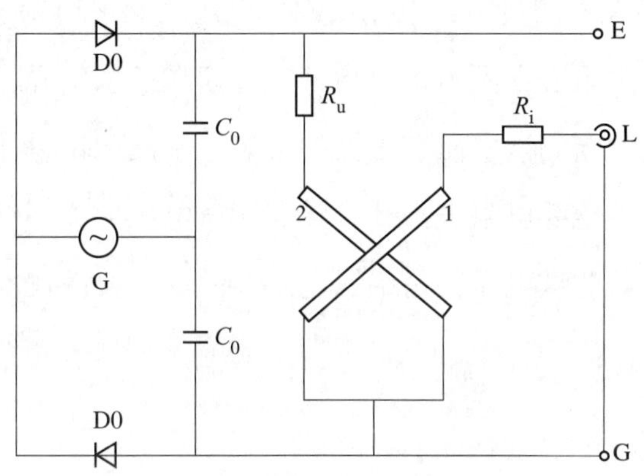

图 4-2 绝缘电阻表原理图

1—动圈（电流线圈）；2—动圈（电压线圈）；R_i—电流线圈附加电阻；R_u—电压线圈附加电阻；G—交流发电机；D0—整流器；C_0—电容器

通电线圈在磁场中受到力的作用，将产生力矩，即

$$M_i = K_i \cdot I_i \cdot f_i(\alpha) \tag{4-5}$$

$$M_u = K_u \cdot I_u \cdot f_u(\alpha) \tag{4-6}$$

式中：M_i、M_u 为电流线圈、电压线圈流过电流时产生的力矩；K_i、K_u 为电流线圈、电压线圈的力矩系数；$f_i(\alpha)$、$f_u(\alpha)$ 为磁感应强度与电流线圈、电压线圈偏转角 α 间的函数关系式。

绝缘电阻表电流线圈、电压线圈中流过的电流方向相反，因此它们产生的力矩方向相反。当绝缘电阻表电流线圈、电压线圈中电流产生的力矩大小相等时，绝缘电阻表指针指在某一确定位置，从而得到被测绝缘电阻的大小。

$$F(\alpha) = \frac{f_u(\alpha)}{f_i(\alpha)} = \frac{K_u \cdot I_u}{K_i \cdot I_i} = K\frac{I_u}{I_i} \tag{4-7}$$

由式（4-7）知：

（1）被测绝缘电阻串联在绝缘表的一个支路内，因为电流线圈和电压线圈的附加电阻都是固定的，所以可以把比率表的指针偏转读数直接按被测绝缘电阻进行刻度。

（2）绝缘电阻表的指针偏转读数与流过表内两个线圈的电流比成比例，外加电压变化对指针偏转读数没有影响。

（3）绝缘电阻表在不测量时，电流线圈、电压线圈中均无电流流过，两电流之比无法确定，故绝缘电阻表在不工作时指针可停留在任意位置。

被测物的绝缘电阻与测试电压有很大的关系，不同测试电压下，被测物的绝缘电阻不同。因此，虽然绝缘电阻表指针偏转与测试电压无关，但测试电压与被测物的绝缘电阻值有关，故测试电压仍是绝缘电阻表的一个关键技术指标。

第2节 技术要求

一 绝缘电阻表（兆欧表）的主要术语

1. 测量端钮

绝缘电阻表（兆欧表）用来连接被测对象的接线端子。绝缘电阻表的测量端钮应有线路端钮 L、接地端组 E、屏蔽端组 G 的标志符号。

2. 端钮电压

绝缘电阻表的线路端钮 L 和接地端钮 E 之间的电压。

3. 额定电压（用 U_0 表示）

绝缘电阻表测量端钮处于开路状态下，输出电压的标称值。

4. 开路电压

绝缘电阻表的测量端钮处于开路状态下，所测量的输出电压值。

5. 中值电压

绝缘电阻表的测量端钮 L、E 连接中值电阻所测量的输出电压值。

6. 中值电阻

绝缘电阻表的标尺几何中心附近分度线的电阻值称为中值电阻。该电阻数值取最大分度线的电阻值的2%的1、2、5或10的整数倍数值。

二 绝缘电阻表（兆欧表）的技术要求

1. 绝缘电阻表（兆欧表）的规格和等级

绝缘电阻表（兆欧表）的规格按额定电压分为9种：50、100、250、500、1000、2000、2500、5000、10000V。

绝缘电阻表（兆欧表）按准确度等级分为5级：1.0、2.0、5.0、10.0、20.0。

2. 基本误差

绝缘电阻表（兆欧表）的基本误差按式（4-8）进行计算，即

$$E=\frac{B_P-B_R}{A_F}\times 100\% \tag{4-8}$$

式中：E 为基本误差，相对值；B_P 为绝缘电阻表指示器标称值，MΩ；B_R 为标准高压高阻箱示值，MΩ；A_F 为基准值，MΩ。

基准值：对非线性标尺的绝缘电阻表的基准值，规定为测量指示值。

对非线性标尺的绝缘电阻表（兆欧表），最小带数字的分度线和最大带数字的分度线之间部分称为有效测量范围（不包括0和∞），在其有效测量范围内划分为三个区段（Ⅰ、Ⅱ、Ⅲ），如图4-3所示。

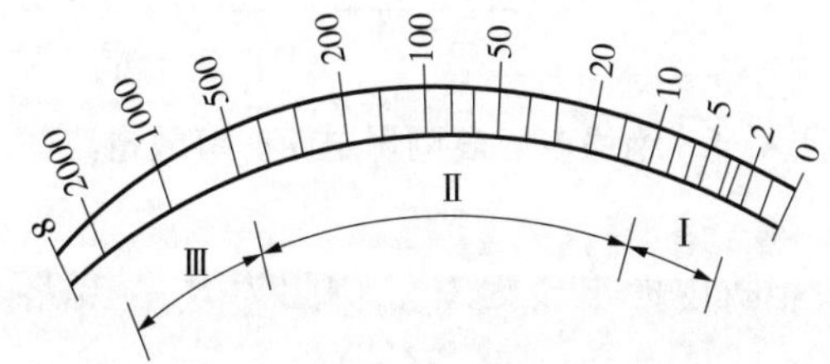

图4-3 绝缘电阻表区段划分图

Ⅰ区段和Ⅲ区段为低准确度区段，Ⅱ区段为高准度区段。Ⅱ区段长度由厂家提

出，但不得小于标尺全长的50%。表4-1所示为绝缘电阻表准确度等级与各区段最大允许误差的关系。

表 4-1　绝缘电阻表准确度等级与各区段最大允许误差的关系表

绝缘电阻表准确度等级		1.0	2.0	5.0	10.0	20.0
最大允许误差（%）	Ⅱ区段	±1.0	±2.0	±5.0	±10.0	±20.0
	Ⅰ、Ⅲ区段	±2.0	±5.0	±10.0	±20.0	±50.0

3. 端钮电压及其稳定性

绝缘电阻表的开路电压应在额定电压的90%~110%范围内，开路电压的峰值与有效值之比应不大于1.5，中值电压不低于绝缘电阻表额定电压的90%，在1min内绝缘电阻表开路电压最大指示值与最小指示值之差应不大于绝缘电阻表额定电压值的10%。

绝缘电阻表的电源一般为手摇发电机，手摇发电机电源的质量指标最重要的是电源电压偏差和稳定性，它还有另一个质量指标，就是内阻。鉴于绝缘电阻表具有很宽的测量范围，当测量较低绝缘电阻时，电源输出电压将下降，通常用测量其中值电阻时的电压下降来衡量。考核绝缘电阻表的开路电压和中值电压实际上是考核绝缘电阻表的内阻，这是衡量绝缘电阻表电源带负载能力的一个重要指标。绝缘电阻表测量电阻时等效电路图如图4-4所示。

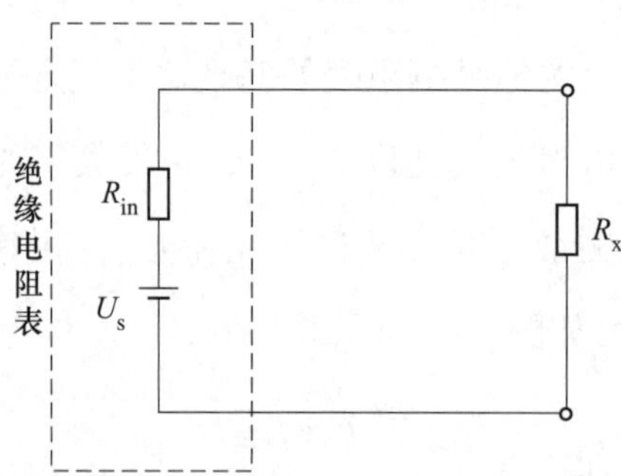

图 4-4　绝缘电阻表测量电阻时等效电路图

设绝缘电阻表的发电机电源电压为 U_s，内阻为 R_{in}；开路电压为 U_{oc}，中值电压为 U_m，中值电阻为 R_m，则：

开路时，有

$$U_{oc} = U_s \tag{4-9}$$

接入中值电阻时，有

$$U_s = I_m \cdot (R_m + R_{in}) \tag{4-10}$$

$$U_m = I_m \cdot R_m \tag{4-11}$$

式中：I_m 为绝缘电阻表接入中值电阻时流过中值电阻的电流，A。

由式（4-9）~式（4-11）得

$$R_{in} = \frac{U_{oc} \cdot R_m}{U_m} - R_m = \frac{U_{oc} - U_m}{U_m} \times R_m \tag{4-12}$$

JJG 622—1997《绝缘电阻表（兆欧表）检定规程》要求中值电压不低于绝缘电阻表额定电压的 90%，即要求从绝缘电阻表的 L 端和 E 端看进去，输入电阻不大于中值电阻的 1/9。

4. 绝缘电阻

在标准条件下，测量绝缘电阻表的测量线路与外壳之间的绝缘电阻，当额定电压小于或等于 1kV 时，应高于 20MΩ；当额定电压大于 1kV 时，应高于 30MΩ。

5. 倾斜影响

绝缘电阻表的工作位置向任一方向倾斜 5°，其指示值的改变不应超过基本误差极限值的 50%。

6. 屏蔽装置

测量上限在 500MΩ 以上的绝缘电阻表，应有防止测量电路泄漏电流影响的屏蔽装置和独立的引出端钮，当接地端钮和屏蔽端钮及线路端钮和屏蔽端钮，各接入电阻值等于绝缘电阻表电流测量回路串联电阻值 100 倍的电阻时，仪表应能满足其准确度等级。

第 3 节 检定/校准试验

直接作用模拟指示的绝缘电阻表（兆欧表），尤其是使用手摇发电机作为电源的绝缘电阻表的检定工作可依据JJG 622—1997《绝缘电阻表（兆欧表）检定规程》进行。不得使用JJG 622—1997开展数字显示及用于某些特定绝缘电阻测量用绝缘电阻表的检定。

一 检定条件

（一）环境条件

（1）绝缘电阻表（兆欧表）检定时温度为（23±5）℃，相对湿度小于80%，仪表和附件的温度应与周围空气温度相同。

（2）检定场所除地磁场外无其他强外磁场。

（3）电网电压为220（1±10%）V，频率为50（1±1%）Hz。

（二）检定用设备

检定绝缘电阻表（兆欧表）所需设备包括标准高压电阻箱、恒定转速驱动装置、整流器、电容器、电压表及交流耐压试验装置、标准电阻器和直流微电流源等。所有检定用的计量器具应具备有效的合格证书，整个装置的扩展不确定度（$k=2$）应不大于被检绝缘电阻表最大允许误差绝对值的1/3。

1. 标准高压电阻箱

标准高压电阻箱应具有与绝缘电阻表实际工作电压相适应的工作电压，电阻箱的工作电压应按盘确定，除另有说明外，它表示该盘任一点均可承受该工作电压且满足其准确度的要求。因绝缘电阻表（兆欧表）的检定一般采用符合法，故要求高压电阻箱的电阻值应能连续可调。

（1）高压电阻箱最大允许误差应不超过绝缘电阻表最大允许误差的1/4。

（2）标准高压高阻箱的调节细度应小于被检绝缘电阻表最大允许误差绝对值的1/20。

（3）标准高压电阻箱应有单独的泄漏屏蔽端钮和接地端钮。当用欧姆表对标准高压电阻箱进行测量时，应无明显不稳定及短路或开路现象。

（4）标准高压电阻箱应在额定电压下检定。检定电压变化10%时，高压电阻箱的附加误差不大于误差限值的1/10。

（5）可以采用满足检定要求的数值可变的其他电阻器代替标准高压电阻箱。

2. 恒定转速驱动装置

目前使用的绝缘电阻表大都采用手摇发电机作为供电电源，电源的质量指标最重要地是电源电压偏差和稳定性，它们在很大程度上取决于手摇发电机的转速。鉴于绝缘电阻通常具有很大的电压系数，当电压变化时，测量结果会产生很大变化，影响绝缘电阻表的基本误差，因此保持电压准确与稳定是保证测量准确的重要条件。绝缘电阻表检定时要求手摇发电机的转速为120^{+5}_{-2}r/min（或150^{+5}_{-2}r/min），这对检定人员要求是相当高的，同时劳动强度也非常大，故绝缘电阻表（兆欧表）检定时恒定转速驱动装置是必不可少的。

3. 电压表

电压对绝缘电阻的测量影响较大，因此必须对绝缘电阻表的电压进行检定。绝缘电阻表的电源一般具有很高的内阻和较高的电压，因此对电压表的要求是测量范围足够大、内阻足够高。

具有测量大电压的电压表一般有三类：

（1）静电电压表。静电电压表的量程较大，用于测量绝缘电阻表端钮直流电压具有高于$10^{11}\Omega$的输入电阻，但静电电压表的指示值反映的是有效值而不是直流值，因此与绝缘电阻表的实际工作状态有偏离，对近似直流的波动电压测量，这一偏离较小，当绝缘电阻表有突出峰值时，此偏离往往是不可接受的。同时，静电电压表的缺点是每块表一般只有一个量程，要想开展绝缘电阻表的检定须配备多块电压表。另外，静电电压表使用不方便，更不适用于现场，故静电电压表一般不作为检定绝缘电阻表的首选。

（2）电子式静电计。电子式静电计具有与静电电压表同样的高输入电阻，指示值为直流值、多量限，缺点是电压量限低，需配用高输入电阻分压器，准确度较低，特别是价格昂贵，不宜推广应用。

（3）数字电压表。数字电压表具有高输入电阻，配用高输入电阻的分压器可满足JJG 622—1997对电压表的要求。数字电压表具有准确度高、多量限、指示值为直流和使用方便等优点，是绝缘电阻表电压测量的首选电压表类型。

二 检定项目

绝缘电阻表检定项目见表 4-2。

表 4-2　　绝缘电阻表检定项目表

检定项目	出厂检定	修理后检定	周期检定	备注
外观检查	检	检	检	
初步试验	检	检	检	
基本误差检定	检	检	检	
端钮电压及稳定性测量	检	检	检①	开路电压的峰值与有效值之比不检
倾斜影响检验	检	检	检	
绝缘电阻测量	检	检	检	
绝缘强度检验	检	检	不检	
屏蔽装置作用检查	检②	不检	不检	仅限于新产品定型试验时检

① 周期检定时，“开路电压的峰值与有效值之比”不检。

② 出厂检定时，仅限于新产品定型试验时检。

三 绝缘电阻表检定方法

（一）外观检查

绝缘电阻表应有保证该表正确使用的必要标志。从外表看，零部件完整，无松动，无裂缝，无明显残缺或污损；当倾斜或轻摇仪表时，内部无撞击声。对有机械调零器的绝缘电阻表向左右两方向转动机械调零器时，指示器应转动灵活。左右对称，指针不应弯曲，与标度盘表面的距离要适当。

（二）初步试验

1. 开路检查

在被检绝缘电阻表测量端钮（L、E）开路情况下，接通电源或摇动发电机摇柄，指针应在∞的位置，不得偏离标度线的中心位置±1mm。若有无穷大调节旋钮，则应能调节到∞分度线，且有余量。

2. 短路检查

将绝缘电阻表线路端钮和接地端钮短接，指针应指在零分度线上，不得偏离标度线的中心位置±1mm。对于没有零分度线的绝缘电阻表，应接以起点电阻进行检验。

（三）基本误差检定

电阻基本误差用标准高压电阻箱进行检定，检定时绝缘电阻表（兆欧表）手柄转速应在仪表规定的额定转速范围内。

连接导线应有良好绝缘，可采用硬导线悬空连接或高压聚四氟乙烯导线连接。

因绝缘电阻表的标度尺一般为非线性，为减小视觉误差，绝缘电阻表电阻基本误差采用符合法检定。即调节标准高压电阻箱的数值使被检绝缘电阻表（兆欧表）指针与被检刻度中心重合，记录此时标准高压电阻箱的示值作为标准值。

检定程序：

（1）按图4-5连接检定线路。

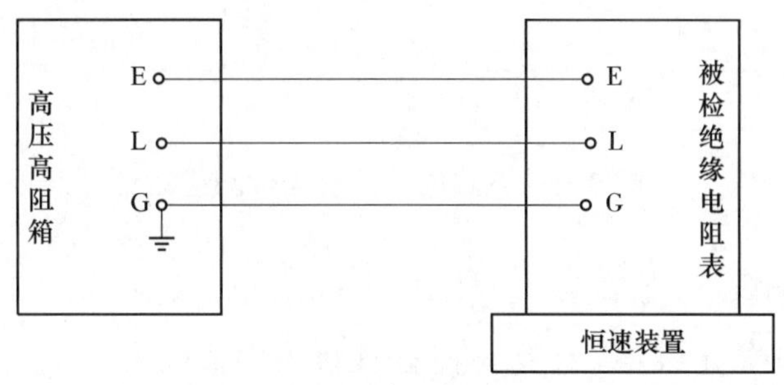

图4-5 基本误差检定线路图

（2）被检绝缘电阻表（兆欧表）固定于恒速装置上，设定恒速装置转速为被检绝缘电阻表的额定转速，启动恒速装置，使绝缘电阻表手柄以额定转速旋转。

绝缘电阻表（兆欧表）的额定转速以其技术说明书规定为准。通常，额定电压1000V（含）以下的绝缘电阻表（兆欧表）手柄的额定转速为120^{+5}_{-2}r/min；额定电压 1500V（含）以上的绝缘电阻表（兆欧表）手柄的额定转速为 150^{+5}_{-2}r/min。

（3）调节标准高压电阻箱示值，使被检绝缘电阻表指针顺序地指在每个带数字的刻度线上，记录指针与每个带数字的刻度线重合时标准高压电阻箱示值 B_R。

（4）绝缘电阻表的基本误差按式（4-8）进行计算。

（四）端钮电压及稳定性测量

绝缘电阻表端钮电压测量在 L、E 两端钮间进行，有效值和峰值电压表可采用静电电压表，或输入电阻不小于被检绝缘电阻表中值电阻 20 倍的电压表，其准确度不低于 1.5 级。

1. 开路电压及稳定性测量

按图 4-6 连接检定线路。绝缘电阻表在开路状态下，手柄以额定转速旋转，记录 1min 内电压表显示的最大值和最小值。以最大值及最小值中偏离额定电压最大的一个作为开路电压；最大值与最小值之差作为 1min 内电压稳定性。

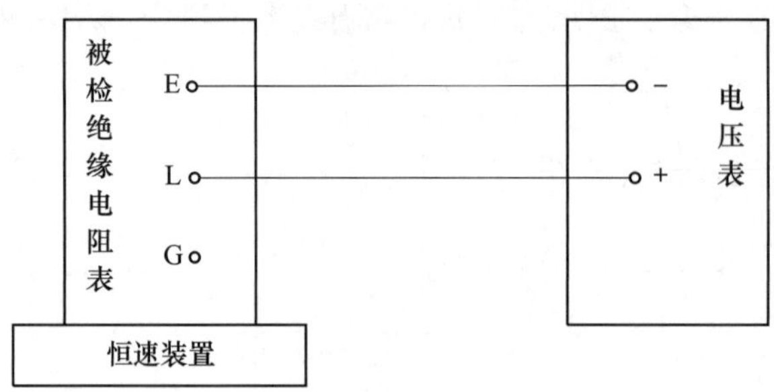

图 4-6　开路电压及稳定性测量图

2. 中值电压测量

按图 4-7 连接检定线路。绝缘电阻表在接入中值电阻（R_m）时，手柄以额定转速旋转，记录电压表显示电压最小值，此值即为中值电压。

3. 开路电压峰值与有效值之比测量

按图 4-8 连接检定线路。绝缘电阻表在开路状态下，手柄以额定转速旋转，记录电压表显示的峰值 U_p 和有效值 U_{rms}。U_p 与 U_{rms} 之比即为峰值和有效值之比。

V1 和 V2 可以为同一台表，但此时的峰值 U_p 和有效值 U_{rms} 不能同时测量得到。检定完毕或重新接线时，应对电容 C 进行充分放电，以免电击伤。

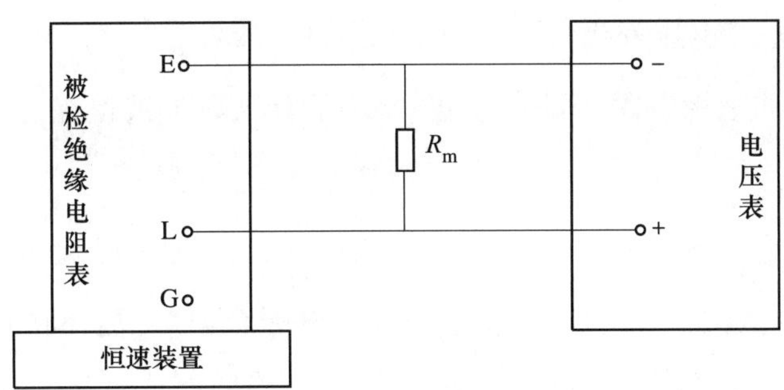

图 4-7 中值电压测量图

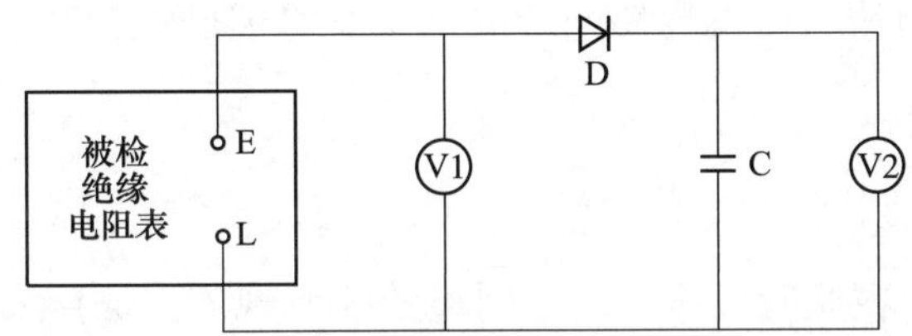

图 4-8 开路电压峰值与有效值之比测量图

D—整流器，其反向耐压不小于被检表额定电压的 1.5 倍；C—电容器，耐受电压不小于被检表额定电压的 1.5 倍，其绝缘电阻大于被检绝缘电阻表的上量限，容量为 0.01~0.5μF；V1—电压表，指示电压有效值；V2—电压表，指示电压峰值

（五）倾斜影响检验

（1）倾斜影响检验在参考条件下进行，检验点为Ⅱ区段测量范围上限、下限及中值电阻点。

（2）绝缘电阻表分别向前、后、左、右各倾斜 5°，对有机械调零器的应调节零位，检定步骤按基本误差检定顺序进行，分别记录每分度线的实际电阻 B_{WI}、B_{XI}、B_{YI}、B_{ZI}。由于位置引起的改变量以百分数表示，按下式计算，即

$$E_{WI}(E_{XI}、E_{YI}\text{ 或 }E_{ZI}) = \left|\frac{B_{WI}(B_{XI}、B_{YI}\text{ 或 }B_{ZI}) - B_{RI}}{A_{FI}}\right| \times 100\% \tag{4-13}$$

（3）倾斜影响按下式计算，即

$$E = \max(E_{WI}、E_{XI}、E_{YI}、E_{ZI}) \tag{4-14}$$

（六）绝缘电阻测量

（1）测量被检绝缘电阻表的绝缘电阻时，所选用的绝缘电阻表的额定电压一般

应与被检绝缘电阻表电压等级一致，但不得低于500V。

（2）所选用的绝缘电阻表的准确度，应等于或高于被检绝缘电阻表的准确度等级。

（3）将被检绝缘电阻表“L、E、G”三端短路，用一已检定合格的绝缘电阻表测量被检绝缘电阻表“L、E、G”短路处与外壳金属部位之间的绝缘电阻值。

（七）绝缘强度试验

（1）进行绝缘电阻表电源电路与外壳之间绝缘强度试验时，应把测量电路的所有端钮与外壳短接。

（2）试验电压应为正弦波形（畸变系数不超过±5%），试验电压应平稳地上升到所需规定电压值，在此阶段应不出现明显的瞬变现象，保持1min，然后平稳地下降到零。

（3）在施加电压试验时间内，没有异常响声，电流不突然增加，没有出现击穿或飞弧，说明绝缘电阻表通过绝缘强度试验。

（八）屏蔽装置作用的检查

（1）按图4-9连接检定线路。检查屏蔽装置作用时，分别在接地端钮E和屏蔽端钮G之间及线路端钮L和屏蔽端钮G之间，各接入一个电阻值等于绝缘电阻表电流回路串联电阻100倍的电阻值。

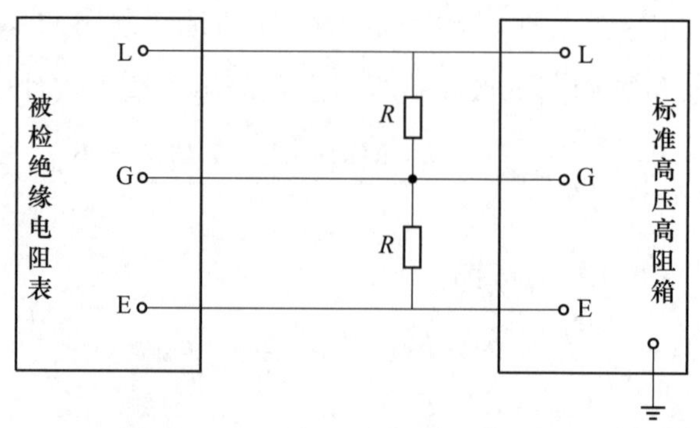

图4-9 检查屏蔽装置作用的接线图

（2）屏蔽装置作用的检查在绝缘电阻表Ⅱ区段测量范围上限、下限及中值电阻三分度线上进行。

（3）检定步骤按基本误差检定顺序进行，分别记录每分度线的实际电阻 B_B。按下式计算绝缘电阻表的误差，即

$$E_B = \frac{B_P - B_B}{A_F} \times 100\% \tag{4-15}$$

第4节 测量数据处理

一 基本误差、最大基本误差的数据处理

（1）绝缘电阻表的基本误差按式（4-8）计算。找出绝缘电阻表所检各点的示值与实际值之间的最大差值，其结果为绝缘电阻表所检区段的最大基本误差。

（2）被检绝缘电阻表的基本误差及最大基本误差的计算数据，应按四舍六入偶数法则进行修约，修约间隔为最大允许误差的1/10。

1）应将被修约的数向最靠近（即差值最小）的一个允许修约值舍入。

例：

按1%修约间隔修约：7.7%→8%，5.3%→5%。

按2%修约间隔修约：6.7%→6%，5.3%→6%。

按5%修约间隔修约：7.2%→5%，3.1%→5%。

2）当被修约数的值与上下两个允许修约值的间隔相等，按下述原则处理。

被修约数÷修约间隔→化整（四舍六入偶数法则）→×修约间隔=修约结果

例：

按1%修约间隔修约：7.5%→7.5%/1%=7.5→化整为8→8×1%=8%，修约后结果为8%。

按 2%修约间隔修约：5%→5%/2%＝2. 5→化整为 2→2×2%＝4%，修约后结果为 4%。

按 5%修约间隔修约：7. 5%→7. 5%/5%＝1. 5→化整为 2→2×5%＝10%，修约后结果为 10%。

【例 4-1】某 10 级绝缘电阻表电阻基本误差检定数据如表 4-3 所示，试计算各区段的最大基本误差。

表 4-3　某 10 级绝缘电阻表电阻基本误差检定数据　MΩ

区段	示值	实际值	最大基本误差	区段	示值	实际值	最大基本误差
Ⅰ	0. 1	0. 1044		Ⅱ	20	20. 53	
	0. 5	0. 5540			50	50. 51	
Ⅱ	1	1. 085			100	100. 55	
	2	2. 123		Ⅲ	200	214. 0	
	5	5. 102			500	510. 5	
	10	10. 54					

解：

Ⅰ区段示值与实际值之间的最大差值出现在 0. 5MΩ 示值处，则Ⅰ区段最大基本误差为

$$E_{\mathrm{I}\,\max}=\frac{0.5\mathrm{M\Omega}-0.5540\mathrm{M\Omega}}{0.5\mathrm{M\Omega}}\times 100\%=-10.8\%$$

Ⅲ区段示值与实际值之间的最大差值出现在 200MΩ 示值处，则Ⅲ区段最大基本误差为

$$E_{\mathrm{III}\,\max}=\frac{200\mathrm{M\Omega}-214.0\mathrm{M\Omega}}{200\mathrm{M\Omega}}\times 100\%=-7.0\%$$

Ⅱ区段示值与实际值之间的最大差值出现在 1MΩ 示值处，则Ⅱ区段最大基本误差为

$$E_{\mathrm{II}\,\max}=\frac{1\mathrm{M\Omega}-1.085\mathrm{M\Omega}}{1\mathrm{M\Omega}}\times 100\%=-8.5\%$$

10级绝缘电阻表，Ⅱ区段的最大允许误差为±10%，Ⅰ、Ⅲ区段的最大允许误差为±20%，则Ⅱ区段的修约间隔为1%，Ⅰ、Ⅲ区段的修约间隔为2%。对各区段最大基本误差进行修约，结果为Ⅰ区段最大基本误差为-10%，Ⅱ区段最大基本误差为-8%，Ⅲ区段最大基本误差为-8%。

二 端钮电压及稳定性测量数据处理

端钮电压及稳定性数据，应按四舍六入偶数法则进行修约。

1. 开路电压及稳定性测量数据处理

绝缘电阻表在开路状态下，以1min内电压表显示最大值及最小值中偏离额定电压最大的一个作为开路电压，开路电压保留至最大允许误差的1/10位；最大值与最小值之差作为1min内电压稳定性，保留至最大允许误差的1/10位。

【例4-2】某10级绝缘电阻表额定电压为1000V，开路状态下端钮电压的最大值与最小值分别为1046.8V和987.3V，计算开路电压及其稳定性。

解：

开路电压的最大允许误差为

$$\Delta U_{\text{MPE}}=\pm 10\% U_0=\pm 10\%\times 1000\text{V}=\pm 100\text{V}$$

开路电压及稳定性修约间隔为10V。

开路状态下端钮电压的最大值、最小值偏离额定值分别为43.8V和-12.7V，故

$$U_{\text{oc}}=1040\text{V}$$

开路电压稳定性 s 为

$$s=U_{\max}-U_{\min}=1043.8\text{V}-987.3\text{V}=56.5\text{V}=60\text{V}$$

2. 中值电压测量数据处理

中值电压保留位数与开路电压相同。

【例4-3】某10级绝缘电阻表额定电压为500V，中值电压测量值为486.5V，计算中值电压。

解：

开路电压的最大允许误差为

$$\Delta U_{MPE}=\pm10\%U_0=\pm10\%\times500V=\pm50V$$

中值电压修约间隔为 1V。

中值电压为 $U_m=486V$。

3. 开路电压峰值与有效值之比测量数据处理

绝缘电阻表在开路状态下，峰值和有效值之比修约间隔为 0.01。

【例 4-4】某 10 级绝缘电阻表额定电压为 500V，开路状态下电压峰值 U_p 和有效值 U_{rms} 分别为 518.7V 和 502.3V，计算其峰值和有效值之比。

解：

开路电压峰值和有效值之比为

$$\frac{U_p}{U_{rms}}=\frac{518.7V}{502.3V}=1.03$$

三 倾斜影响检验数据处理

倾斜影响的数据修约采用四舍六入偶数法则，保留至最大允许误差的 1/10 位。

检验点为Ⅱ区段测量范围上限、下限及中值电阻点。

【例 4-5】对某额定电压为 500V 的 10 级绝缘电阻表进行倾斜影响检验，检验点为Ⅱ区段测量范围上限、下限及中值电阻点，数据如下。试计算此绝缘电阻表倾斜影响的检验结果。

正常位置　下限 $B_{Rd}=\underline{1.052M\Omega}$，中值 $B_{Rm}=\underline{10.47M\Omega}$，上限 $B_{Ru}=\underline{103.2M\Omega}$。

下限：$B_{W1}=\underline{1.058M\Omega}$，$B_{X1}=\underline{1.063M\Omega}$，$B_{Y1}=\underline{1.042M\Omega}$，$B_{Z1}=\underline{1.047M\Omega}$。

中值：$B_{W2}=\underline{10.49M\Omega}$，$B_{X2}=\underline{10.64M\Omega}$，$B_{Y2}=\underline{10.43M\Omega}$，$B_{Z2}=\underline{10.40M\Omega}$。

上限：$B_{W3}=\underline{102.4M\Omega}$，$B_{X3}=\underline{104.9M\Omega}$，$B_{Y3}=\underline{102.4M\Omega}$，$B_{Z3}=\underline{102.5M\Omega}$。

解：

E_{WI}、E_{XI}、E_{YI}、E_{ZI} 计算结果如下：

下限：$E_{W1}=0.6\%$，$E_{X1}=1.1\%$，$E_{Y1}=1.0\%$，$E_{Z1}=0.5\%$。

中值：$E_{W2}=0.2\%$，$E_{X2}=1.7\%$，$E_{Y2}=0.4\%$，$E_{Z2}=0.7\%$。

上限：$E_{W3}=0.8\%$，$E_{X3}=1.7\%$，$E_{Y3}=0.8\%$，$E_{Z3}=0.7\%$。

倾斜影响检验结果为：$E=\max(E_{WI}、E_{XI}、E_{YI}、E_{ZI})=1.7\%=2\%$。

四 合格判据

判断仪表是否合格，应以修约后的数据为准。对全部检定项目都符合要求的仪表，判定为合格；有一个检定项目不合格的，判为不合格。绝缘电阻表合格判据见表 4-4。

表 4-4 绝缘电阻表合格判据表

检定项目	合格判据
外观检查	（1）外观完好，倾斜或轻摇仪表时，内部无撞击声。 （2）绝缘电阻表应有保证该表正确使用的必要标志。 （3）对有 0 位及 ∞ 机械调节器的绝缘电阻表，调节调节器时，指示器应转动灵活，并有一定的调节范围
初步试验	指针偏离试验标度线的中心位置不大于 1mm
基本误差检定	≤MPE
端钮电压及稳定性测量	（1）开路电压在 $90\%U_0$~$110\%U_0$ 内。 （2）开路电压 1min 内最大值与最小值之差不大于 $10\%U_0$。 （3）开路电压的峰值与有效值之比不大于 1.5。 （4）中值电压不小于 $90\%U_0$
倾斜影响检验	改变量不大于 50%MPEV
绝缘电阻测量	（1）测量线路与外壳间：额定电压小于或等于 1000V 时，绝缘电阻应大于 20MΩ。 （2）额定电压大于 1000V 时，绝缘电阻应大于 30MΩ
绝缘强度检验	试验中不出现击穿或飞弧现象
屏蔽装置作用检查	接入串联电阻后，仪表误差小于等于 MPE

第 5 节 报告出具

（1）经检定合格的仪表，发给检定证书。如基本误差超差，但能符合低一级的技术要求时，允许降一级使用，对可降级使用的仪表也可以发给降级后的检定证书。

1）检定证书封面中检定结论栏应给出“符合××级”的结论。

2）绝缘电阻表的检定周期不得超过2年。

3）检定证书中不出具检定数据。

（2）检定不合格的仪表发给检定结果通知书，并注明不合格项目。

以下为某10级ZC25-3型绝缘电阻表周期检定证书内页格式：

检定结果

1. 外观检查：合格。
2. 初步试验：合格。
3. 基本误差检定：合格。
4. 端钮电压及其稳定性测量：合格。
5. 倾斜影响检验：合格。
6. 绝缘电阻测量：合格。

注：根据JJG 622—1997《绝缘电阻表（兆欧表）检定规程》第22条款规定，本证书不出具数据。

（以下空白）

习题及参考答案

1. 绝缘电阻表的Ⅱ区段长度由生产厂家提出，但不得小于标度尺全长的____________。

2. JJG 622—1997 规定绝缘电阻表倾斜影响检验时，倾斜角度为前、后、左、右任一方向倾斜____________。

3. 绝缘电阻表的测量端钮处于开路状态下，所测量的输出电压值称为________。

4. 绝缘电阻表的标尺____________附近分度线的电阻值称为中值电阻。该电阻数值取最大分度线的电阻值的 2%的 1、2、5 或 10 的整数倍数值。

5. JJG 622—1997 规定绝缘电阻表的中值电压不应低于额定电压的____________。

6. 检定绝缘电阻表时手柄的额定转速为____________。

7. JJG 622—1997 规定绝缘电阻表检定证书中一般____________检定数据。

8. 绝缘电阻表的检定周期不得超过____________。

9. 上海第六电表厂生产的 ZC25 型绝缘电阻表的指示仪表为（　　）。

A. 磁电系电流表　　B. 磁电系电压表

C. 磁电系比率表

10. 绝缘电阻表准确度最高的区段为（　　）。

A. Ⅰ　　B. Ⅱ　　C. Ⅲ

11. 10 级绝缘电阻表Ⅰ区段的最大允许误差为（　　）。

A. ±10%　　B. ±20%　　C. ±5%

12. ZC25 型绝缘电阻表在未工作时，其指示器应处于（　　）。

A. 0 处　　B. 无穷大处　　C. 任一位置

13. 检定绝缘电阻表基本误差时，连接导线最好采用（　　）。

A. 悬空平行　　B. 相互缠绕　　C. 同轴电缆

14. 绝缘电阻表的绝缘电阻试验时，应将（　　）短路。

A. L 与 E　　B. L 与 G　　C. L、G、E 三端

15. 某额定电压为 500V 绝缘电阻表的中值电阻 10MΩ，则其端钮电压测量时对电压表内阻的要求是不小于（　　）。

A. 20MΩ　　B. 10MΩ　　C. 200MΩ

16. 某额定电压为 500V 的 10 级绝缘电阻表，倾斜影响检验时的改变量不超过（　　）。

A. 5%　　B. 10%　　C. 20%

17. 下图所示为某一绝缘电阻表标度尺，此绝缘电阻表额定电压为2500V，在检定此绝缘电阻表时测量得其开路电压和中值电压分别为2480V、2410V，求此绝缘电阻表的中值电阻及内阻。

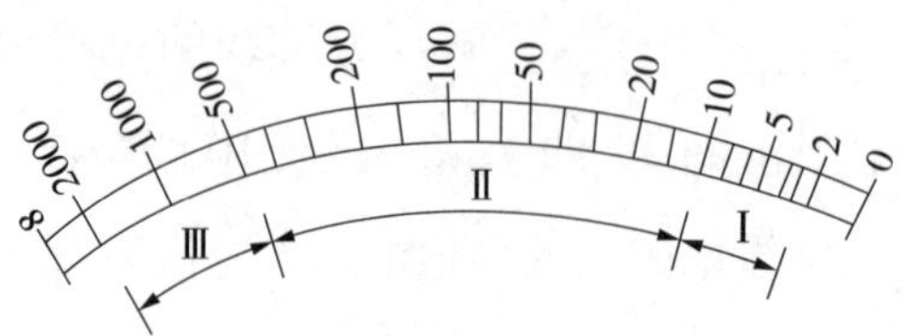

18. 某10级绝缘电阻表基本误差检定数据如下，试给出各区段的最大允许误差，并判断此绝缘电阻表基本误差是否合格。

区段	示值（MΩ）	实际值（MΩ）	最大基本误差	区段	示值（MΩ）	实际值（MΩ）	最大基本误差
Ⅰ	0.1	0.1035		Ⅱ	20	20.68	
	0.5	0.5684		Ⅲ	50	50.72	
Ⅱ	1	1.066			100	100.87	
	2	2.085			200	216.5	
	5	5.106			500	510.8	
	10	10.55					

19. ZC25型绝缘电阻表的电阻示值误差检定一般采用什么方法，为什么？

20. 检定绝缘电阻表为什么要使用恒定转速驱动装置？

参考答案

1. 50%　2. 5°　3. 开路电压　4. 几何中心　5. 90%　6. 120^{+5}_{-2}r/min 或 150^{+5}_{-2}r/min　7. 不出具　8. 2年　9. C　10. B　11. B　12. C　13. A　14. C　15. C　16. A

17. 解：

由绝缘电阻表中值电阻的定义可知此绝缘电阻表的中值电阻为100MΩ。

设绝缘电阻表的开路电压为 U_0，中值电压为 U_m，中值电阻为 R_m，内阻为 R_{in}，则开路时，有

$$U_{oc} = U_0$$

接入中值电阻时，有

$$U_0 = I_m \cdot (R_m + R_{in})$$

$$U_m = I_m \cdot R_m$$

三式联解，得

$$R_{in} = \frac{U_{oc} \cdot R_m}{U_m} - R_m$$

代入数据得

$$R_{in} = 2.9\text{M}\Omega$$

即此绝缘电阻表的内阻为 2. 9MΩ。

18. 解：

Ⅰ区段示值与实际值之间的最大差值出现在 0. 5MΩ 示值处，则Ⅰ区段最大基本误差为

$$E_{\text{I}\max} = \frac{0.5\text{M}\Omega - 0.5684\text{M}\Omega}{0.5\text{M}\Omega} \times 100\% = -13.68\%$$

Ⅲ区段示值与实际值之间的最大差值出现在 200MΩ 示值处，则Ⅲ区段最大基本误差为

$$E_{\text{III}\max} = \frac{200\text{M}\Omega - 216.5\text{M}\Omega}{200\text{M}\Omega} \times 100\% = -8.25\%$$

Ⅱ区段示值与实际值之间的最大差值出现在 1MΩ 示值处，则Ⅱ区段最大基本误差为

$$E_{\text{II}\max} = \frac{1\text{M}\Omega - 1.066\text{M}\Omega}{1\text{M}\Omega} \times 100\% = -6.6\%$$

10 级绝缘电阻表，Ⅱ区段的最大允许误差为±10%，Ⅰ、Ⅲ区段的最大允许误差为±20%，则Ⅱ区段的修约间隔为 1%，Ⅰ、Ⅲ区段的修约间隔为 2%。对各区段最大基本误差进行修约，结果如下：

Ⅰ区段最大基本误差为-14%，Ⅱ区段最大基本误差为-7%，Ⅲ区段最大基本

误差为-8%。

Ⅰ、Ⅱ、Ⅲ的最大基本误差均小于各区段的最大允许误差，故此绝缘电阻表的最大基本误差检定合格。

19. 答：

ZC25 型绝缘电阻表的电阻基本误差采用符合法检定。这是因为 ZC25 型绝缘电阻表的标度尺为非线性，为减小视觉误差，故采用符合法检定。即调节标准高压电阻箱的数值使被检绝缘电阻表（兆欧表）指针与被检刻度中心重合，记录此时标准高压电阻箱的示值作为标准值。

20. 答：

目前使用的绝缘电阻表大都为手摇发电机电源，手摇发电机电源的质量指标最重要的是电源电压偏差和稳定性，它们在很大程度上取决于手摇发电机的转速。鉴于绝缘电阻通常具有很大的电压系数，当电压变化时，测量结果会产生很大变化，影响绝缘电阻表的基本误差，因此保持电压准确与稳定是保证测量准确的重要条件。绝缘电阻表检定时要求手摇发电机的转速为 120^{+5}_{-2}r/min（或 150^{+5}_{-2}r/min），这对检定人员要求是相当高的，同时劳动强度也非常大，故绝缘电阻表（兆欧表）检定时恒定转速驱动装置是必不可少的。

第 5 章

电子式绝缘电阻表

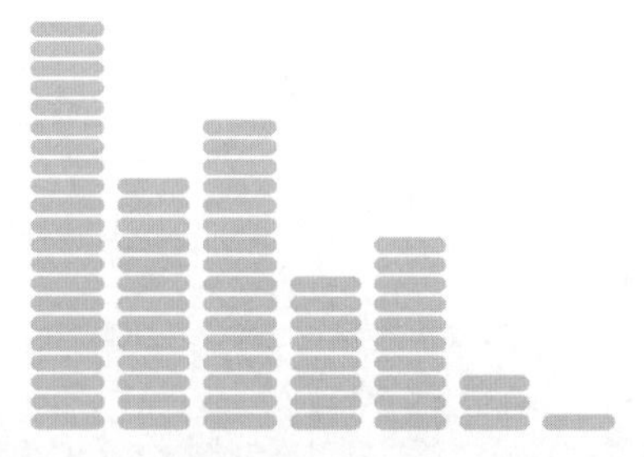

第1节 概　述

一 电子式绝缘电阻表的产生背景

随着电子技术及电子元器件的发展，在20世纪90年代，工业发达国家已用电子式绝缘电阻表替代了流比计手摇发电机型绝缘电阻表。日本制定了电子式绝缘电阻表的工业标准JISC 1302—2018《绝缘电阻检测器》，成为电子式绝缘电阻表的主要生产国，主要制造商以日立电气株式会社为代表，其系列产品试验电压达到10kV，电阻测量上限达到200GΩ，一块表有3个测试电压和3个量程，测量准确度提高了1~2个等级。美国AVO公司根据设备绝缘特性的要求，制造出能够测量绝缘电阻与时间关系的绝缘特性测试仪，满足绝缘检测市场的需求。2004年3月国家发展改革委发布了DL/T 845. 1—2004《电子式绝缘电阻表》。2005年国家质检总局发布了JJG 1005—2005《电子式绝缘电阻表》，2019年国家市场监督管理总局对JJG 1005—2005《电子式绝缘电阻表》进行了修订，即JJG 1005—2019《电子式绝缘电阻表》。

JJG 1005《电子式绝缘电阻表》计量检定规程的制定和实施，为统一我国在用和新制造的电子式绝缘电阻表的量值溯源提供了法定技术依据，对于确保这类仪表的质量具有现实意义。

二 电子式绝缘电阻表的原理

由于电子式绝缘电阻表不再采用手摇发电机，而是用直流电压高频升压后再整流，以获得直流高压，使得劳动强度大大降低。

电子式绝缘电阻表一般由直流电压变换器将直流低电压转换为直流高电压作为测试电压。这个测试电压施加于被测物上将产生电流，此电流经放大处理后通过电流测量装置得到电阻指示值，或流经电流-电压转换器转换成一电压值送入模数转换器变为数字编码经微处理器计算处理，由显示器显示出相应的电阻值。图 5-1 是一种常见的数字显示电子式绝缘电阻测试表的原理框图。

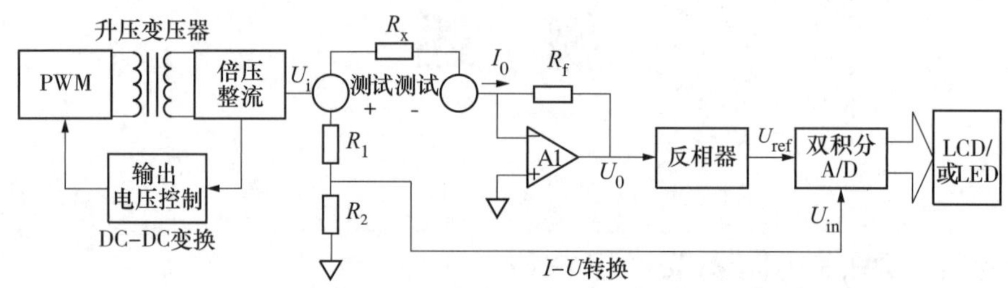

图 5-1　常见的数字显示电子式绝缘电阻测试表的原理框图

电子式绝缘电阻表一般包括直流高压发生器、电流电压转换器及显示部分三个主要部分。

1. 直流高压发生器

直流高压发生器通常为直流电压变换器（DC-DC 变换器），其将直流低电压转换为直流高压作为测试电压，它是电子式绝缘电阻表的关键部分，常见有 250、500、1000V 三种测试电压（也有 2500、5000V 等较高测试电压）。电子式绝缘电阻表一般采用脉宽调制（PWM）型集成控制器将直流低电压转换为脉宽调制信号，经升压变压器转化为高压脉冲，由倍压整流（二倍或三倍）平滑成直流高压测试电压，其输出电压大小是通过输出电压控制电路调节脉冲宽度来实现的。

2. 电流电压转换器

从图 5-1 可以看出，电流电压转换器（I-U 转换）由待测电阻 R_x、反馈电阻 R_f 及运算放大器 A1 组成。它将流经被测绝缘电阻 R_x 的电流转换为电压信号输出。

3. 显示部分

通常为数字显示仪表或磁电系电流表。对数字显示仪表而言，模数转换器（A/D）是模拟电路与数字电路连接的纽带，也是模拟仪表与数字仪表区分的重要标志。数字式绝缘电阻表通常采用 ICL 7106（或 ICL 7107）大规模 A/D 转换器，ICL 7106 是带 LCD 显示（ICL 7107 为 LED 显示）的 3½位双积分 A/D 转换器，利用其输入电压与参考电压的比值特性可以非常方便地测得电阻值。

三 电子式绝缘电阻表的分类

电子式绝缘电阻表按其显示器件显示形式不同可分为模拟指示电子式绝缘电阻表（简称模拟式绝缘电阻表）和数字显示电子式绝缘电阻表（简称数字式绝缘电阻表）。

四 电子式绝缘电阻表的特点

由于电子式绝缘电阻表的测试电压由直流低电压高频升压再整流后得到，与一般绝缘电阻表（兆欧表）相比，使用者的劳动强度大大降低。电子式绝缘电阻表与手摇式绝缘电阻表相比，主要有以下方面的特点。

1. 宽范围、多电压、多量程

电子式绝缘电阻表的测试电压源采用的是开关电源技术中的DC/DC变换电路，将8~12V直流低压变换成50~10000V直流高压，替代了手摇发电机，节约了大量的金属材料，同时输出电压稳定、直流特性好、测试电压范围宽、量程范围宽。

具体的DC/DC变换电路由脉宽调制电路、功率开关管、高频脉冲变压器和倍压整流滤波电路组成。8~12V工作电压经开关稳压控制电路变换成高频脉冲信号，脉冲信号经开关管放大和脉冲变压器升压后再经过倍压整流和滤波获得高频脉冲直流电压。

一块表中的多种测试电压是通过改变倍压整流电路的倍压系数得到的，如整流后电压为125V，则2倍压可获得250V测试电压，4倍压可获得500V、8倍压可获得1000V测试电压。相应的电阻量程也随之成倍扩大。

2. 提高了测量准确度

（1）模拟式绝缘电阻表的测量电路中采用了由IC组成的U/I变换电路，将采样电压变换成对应的电流，由磁电系μA电流表直接指示被测电阻。磁电系电流表头的准确度远高于流比计，使测量准确度提高了一个等级。一般可达到5级。

（2）数字式绝缘电阻表的测量电路采用了A/D转换等电路，对被测采样信号进行模/数转换和U/R倒数运算，使测量结果实现数字显示，测量准确度等级可达到1.0级。

3. 量程自动扩展转换

模拟式绝缘电阻表的量程可通过自动量程扩展电路，使表盘刻度成为双刻度，减少读数误差。自动量程扩展电路由运算放大器、射极跟随器和电子开关等组成。通过对参考电位与被测采样电位的比较，实现高低量程的自动转换。

4. 多种测量功能

设备在进行绝缘电阻测量时，绝缘电阻值与测量（加电压）时间的关系能反映出被测试品的绝缘特性。采用A/D转换和单片机等组成的测量信号处理系统，可获得多种绝缘特性测量功能，如吸收比、极化指数等。

例如：记录（存储）和显示从测量（加电压）开始至15s的绝缘电阻值R_{j15s}、记录和显示第60s的绝缘电阻值R_{j60s}、记录和显示第10min的绝缘电阻值R_{j10min}。通过功能键显示出R_{j60s}（绝缘电阻值）、R_{j60s}/R_{j15s}的比值（吸收比）、R_{j10min}/R_{j60s}的比值（极化指数）等。绝缘电阻值、吸收比、极化指数等均为绝缘特性参数。

5. 工作电池电压监视

以化学电池作为供电电源的电子式绝缘电阻表，其工作电池电压有一个有效工作范围，只有在此范围内，电子式绝缘电阻表才能正常使用；否则，将带来误差，甚至得到完全错误的测量结果。大部分电子式绝缘电阻表具有检查和监视电池电压的功能。

工作电池电源监视电路由运放和发光二极管等组成。电池电压正常时，电路产生某一频率的交变信号驱动发光二极管发出正常的闪光信号。当电池电压低于规定值下限时，电路产生的交变信号频率会降低、发光二极管的闪光速度会变慢，人眼会感觉到，指导使用者应更换电池，避免因工作电池负载能力下降给仪表测量结果带来的影响。

五 电子式绝缘电阻表与高绝缘电阻测量仪（高阻计）比较

高绝缘电阻测量仪（高阻计）也是一种绝缘电阻测试仪器，其测量范围比一般绝缘电阻表和电子式绝缘电阻表更高，最高可达$10^{16}\Omega$。与电子式绝缘电阻表相比，高阻计增加了电阻量程变换器。当撤除测试电压，将微电流接入电阻量程变换器后，高阻计就变成了微电流表，因此一般高阻计大都具有微电流测量功能。高阻计原理图如图 5-2 所示。

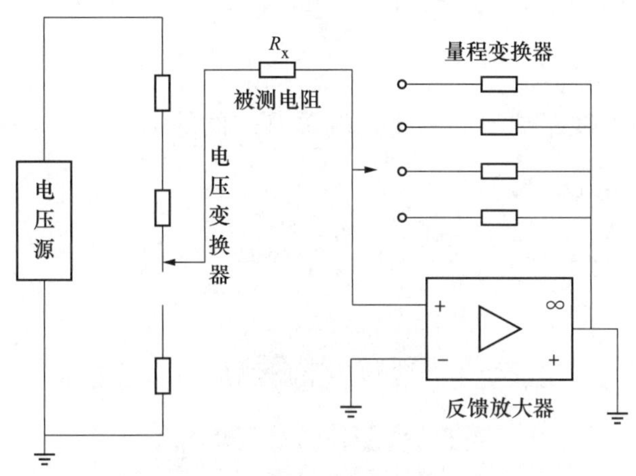

图 5-2　高阻计原理图

高阻计的测试电压一般由逆变振荡器经整流、滤波后产生，经过电阻分压器分压后得到多档测试电压。放大器大都由采用场效应管原理的集成电路构成，负反馈连接，具有较好的屏蔽和绝缘，输入阻抗极高（大于 10TΩ）。

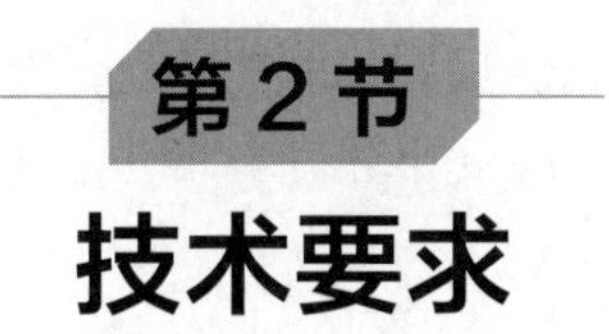

第 2 节 技术要求

一 电子式绝缘电阻表的有关术语

1. 绝缘电阻

在绝缘结构的两个电极之间施加的直流电压值与流经该对电极的泄漏电流值之比。

2. 测量端子

电子式绝缘表中用于连接被测对象的接线端子。测量端子连接其与被测对象的连接部位，分为线路端子 L、接地端子 E 和屏蔽端子 G。

3. 端子电压

电子式绝缘表的线路端子 L 和接地端子 E 之间的电压。

4. 额定电压（用 U_0 表示）

测量端子处于开路状态下端子电压的标称值。

5. 开路电压

电子式绝缘表测量端子处于开路状态下所测量的端子电压。

6. 跌落电阻

测量电子式绝缘表跌落电压时接在绝缘表测量端子的电阻。

7. 跌落电压

电子式绝缘表线路端子 L 与接地端子 E 之间接入跌落电阻时的端子电压，反映了绝缘表的带负载能力。

二 电子式绝缘电阻表的技术要求

（一）示值误差、最大允许误差和准确度等级

1. 示值误差

电子式绝缘电阻表示值误差可表示为

$$\Delta = R_x - R_n \tag{5-1}$$

式中：Δ 为电子式绝缘电阻表示值误差，MΩ；R_x 为被检电子式绝缘电阻表示值，MΩ；R_n 为被检电子式绝缘电阻表实际值（标准器指示值），MΩ。

电子式绝缘电阻表示值误差也可用相对误差形式表示为

$$\delta = \frac{R_x - R_n}{R_n} \times 100\% \tag{5-2}$$

式中：δ 为电子式绝缘电阻表基本误差相对值。

2. 最大允许误差

（1）模拟式绝缘电阻表的最大允许误差按式（5-3）表示，相对最大允许误差按式（5-4）表示，即

$$\Delta_{\mathrm{MPE.M}}=\pm R_{\mathrm{x}}\cdot c\% \tag{5-3}$$

$$\delta_{\mathrm{MPE.M}}=\pm c\% \tag{5-4}$$

式中：$\Delta_{\mathrm{MPE.M}}$ 为模拟式绝缘电阻表最大允许误差，MΩ；c 为电子式绝缘电阻表准确度等级指数，常数；$\delta_{\mathrm{MPE.M}}$ 为模拟式绝缘电阻表相对最大允许误差，相对值。

（2）数字式绝缘电阻表最大允许误差按式（5-5）或式（5-6）表示，相对最大允许误差按式（5-7）表示，即

$$\Delta_{\mathrm{MPE.D}}=\pm(a\%R_{\mathrm{x}}+b\%R_{\mathrm{m}}) \tag{5-5}$$

$$\Delta_{\mathrm{MPE.D}}=\pm(a\%R_{\mathrm{x}}+n\text{个字}) \tag{5-6}$$

$$\delta_{\mathrm{MPE.D}}=\frac{\Delta_{\mathrm{MPE.D}}}{R_{\mathrm{n}}}\times100\% \tag{5-7}$$

式中：$\Delta_{\mathrm{MPE.D}}$ 为数字式绝缘电阻表最大允许误差，MΩ；a 为与数字式绝缘电阻表示值有关的系数；b 为与数字式绝缘电阻表满量程有关的系数；R_{m} 为电子式绝缘电阻表满量程值，MΩ；n 为数值（n 个字即相当于所在量程末位数字的 n 倍）；$\delta_{\mathrm{MPE.D}}$ 为数字式绝缘电阻表相对最大允许误差，相对值。

3. 准确度等级

电子式绝缘电阻表的准确度等级分为1级、2级、5级、10级、20级5个等级。

采用数字、指针双显示方式的电子式绝缘电阻表，对应准确度等级以数字式部分标称的等级为准。

注：对于模拟式绝缘电阻表，在同一量程内允许分区段给出准确度等级，其各区段的范围及准确度等级由制造厂给出。

4. 准确度等级与最大允许误差的关系

（1）模拟式绝缘电阻表。模拟式绝缘电阻表的刻度标尺应满足如下要求：

1）模拟式绝缘电阻表的非线性标尺量程划分为三个区段（Ⅰ、Ⅱ、Ⅲ），如图5-3所示。

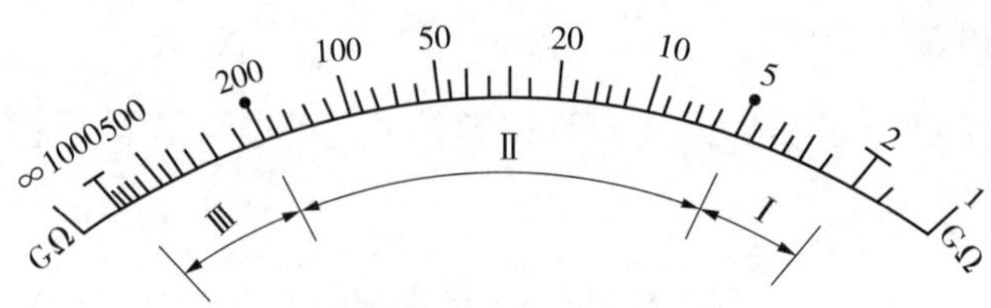

图 5-3　模拟式绝缘电阻表量程区段

2）Ⅱ区段的长度不得小于标度尺全长的50%。Ⅰ区段为起始刻度点到Ⅱ区段起始点，Ⅲ区段为Ⅱ区段终点到最大有效量程点。两区段之间应有分界标记或在产品说明书上注明其分界处的量值。

3）为扩展量程范围而采用多条刻度标尺的指针显示绝缘电阻表，应具有刻度标尺指示和读数倍率，用以标明读数对应的刻度标尺和实际阻值与刻度指示值的关系。

4）模拟式绝缘电阻表Ⅱ区段为高准确度区，Ⅰ区和Ⅲ区段为低准确度区。表 5-1 所示为模拟式绝缘电阻表准确度等级与各区段最大允许误差的关系。最大允许误差应不超过表 5-1 的规定。

表 5-1　模拟式绝缘电阻表准确度等级与各区段最大允许误差的关系表

模拟式绝缘电阻表准确度等级		1 级	2 级	5 级	10 级	20 级
最大允许误差（%）	Ⅱ区段	±1.0	±2.0	±5.0	±10.0	±20.0
	Ⅰ、Ⅲ区段	±2.0	±5.0	±10.0	±20.0	±50.0

（2）数字式绝缘电阻表。数字式绝缘电阻表最大允许误差公式中的 a 和 b 由制造厂给出，其中 $a \geqslant 4b$，且 $a+b$ 应不大于准确度等级对应的数值 c。当同一量程分区段定级时，以高准确度等级定级，相邻区段的准确度等级只能降低一级。高准确度等级量程范围不得低于相邻低准确度量程上限的 1/10。数字式绝缘电阻表的最大允许误差为其等级指数的百分数。

表 5-2 所示为数字式绝缘电阻表准确度等级与最大允许误差的关系。最大允许误差应不超过表 5-2 的规定。

表 5-2　数字式绝缘电阻表准确度等级和最大允许误差的关系表

数字式绝缘电阻表准确度等级	1 级	2 级	5 级	10 级	20 级
最大允许误差（%）	±1.0	±2.0	±5.0	±10.0	±20.0

（3）指针、数字双显示电子式绝缘表。同时具有指针指示与数字显示的电子式绝缘电阻表，以数字显示测量值为准。

（二）端子电压及允许范围

1. 端子电压序列

端子电压包括开路电压和跌落电压，一般多为固定值的额定电压。对电子式绝缘电阻表有 25V、50V、100V、250V、500V、1.0kV、2.5kV、5.0kV、10kV 等 9 个额定电压序列。

对于步进或连续可调的电子式绝缘电阻表，参考的额定电压应为与电压序列最接近的额定电压。

2. 开路电压

电子式绝缘电阻表开路电压应不超过 $1.2U_0$，且不低于 $1.0U_0$。

3. 跌落电压

电子式绝缘电阻表的跌落电压应不低于 $0.9U_0$。

（三）绝缘电阻

绝缘表电路与外壳之间的绝缘电阻应不小于 50MΩ。

（四）耐电压

1. 介电强度

对于采用交流供电的电子式绝缘电阻表，额定电压 1kV 及以下的电子式绝缘电阻表，其端子与外壳之间应能耐受工频 2kV 正弦电压 1min，应无击穿或闪络现象。

2. 绝缘强度

额定电压 2.5kV 及以上的电子式绝缘表，端子（含专用测试线）与外壳之间应能耐受工频 3kV 正弦电压 1min，无击穿或闪络现象。

额定电压 5.0kV 及以上的电子式绝缘电阻表，端子（含专用测试线）与外壳之间应能耐受直流 1.2 倍额定电压 1min，无击穿或闪络现象。

第 3 节 检定/校准试验

对测量范围上限不大于 1TΩ、额定电压 10kV 及以下的电子式绝缘电阻表的检定工作可依据 JJG 1005—2019《电子式绝缘电阻表检定规程》进行。JJG 1005—2019 不适用于直接作用模拟指示、机械式以及有特殊要求的绝缘电阻表及高阻计的检定。

一 检定条件

（一）环境条件

（1）环境温度为（20±5）℃，相对湿度为 25%~75%；应无影响仪表正常工作的外电磁场。

（2）工作电源采用交流供电时，其电源应满足（220±22）V，电源频率为（50±1）Hz。当工作电源采用电池供电时，电池电压必须满足正常使用范围并无欠压指示。

（二）检定用设备

电子式绝缘电阻表检定时所需设备包括高压高阻标准器（高阻箱）、电压测量装置、绝缘电阻表、耐电压测试仪等。所有检定用设备应经检定或校准，满足检定要求并在有效期内，整个装置的测量不确定度（$k=2$）应不大于被检电子式绝缘电阻表最大允许误差绝对值的1/3。

1. 高压高阻标准器（高阻箱）

高压高阻标准器（高阻箱）应具有与电子式绝缘电阻表实际工作相适应的工作电压，高阻箱的工作电压应按盘确定，除另有说明外，它表示该盘任一点均可承受该工作电压且满足其准确度的要求。

（1）高阻箱最大允许误差应不超过电子式绝缘电阻表最大允许误差的1/4。

（2）高阻箱的调节细度应优于被检电子式绝缘电阻表的分辨力（对模拟式绝缘电阻表）。

（3）高阻箱应有单独的泄漏屏蔽端钮和接地端钮。

（4）可以采用满足检定要求的数值可变的其他电阻器代替高阻箱。

2. 电压测量装置

（1）输入阻抗应不小于5GΩ，准确度等级应不低于2.0级。

（2）测量上限应不低于被检绝缘电阻表额定电压值的120%。

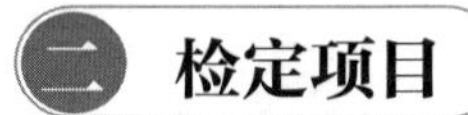

二 检定项目

电子式绝缘电阻表检定项目见表5-3。

表5-3　　电子式绝缘电阻表检定项目表

检定项目	首次检定	后续检定	使用中检查	备注
外观及通电检查	检	检	不检	
绝缘电阻	检	检	不检	
介电强度	检	不检	不检	
绝缘强度	检①	不检	不检	
示值误差	检	检	检	
开路电压	检	检	检	
跌落电压	检	不检	不检	

① 项目适用于额定电压2.5kV及以上的绝缘表。

三 检定方法

（一）外观及通电检查

1. 外观完好

电子式绝缘电阻表的零部件装配应牢固，无松动现象，面板、机壳、表罩、端子、开关应光洁，无损伤现象。

2. 标记清晰

绝缘表的面板或仪表外壳上应有如下标志：制造单位或商标，产品名称，型号，计量单位和数字，准确度等级，出厂编号，测量端子标志和警示标志，开关、按键功能标志，工作电池监视标志。装电池的部分应有电池极性标志。

3. 无影响正常读数的缺陷

（1）模拟式绝缘电阻表的读数部分。表罩应无色透明，无妨碍和影响读数的缺陷、现象和损伤。刻度盘应平整、光洁，各标志清晰可辨。

对于分区段给出准确度等级的表应给出区段标识。

指针指示端的长度至少应能覆盖刻度线的 1/4。

刻度值应符合 1×10^n、2×10^n、5×10^n，n 为正、负整数或零。

机械调零装置应具有一定的调节范围，调节应灵活。在测量开路和短路时，指针偏离∞和 0 刻度线中心不超过±1. 5mm。

（2）数字式绝缘电阻表的读数部分。数字显示部分不应有重叠和缺笔画现象，能正常显示超量程。

（二）绝缘电阻

将被检电子式绝缘电阻表 L、E 端子短路连接后接至检定用绝缘电阻表的 L 端，被检电子式绝缘电阻表的外壳接至绝缘电阻表的 E 端，施加 500V 直流试验电压，1min 后读取绝缘电阻表的示值。

（三）介电强度

将被检电子式绝缘电阻表 L、E 端子短路连接后接至耐压试验仪的高压试验端，外壳接至耐压试验仪的地端。平稳升压至规定的试验电压值，保持1min，应无击穿或闪络现象。

（四）绝缘强度

将被检电子式绝缘电阻表 L、E 端子短路连接后接至耐压试验仪的高压试验端，外壳接至耐压试验仪的地端。对电子式绝缘电阻表施加试验电压（额定电压2.5kV 及以上的电子式绝缘电阻表，施加工频 3kV 正弦电压；额定电压 5.0kV 及以上的电子式绝缘电阻表，施加 1.2 倍直流额定电压），保持 1min，应无击穿或闪络现象。

（五）示值误差

电阻测量示值误差用高阻箱进行检定。检定时连接导线应有良好绝缘，可采用硬导线悬空连接或高压聚四氟乙烯导线连接。连接导线的绝缘性能直接影响绝缘电阻的检定结果，尤其是 L 端子和 E 端子连接导线有交叉或缠绕时。这是因为 L 端子和 E 端子连接导线有交叉或缠绕时，在两导线的外层有一个绝缘电阻，此电阻直接并联在高阻箱输出端。由于导线间绝缘电阻影响，连接至被检电子式绝缘电阻表的电阻实际值按式（5-8）确定，即

$$R'_n = \frac{R_n \cdot R_J}{R_n + R_J} \tag{5-8}$$

式中：R'_n 为电子式绝缘电阻表 L、E 端接入电阻实际值，MΩ；R_n 为高阻箱示值，MΩ；R_J 为连接导线间绝缘电阻值，MΩ。

由式（5-8）知：由于连接导线绝缘性能的影响，接入被检电子式绝缘电阻表 L、E 两端的电阻比高阻箱的实际阻值要小。当连接导线间无缠绕（相当于两导线间绝缘电阻为无穷大）时，高阻箱的示值即为接入绝缘电阻表的值。

检定程序：

1. 检定点的选取

JJG 1005—2019 规定：在被检绝缘电阻表各量程对应的额定电压下，在被检量程内选取 3~5 个检定点，应包括量程的 10%、50%、90%附近的值。

此规定较为片面，仅对数字式绝缘电阻表适用。对模拟式绝缘电阻表来说，量程的测量上限与下限之比一般都在1000倍以上，且标度尺为非线性，若最小点选择为10%，可能有50%以上的标尺不在检定范围内，因而无法准确衡量模拟式绝缘电阻表的性能。

实际工作中可按下列原则选取检定点，既不违反规程规定又满足实际工作需求。

检定点的选取基本原则：应包括所有的额定电压，每个额定电压下应覆盖所有量程并兼顾各量程之间的覆盖性及量程内的均匀性。

（1）对模拟式绝缘电阻表：每个额定电压下，在被检表的有效测量范围内选取所有带有数字分度线的点作为检定点。

（2）对数字式绝缘电阻表：每个额定电压下，在被检表的每个量程内选取3~5个检定点，应包括量程的10%（或量程测量范围下限点）、50%（或量程测量范围中间点）、90%（或量程测量范围上限点）附近的值，在最小量程时增加量程上限的1%点（即跌落电阻点）。

这里，需特别说明的是，许多数字式绝缘电阻表都是自动量程而无手动量程。检定时，应参考技术说明书确定量程划分，而不能简单地以测量上限作为量程。如FLUKE 1508型数字式绝缘电阻表500V额定电压下的测量上限为550MΩ，不能以此作为单量程而取50MΩ、250MΩ及500MΩ三个检定点。因其量程是自动的，其内部分为20MΩ、200MΩ、500MΩ三个量程（各量程具有10%超量程能力），故应选择2MΩ、（5MΩ）、10MΩ、（15MΩ）、20MΩ；25MΩ、（50MΩ）、100MΩ、（150MΩ）、200MΩ；250MΩ、（300MΩ）、400MΩ、500MΩ等检定点。

注：量程的10%（或量程测量范围下限点）、50%（或量程测量范围中间点）、90%（或量程测量范围上限点）附近的值对应括号内的检定点。

2. 检定线路连接

按图5-4连接检定线路。

3. 示值误差检定

对于数字式绝缘电阻表：调节高阻箱示值至各选定检定点值R_n，分别读取被检数字式绝缘电阻表的显示值R_x。

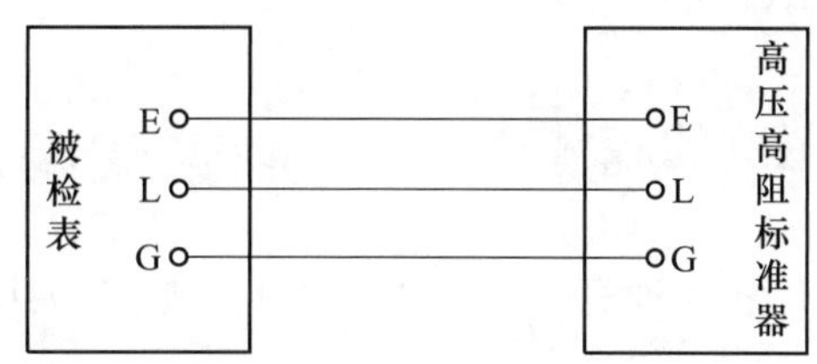

图 5-4 电阻测量示值误差检定线路图

对于模拟式绝缘电阻表：调节高阻箱示值使被检表指针顺序指在带数字的待检分度线上，分别读取高阻箱示值 R_n。

被检电子式绝缘电阻表的示值误差按式（5-1）或式（5-2）计算。

（六）端子电压

电子式绝缘电阻表端子电压测量在 L、E 两端钮间进行。

1. 开路电压

按图 5-5 连接检定线路。

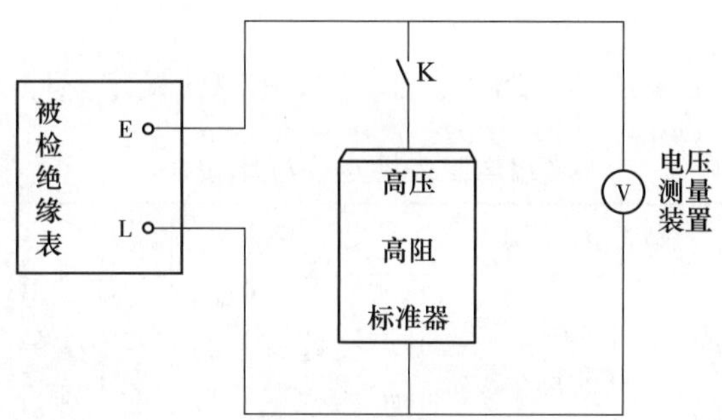

图 5-5 测量端子电压检定接线图

用电压测量装置测得的电子式绝缘电阻表在开路状态下的电压值即为开路电压。

2. 中值电压测量

按图 5-5 连接检定线路。

被检电子式绝缘电阻表的 L 端和 E 端间接入跌落电阻（此电阻一般为额定电压下电阻最小量程上限的 1%，或参照制造厂商给出值），此时电压测量装置测得的电子式绝缘电阻表的电压值即为跌落电压。

四 检定规程适用范围比较

涉及绝缘电阻表的检定规程有 JJG 622—1997《绝缘电阻表（兆欧表）检定规程》、JJG 1005—2019《电子式绝缘电阻表检定规程》、JJG 690—2003《高绝缘电阻测量仪（高阻计）检定规程》，它们有着不同的适用范围。

JJG 622—1997 适用于直接作用模拟指示的绝缘电阻表的检定。不适用于数字式及特殊用途，而其技术要求与规程规定不同的测量绝缘电阻用的仪表。

JJG 1005—2019 适用于测量范围不大于 1TΩ、额定电压 10kV 及以下的电子式绝缘电阻表的检定。不适用于直接作用模拟指示、机械式以及有特殊要求的绝缘电阻表及高绝缘电阻测量仪（高阻计）的检定。

JJG 690—2003 适用于机内有测试用放大器、其直流额定工作电压不大于 1000V、能直接测量 1000MΩ 以上电阻的数字式指示和模拟式指示高绝缘电阻测量仪的检定。不适用于绝缘电阻表、欧姆计的检定，也不涉及高阻计测量电极的检定。

JJG 622—1997、JJG 1005—2019、JJG 690—2003 检定规程间比较见表 5-4。

表 5-4　　　　绝缘电阻表检定规程比较表

规程号	被检表结构			与电阻示值有关的检定项目	与测试电压有关的检定项目	测试电压要求	检定周期
	高压源产生部分	有无电阻量程变换器	指示仪表原理				
JJG 622—1997	手摇发电机、化学电池、市电	无	流比计、磁电系电流表	基本误差、倾斜影响	开路电压、中值电压	$0.9U_0 \leqslant U_{oc} \leqslant 1.1U_0$；$U_m \geqslant 0.9U_0$	不超过 2 年
JJG 1005—2019	化学电池、市电	无	磁电系电流表、数显仪表	示值误差	开路电压、跌落电压	$1.0U_0 \leqslant U_{oc} \leqslant 1.2U_0$；$U_f \geqslant 0.9U_0$	1 年

续表

规程号	被检表结构			与电阻示值有关的检定项目	与测试电压有关的检定项目	测试电压要求	检定周期
	高压源产生部分	有无电阻量程变换器	指示仪表原理				
JJG 690—2003	市电	有	磁电系电流表、数显仪表	由示值基本误差、电阻倍率基本误差、电压倍率基本误差计算得到	端钮电压	$\delta_{MPEV.U}=c\%$ 且 $\delta_{MPEV.U}\leqslant 5\%$	不超过1年

注　U_0 为端钮电压额定值，U_{oc} 为开路电压，U_m 为中值电压，U_f 为跌落电压，$\delta_{MPEV.U}$ 为高阻计电压相对最大允许误差，c 为准确度等级指数。

第4节 测量数据处理

一 最大允许误差、示值误差的数据处理

1. 最大允许误差的计算

模拟式绝缘电阻表的最大允许误差按式（5-3）计算，相对最大允许误差按式（5-4）计算；数字式绝缘表最大允许误差按式（5-5）或式（5-6）计算，相对最大允许误差按式（5-7）计算。

【例5-1】某5级模拟式绝缘电阻表的测量范围为1MΩ~1GΩ，其中5~200MΩ为Ⅱ区段，试计算2、5、20、50、200、500MΩ点处的最大允许误差和相对最大允许误差分别是多少？

解：

5 级模拟式绝缘电阻表Ⅱ区段的相对最大允许误差为±5%，Ⅰ、Ⅲ区段的相对最大允许误差为±10%。2MΩ 属于Ⅰ区段，500MΩ 属于Ⅲ区段，故其相对最大允许误差为±10%；5、20、50、200MΩ 属于Ⅱ区段，故其相对最大允许误差为±5%。

各示值点处的最大允许误差分别为

$$\Delta_{\mathrm{MPE.\,2M\Omega}}=\pm 2\mathrm{M\Omega}\times 10\%=\pm 0.02\mathrm{M\Omega}$$

$$\Delta_{\mathrm{MPE.\,5M\Omega}}=\pm 5\mathrm{M\Omega}\times 5\%=\pm 0.025\mathrm{M\Omega}$$

$$\Delta_{\mathrm{MPE.\,20M\Omega}}=\pm 20\mathrm{M\Omega}\times 5\%=\pm 1\mathrm{M\Omega}$$

$$\Delta_{\mathrm{MPE.\,50M\Omega}}=\pm 50\mathrm{M\Omega}\times 5\%=\pm 2.5\mathrm{M\Omega}$$

$$\Delta_{\mathrm{MPE.\,200M\Omega}}=\pm 200\mathrm{M\Omega}\times 5\%=\pm 10\mathrm{M\Omega}$$

$$\Delta_{\mathrm{MPE.\,500M\Omega}}=\pm 50\mathrm{M\Omega}\times 10\%=\pm 50\mathrm{M\Omega}$$

【例 5-2】某数字式绝缘电阻表 200MΩ 量程的最大允许误差为 $\Delta_{\mathrm{MPE}}=\pm(2.5\%R_x+0.5\%R_m)$。计算此量程内 20、100MΩ 示值处的最大允许误差和相对最大允许误差分别是多少？

解：

20MΩ 示值处：

$$\Delta_{\mathrm{MPE.\,20M\Omega}}=\pm(2.5\%\times 20\mathrm{M\Omega}+0.5\%\times 200\mathrm{M\Omega})=\pm 1.5\mathrm{M\Omega}$$

$$\delta_{\mathrm{MPE.\,20M\Omega}}=\pm\frac{1.5\mathrm{M\Omega}}{20\mathrm{M\Omega}}\times 100\%=\pm 7.5\%$$

100MΩ 示值处：

$$\Delta_{\mathrm{MPE.\,100M\Omega}}=\pm(2.5\%\times 100\mathrm{M\Omega}+0.5\%\times 200\mathrm{M\Omega})=\pm 3.5\mathrm{M\Omega}$$

$$\delta_{\mathrm{MPE.\,20M\Omega}}=\pm\frac{3.5\mathrm{M\Omega}}{100\mathrm{M\Omega}}\times 100\%=\pm 3.5\%$$

【例 5-3】某数字式绝缘电阻表 200MΩ 量程分辨力为 0.1MΩ，最大允许误差为 $\Delta_{\mathrm{MPE}}=\pm(1.5\%R_x+5$ 个字)。计算此量程内 20、100MΩ 示值处的最大允许误差和相对最大允许误差分别是多少？

解：

200MΩ 量程分辨力为 0.1MΩ，则 5 个字即为 0.5MΩ。

20MΩ 示值处：

$$\Delta_{\text{MPE. 20M}\Omega}=\pm(1.5\%\times20\text{M}\Omega+0.5\text{M}\Omega)=\pm0.8\text{M}\Omega$$

$$\delta_{\text{MPE. 20M}\Omega}=\pm\frac{0.8\text{M}\Omega}{20\text{M}\Omega}\times100\%=\pm4.0\%$$

100MΩ 示值处：

$$\Delta_{\text{MPE. 100M}\Omega}=\pm(1.5\%\times100\text{M}\Omega+0.5\text{M}\Omega)=\pm2.0\text{M}\Omega$$

$$\delta_{\text{MPE. 100M}\Omega}=\pm\frac{2.0\text{M}\Omega}{100\text{M}\Omega}\times100\%=\pm2.0\%$$

数字式绝缘电阻表的最大允许误差有两种表示方式，即 $\Delta_{\text{MPE}}=\pm(a\%R_x+b\%R_m)$ 和 $\Delta_{\text{MPE}}=\pm(a\%R_x+n$ 个字)。这两种表示方式从本质来说没有区别，并且可以相互转换。

【例 5-4】某数字式绝缘电阻表 20MΩ 量程分辨力为 0.01MΩ，最大允许误差为 $\Delta_{\text{MPE}}=\pm(1.5\%R_x+6$ 个字)。试将此最大允许误差表示为 $\Delta_{\text{MPE}}=\pm(a\%R_x+b\%R_m)$。

解：

由 $a\%R_x=1.5\%R_x$，知：$a=1.5$。

由 $b\%R_m=6$ 个字，即 $b\%\times20\text{M}\Omega=6\times0.01\text{M}\Omega$，知：$b=0.3$。

数字式绝缘电阻表 20MΩ 量程最大允许误差表示为 $\Delta_{\text{MPE}}=\pm(1.5\%R_x+0.3\%R_m)$。

2. 示值误差的计算

电子式绝缘电阻表的示值误差按式（5-1）或式（5-2）计算，并按四舍六入偶数法则进行修约，修约间隔为最大允许误差绝对值的 1/10 位。

【例 5-5】某 5 级模拟式绝缘电阻表的测量范围为 1MΩ～1GΩ，其中 5～200MΩ 为Ⅱ区段，2、50、200、500MΩ 点处的检定数据分别为 2.056、50.48、208.7、526.8MΩ，计算各点的示值误差相对值。

解：

5 级模拟式绝缘电阻表Ⅱ区段的相对最大允许误差为±5%，Ⅰ、Ⅲ区段的相对最大允许误差为±10%。2MΩ 属于Ⅰ区段，500MΩ 属于Ⅲ区段，其相对最大允许误差为±10%，示值误差相对值的修约间隔为 1%；50、200MΩ 属于Ⅱ区段，其相对最大允许误差为±5%，示值误差相对值的修约间隔为 0.1%。

$$\delta_{2M\Omega}=\frac{2M\Omega-2.056M\Omega}{2M\Omega}\times100\%=-2.8\%=-3\%$$

$$\delta_{50M\Omega}=\frac{50M\Omega-50.48M\Omega}{50M\Omega}\times100\%=-0.96\%=-1.0\%$$

$$\delta_{200M\Omega}=\frac{200M\Omega-208.7M\Omega}{200M\Omega}\times100\%=-4.35\%=-4.4\%$$

$$\delta_{500M\Omega}=\frac{500M\Omega-526.8M\Omega}{500M\Omega}\times100\%=-5.36\%=-5\%$$

【例 5-6】某数字式绝缘电阻表 200MΩ 量程的最大允许误差为 $\Delta_{MPE}=\pm(1.5\%R_x+0.3\%R_m)$，20、100、190MΩ 检定点处的读数值分别为 19.8、101.2、193.5MΩ，计算各点示值误差及示值相对误差。

解：

示值误差修约间隔为 0.1MΩ，示值相对误差修约间隔为 0.1%。

$$\Delta_{20M\Omega}=19.8M\Omega-20.0M\Omega=-0.2M\Omega,\ \delta_{20M\Omega}=\Delta_{20M\Omega}/R_{20M\Omega}\times100\%=-1.0\%$$

$$\Delta_{100M\Omega}=101.2M\Omega-100.0M\Omega=1.2M\Omega,\ \delta_{100M\Omega}=\Delta_{100M\Omega}/R_{100M\Omega}\times100\%=1.2\%$$

$$\Delta_{190M\Omega}=193.5M\Omega-190.0M\Omega=3.5M\Omega,\ \delta_{190M\Omega}=\Delta_{190M\Omega}/R_{190M\Omega}\times100\%=1.8\%$$

二 端子电压的数据处理

电子式绝缘电阻表的端子电压包括开路电压和跌落电压，对它们的要求是开路电压不超过 $1.2U_0$ 且不低于 $1.0U_0$，跌落电压应不低于 $0.9U_0$。端子电压的测量数据，按四舍六入偶数法则进行修约，修约间隔为额定电压的 1/100 位。

【例 5-7】某电子式绝缘电阻表的额定电压为 1000V，开路电压和跌落电压测量数据分别为 1132.5V 和 1107.3V，试给出开路电压和跌落电压。

解：

1%额定电压为

$$1\%U_0=1\%\times1000V=10V$$

开路电压和跌落电压修约间隔为额定电压的 1/100 位，即 10V。则修约后开路电压和跌落电压分别为

$$U_{oc}=1130V,\ U_f=1110V$$

合格判据

判断仪表是否合格，应以修约后的数据为准。对全部检定项目都符合要求的仪表，判定为合格；有一个检定项目不合格的，判为不合格。电子式绝缘电阻表合格判据见表 5-5。

表 5-5　　电子式绝缘电阻表合格判据表

检定项目	合格判据
外观及通电检查	（1）外观完好。 （2）标记清晰。 （3）无影响正常读数的缺陷
绝缘电阻	不小于 50MΩ
介电强度	无击穿或闪络现象
绝缘强度	无击穿或闪络现象
示值误差	≤MPE
开路电压	$U_0 \leq U_{oc} \leq 1.2U_0$
跌落电压	$U_f \geq 0.9U_0$

表 5-5 电子式绝缘电阻表合格判据表是依据 JJG 1005—2019 检定规程给出的。JJG 1005—2019 是在 JJG 1005—2005 基础上修订的，JJG 1005—2005 和 JJG 1005—2019 在开路电压的判定依据上有所不同。JJG 1005—2005 开路电压的规定是：额定电压 500V 以下时，$0.9U_0 \leq U_{oc} \leq 1.1U_0$；额定电压 500V（含）以上时，$0.9U_0 \leq U_{oc} \leq 1.2U_0$。2019 年前电子式绝缘电阻表的制造商对开路电压的规定一般为额定电压的 ±10%，即 $0.9U_0 \leq U_{oc} \leq 1.1U_0$，这就造成了在开路电压方面，某些符合制造商及 JJG 1005—2005 规定的电子式绝缘电阻表却不再符合 JJG 1005—2019 检定规程的规定。

四 电子式绝缘电阻表的定级

电子式绝缘电阻表的准确度等级分为 1 级、2 级、5 级、10 级、20 级 5 个等级，对符合相应准确度等级要求的绝缘电阻表可以给出“符合××级”的检定结论。

1. 模拟式绝缘电阻表

对于分区段的模拟式绝缘电阻表，同一量程范围内允许分区段给出准确度等级，各区段的范围及准确度等级由制造商给出。以高准确度区段（Ⅱ区段）的准确度等级作为模拟式绝缘电阻表的准确度等级。

模拟式绝缘电阻表在同一区段内的准确度等级与其最大允许误差一一对应，并且在同一区段内相对最大允许误差相同。如某区段的准确度等级为 c 级，则此区段内任意一点的相对最大允许误差均为±c%，在此区段内测量绝缘电阻 R_x 时的最大允许误差为±$c\%R_x$。

检定合格的模拟式绝缘电阻表，应给出符合的准确度等级的说明。

2. 数字式绝缘电阻表

数字式绝缘电阻表最大允许误差公式中的 a 和 b 由制造厂给出，其中 $a \geqslant 4b$，且 $a+b$ 应不大于准确度等级指数 c，c 取 1、2、5、10 或 20。

也就是说，准确度等级为 c 级的数字式绝缘电阻表定级的条件为

$$a \geqslant 4b \tag{5-9}$$

$$c \geqslant a+b \tag{5-10}$$

$$c=1、2、5、10 \text{或} 20 \tag{5-11}$$

从式（5-9）~式（5-11）知：满足等级指数 c 的要求时，a、b 不唯一。如 $a=5$、$b=1$ 时，$c=10$；$a=6$、$b=1$ 时，$c=10$；$a=8$、$b=2$ 时，$c=10$。因此，知道 a、b 可以确定准确度等级指数 c，但知道准确度等级指数 c 却无法确定 a、b，即无法确定数字式绝缘电阻表的最大允许误差。

同时，数字式绝缘电阻表大都为多电压、多量程仪表，不同额定电压、不同量程时的准确度等级不同。因此，数字式绝缘电阻表一般在检定结果给出每个检定点的最大允许误差，结论栏中只给出“合格”的结论。

【例 5-8】某 3½位数字式绝缘电阻表 200MΩ 量程的最大允许误差为 $\Delta_{MPE}=\pm(1.5\%R_x+5$ 个字)，经检定各点的示值误差均不大于最大允许误差的要求，试确定此数字式绝缘电阻表符合的准确度等级。

解：

3½位数字式绝缘电阻表 200MΩ 量程分辨力为 0.1MΩ，则有

$b\%\times200\text{M}\Omega=5\times0.1\text{M}\Omega$，知：$b=0.25$。

由 $a\%R_x=1.5\%R_x$，知：$a=1.5$。

$a \geqslant 4b$，$a+b=1.75$，则 $c=2$。

此数字式绝缘电阻表符合 2 级。

3. 指针、数字双显示电子式绝缘电阻表

采用数字、指针双显示方式的电子式绝缘电阻表，对应准确度等级以数字式部分标称的等级为准。

第 5 节 报告出具

（1）经检定合格的电子式绝缘电阻表，发给检定证书。

检定证书封面中检定结论栏：模拟式绝缘电阻表给出“符合××级”的结论，数字式绝缘电阻表给出“合格”或“合格（符合××级）”的结论；电子式绝缘电阻表的检定周期为 1 年。

（2）检定不合格的电子式绝缘电阻表发给检定结果通知书，并注明不合格项目。

以下为某 VC60B 型数字式绝缘电阻表周期检定证书内页格式：

检定结果

1. 外观及通电检查：合格。
2. 绝缘电阻测量：测量端子对机壳>50MΩ，合格。
3. 示值误差检定：合格。（结论“P”代表“合格”，“F”代表“不合格”）

测试电压	量程	标准值（MΩ）	显示值（MΩ）	示值误差（MΩ）	最大允许误差（MΩ）	结论
500V	200MΩ	20.0	19.8	−0.2	±1.0	P
		50.0	39.5	−0.5	±2.2	P
		100.0	98.5	−1.5	±4.2	P
		150.0	148.8	−1.2	±6.0	P
		190.0	186.3	−3.7	±7.8	P

续表

测试电压	量程	标准值（MΩ）	显示值（MΩ）	示值误差（MΩ）	最大允许误差（MΩ）	结论
500V	2000MΩ	200	199	−1	±10	P
		1000	992	−8	±42	P
		1900	1886	−14	±78	P
250V	200MΩ	20. 0	19. 8	−0. 2	±1. 0	P
		100. 0	98. 4	−1. 6	±4. 2	P
		190. 0	186. 3	−3. 7	±7. 8	P
	2000MΩ	200	198	−2	±10	P
		1000	997	−3	±42	P
		1900	1881	−19	±78	P
1000V	200MΩ	20. 0	19. 8	−0. 2	±1. 0	P
		100. 0	98. 7	−1. 3	±4. 2	P
		190. 0	186. 3	−3. 7	±7. 8	P
	2000MΩ	200	198	−2	±10	P
		1000	996	−4	±42	P
		1900	1887	−13	±78	P

4. 开路电压检定：合格。

额定电压（V）	250	500	1000
开路电压实际值（V）	252	508	1050

以下空白

习题及参考答案

1. 在绝缘结构的两个电极之间施加的直流电压值与流经该对电极的泄漏电流值之比称为__________。

2. 电子式绝缘电阻表一般由直流电压变换器将直流低电压转换为____________作为测试电压。

3. 电子式绝缘电阻表的显示部分通常为数字显示仪表或____________。

4. 电子式绝缘电阻表线路端子 L 与接地端子 E 之间接入跌落电阻时的端子电压称为跌落电压，它反映了绝缘表的____________能力。

5. 采用数字、指针双显示方式的绝缘电阻表，对应准确度等级以____________部分标称的等级为准。

6. 为扩展量程范围而采用多条刻度标尺的指针显示绝缘电阻表，应具有刻度标尺指示和____________，用以标明读数对应的刻度标尺和实际阻值与刻度指示值的关系。

7. 电子式绝缘电阻表示值误差检定时，高阻箱最大允许误差应不超过绝缘电阻表最大允许误差的____________。

8. 电子式绝缘电阻表电路与外壳之间的绝缘电阻应不小于____________。

9. 数字式绝缘电阻表最大允许误差公式 $\Delta_{MPE}=\pm(a\%R_x+b\%R_m)$ 中的 a 和 b 由制造厂给出，并满足（　　）。

A. $a\geqslant 4b$　　B. $a\geqslant 10b$　　C. $4a\leqslant b$　　D. $10a\geqslant b$

10. 电子式绝缘电阻表开路电压应满足（　　），U_0 为额定电压。

A. $0.9U_0\leqslant U_{oc}\leqslant 1.1U_0$　　B. $0.9U_0\leqslant U_{oc}\leqslant 1.2U_0$

C. $U_0\leqslant U_{oc}\leqslant 1.2U_0$　　D. $U_{oc}\geqslant 0.9U_0$

11. 电子式绝缘电阻表跌落电压应满足（　　），U_0 为额定电压。

A. $0.9U_0 \leqslant U_f \leqslant 1.1U_0$　　B. $0.9U_0 \leqslant U_f \leqslant 1.2U_0$

C. $U_0 \leqslant U_f \leqslant 1.2U_0$　　D. $U_f \geqslant 0.9U_0$

12. 数字式绝缘电阻表最大允许误差公式 $\Delta_{MPE}=\pm(2.5\%R_x+0.5\%R_m)$，经检定各检定点均满足最大允许误差，则此表可定为（　　）。

A. 0.5 级　　B. 2.5 级　　C. 3 级　　D. 5 级

13. JJG 1005—2019《电子式绝缘电阻表检定规程》适用的范围是测量范围不大于（　　）、额定电压 10kV 及以下的电子式绝缘电阻表的检定。

A. 100GΩ　　B. 10GΩ　　C. 1GΩ　　D. 1000GΩ

14. 检定电子式绝缘电阻表示值误差时，整个装置的测量不确定度（$k=2$）应不大于被检电子式绝缘电阻表最大允许误差绝对值的（　　）。

A. 1/3　　B. 1/4　　C. 1/5　　D. 1/10

15. 被检电子式绝缘电阻表的 L 端和 E 端间接入跌落电阻一般为额定电压下电阻最小量程上限的（　　）。

A. 10%　　B. 5%　　C. 1%　　D. 100%

16. 模拟式绝缘电阻表的非线性标尺量程可划分为三个区段（Ⅰ、Ⅱ、Ⅲ），三区段中准确度最高的区段是（　　）区段。

A. Ⅰ　　B. Ⅱ　　C. Ⅲ　　D. Ⅰ，Ⅲ

17. 某数字式绝缘电阻表 2000MΩ 量程分辨力为 1MΩ，最大允许误差为 $\Delta_{MPE}=\pm(1.5\%R_x+5$ 个字)。计算此量程内 200、1000MΩ 示值处的最大允许误差和相对最大允许误差分别是多少？

18. 某 3½位数字式绝缘电阻表 200MΩ 量程的最大允许误差为 $\Delta_{MPE}=\pm(2.5\%R_x+$ 5 个字)，经检定各点的示值误差均不大于最大允许误差的要求，试确定此数字式绝缘电阻表符合的准确度等级。

19. 电子式绝缘电阻表检定点的选取有何规定？

20. 仪表检定时可以固定标准器读取被检表示值，也可以固定被检表读数读取标准值。对此，电子式绝缘电阻表的检定有何规定，示值误差如何计算？

参考答案

1. 直流高电压　　2. 磁电系电流表　　3. 绝缘电阻　　4. 带负载

5. 数字式　　6. 读数倍率　　7. 1/4　　8. 50MΩ

9. A　　10. C　　11. D　　12. D　　13. D　　14. A　　15. C　　16. B

17. 解：

2000MΩ 量程分辨力为 1MΩ，则 5 个字即为 5MΩ。

200MΩ 示值处：

$$\Delta_{\text{MPE. 200M}\Omega} = \pm(1.5\% \times 200\text{M}\Omega + 5\text{M}\Omega) = \pm 8\text{M}\Omega$$

$$\delta_{\text{MPE. 200M}\Omega} = \pm\frac{8\text{M}\Omega}{200\text{M}\Omega} \times 100\% = \pm 4\%$$

1000MΩ 示值处：

$$\Delta_{\text{MPE. 1000M}\Omega} = \pm(1.5\% \times 1000\text{M}\Omega + 5\text{M}\Omega) = \pm 20\text{M}\Omega$$

$$\delta_{\text{MPE. 1000M}\Omega} = \pm\frac{20\text{M}\Omega}{1000\text{M}\Omega} \times 100\% = \pm 2\%$$

18. 解：

3½位数字式绝缘电阻表 200MΩ 量程分辨力为 0. 1MΩ，则有

$b\% \times 200\text{M}\Omega = 5 \times 0.1\text{M}\Omega$，知：$b = 0.25$。

由 $a\% R_x = 2.5\% R_x$，知：$a = 2.5$。

$a \geqslant 4b$，$a + b = 2.75$，则 $c = 5$。

此数字式绝缘电阻表符合 5 级。

19. 答：

检定点的选取基本原则：应包括所有的额定电压，每个额定电压下应覆盖所有量程并兼顾各量程之间的覆盖性及量程内的均匀性。

（1）对模拟式绝缘电阻表：每个额定电压下，在被检表的有效测量范围内选取所有带有数字分度线的点作为检定点。

（2）对数字式绝缘电阻表：每个额定电压下，在被检表的每个量程内选取 3~5 个检定点，应包括量程的 10%（或量程测量范围下限点）、50%（或量程测量范围

中间点）、90%（或量程测量范围上限点）附近的值，在最小量程时增加量程上限的 1%点（即跌落电阻点）。

20. 答：

对于数字式绝缘电阻表：调节高阻箱示值至各选定检定点值 R_n，分别读取被检数字式绝缘电阻表的显示值 R_x。

对于模拟式绝缘电阻表：调节高阻箱示值使被检表指针顺序指在带数字的待检分度线上，分别读取高阻箱示值 R_n。

被检电子式绝缘电阻表的示值误差按式 $\Delta = R_x - R_n$ 计算。

被检电子式绝缘电阻表的相对示值误差按公式 $\delta = \frac{R_x - R_n}{R_n} \times 100\%$ 计算。

第 6 章

接地电阻表

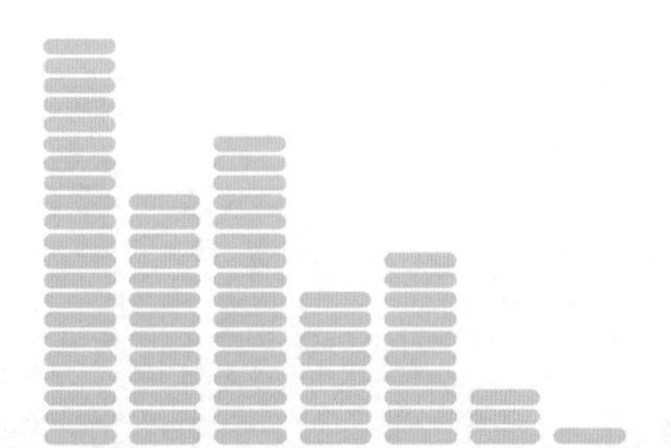

第1节
概 述

一 接地电阻概述

接地是电路或设备与地之间的低电阻连接。任何电气系统都需要恰当地布线和接地来实现设备的安全操作。恰当的布线要求系统、所有负载和电路组件均正确接地，并符合行业标准、IEEE 以及其他认可的组织标准、指南和建议。

接地电阻就是电流由接地装置流入大地，再经大地流向另一接地体或向远处扩散时的电阻。它包括接地线和接地体本身的电阻、接地体与大地的接触电阻以及两接地体之间大地的电阻或接地体到无限远处的大地电阻。接地电阻大小直接体现了电气装置与“地”接触的良好程度，也反映了接地网的规模。

接地电阻可分为保护接地、防静电接地及防雷接地。保护接地是指电气设备的金属外壳、混凝土、电杆等，由于绝缘损坏有可能带电，为了防止这种情况危及人身安全而设的接地。防静电接地是指防止静电危险影响而将易燃油、天然气贮藏罐和管道、电子设备等的接地。防雷接地是指为了将雷电引入地下，将防雷设备如避雷针等的接地端与大地相连，以消除雷电过电压对电气设备、人身财产危害的接地，也称过电压保护接地。

二 接地电阻表的基本原理与结构

接地电阻（表）测量仪是测量接地电阻的常用仪表，也是电气安全检查与接地工程竣工验收不可缺少的工具。从 20 世纪 70 年代流行的模拟式接地电阻表到 20 世纪 80 年代问世的数字式接地电阻表其测量准确度有了较大的提高，但接线方式却没有发生变化。20 世纪 90 年代钳口式接地电阻表的诞生打破了传统式测试方法，其最大特点是不必辅助地棒，只要钳住接地线或接地棒就能测出其接地电阻，具有测试快速、操作简单等优点，得到了广泛应用。

1. 补偿式接地电阻表

补偿式接地电阻表一般采用补偿法测量接地电阻，大都为模拟式，如 ZC-8、ZC-29 系列接地电阻表。采用补偿法原理制成的接地电阻表一般以内附手摇交流发电机作为电源，其工作原理如图 6-1 所示。

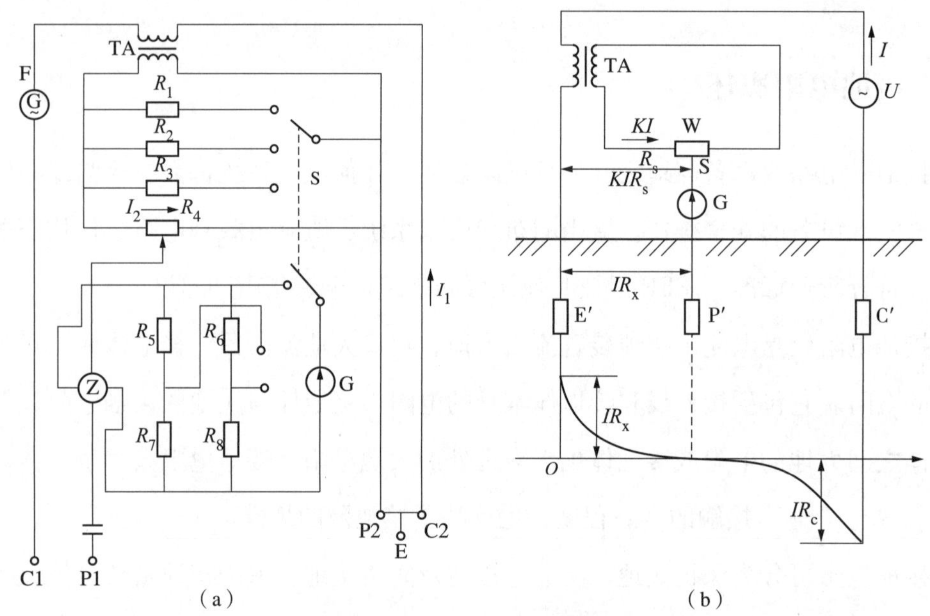

图 6-1　补偿式接地电阻表原理图

（a）原理接线图；（b）原理电路和电位分布图

TA—电流互感器；F—手摇交流发电机；Z—机械整流器或相敏整流放大器；S—量程转换开关；G—检流计；R_s—电位器；E—接地端钮（P2 和 C2 短接）；P1—电位端钮；C1—电流端钮

各端钮分别按规定的距离通过探针插入地中，测量接于 E、P 两端钮之间的土壤电阻。为了扩大量程，电路中接有两组不同的分流电阻 $R_1 \sim R_3$ 以及 $R_5 \sim R_8$，用以实现对电流互感器的二次电流 I_2 以及检流计支路的三档分流。分流电阻的切换利用量程转换开关 S 完成，对应于转换开关有三个挡位，即×0.1、×1、×10，它们分别对应 0~1Ω、0~10Ω 和 0~100Ω 测量范围。

将图 6-1（a）的线路进行简化，画成实际测量时的原理图，如图 6-1（b）所示。图中 E′为接地体，P′为电位接地极，C′为电流接地极，它们各自连接 E、P1、C1 端钮，分别插入距离接地体不小于 20m 和 40m 的土壤中。

假设手摇交流发电机 F 在某一时刻输出交流电，其左端为高电位，则此刻电流经电流互感器的原边→端钮 E→接地体 E′→大地→电流接地极 C′→端钮 C_1，再回到手摇交流发电机右端，构成一个闭合回路。在 E′的接地电阻 R_x 上形成的压降为 IR_x，压降 IR_x 随着与 E′极距离的增加而急剧下降，在 P′极时降为零。同样，两电极 P′和 C′之间也会产生压降，其值为 IR_c，电位分布如图 6-1（b）所示。

设电流互感器的一次电流为 I_1，二次电流为 I_2，则电流互感器的变比 $K=I_2/I_1$。当电流互感器的一次电流为 I 时，流经电位器 S 点的电流为 KI，压降为 KIR_s。借助调节电位器的活动触点 W，使检流计指示为零，此时，P′、S 两点间的电位为零，即为

$$I_1R_x=I_2R_s \tag{6-1}$$

$$R_x=KR_s \tag{6-2}$$

由式（6-2）可见，被测的接地电阻 R_x 可由电流互感器的变比 K 和电位器的电阻 R_s 所决定，而与电流接地极 C′的电阻 R_c 无关。用上述原理测量接地电阻的方法称为补偿法。

需要指出的是，电流接地极 C′用来构成接地电流的通路是完全必要的。如果只有一个电极，则测量结果将不可避免地将接地体 E′的接地电阻包括进去，这显然是不正确的。还要指出的是，一般都是采用交流电进行接地电阻的测量，这是因为土壤的导电主要依靠地下电解质的作用，如果采用直流电就会引起化学极化作用，以致严重地歪曲测量结果。

2. 数字式接地电阻表

数字式接地电阻表摒弃了传统的人工手摇发电工作方式，采用先进的大规模集成电路，应用 DC/AC 变换技术将三端钮、四端钮测量方式合并为一种新型的接地电阻表。

数字式接地电阻表一般采用化学电池供电，机内 DC/AC 变换器将直流电源变为低频交流的恒流电源，经过辅助接地极 C 和被测物 E 组成回路，在被测物上产生交流压降，经辅助接地极 P 送入交流放大器放大，再经过检波送入表头显示。借助倍率开关，可得到三个不同的量限：2、20、200Ω。

如图 6-2 所示，在被测量对象接地极 E 和电流极 C 之间流动交流额定电流 I，求取 E 接地极和 P（S）电压极的电位差 U，并根据欧姆定律计算接地电阻值 R。为了保证测试的准确度，采用 4 线法，增加 ES 辅助地极，实际测试时 ES 与 E 夹

在接地体的同一点上。

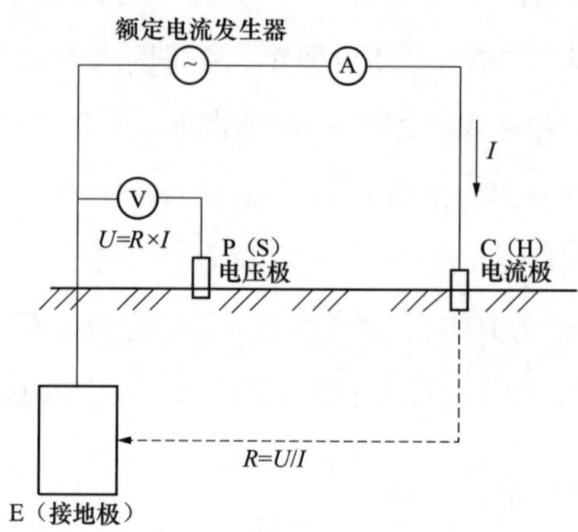

图 6-2　数字式接地电阻表测量原理图

3. 钳形接地电阻表（单钳口）

钳形接地电阻表测量接地电阻的基本原理是测量回路电阻。图 6-3 所示为单钳口钳形接地电阻表原理图。钳表的钳口部分由电压线圈及电流线圈组成。电压线圈提供激励信号，并在被测回路上感应一个电动势 E。在电地势 E 的作用下将在被测回路产生电流 I。钳表对 E 及 I 进行测量，经计算得到被测电阻 R。单钳口接地电阻表适用于测量不能断开接地连接的多点接地中的每个接地点的接地电阻。

$$R = E/I \tag{6-3}$$

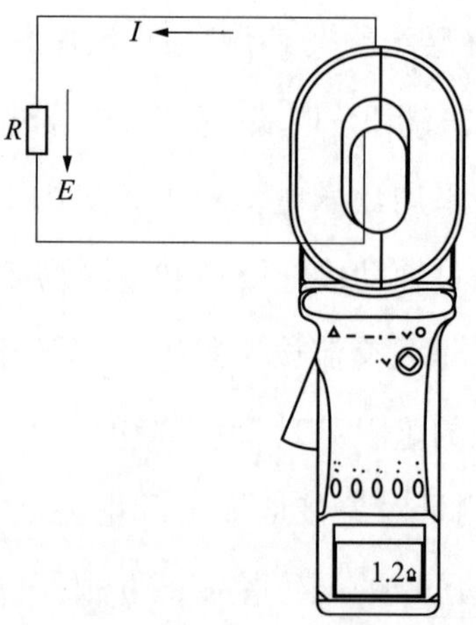

图 6-3　单钳口钳形接地电阻表原理图

4. 钳形接地电阻表（双钳口）

双钳口钳形接地电阻表原理图如图6-4所示（适用于多独立点并联接地系统不打辅助地桩测量），通过激励钳 CT1 产生一个交流电动势 V，在交流电动势 V 的作用下在回路中产生电流 I，再通过 CT2 检测到反馈的电流 I，并根据公式 $R=V/I$ 计算出电阻值，图6-4中 $R=R_e+R_1//R_2//R_3//\cdots R_{n-1}//R_n$，当 $R_1//R_2//R_3//\cdots R_{n-1}//R_n$（多个接地点并联后的阻值）远小于 R，有 $R\approx R_e$。

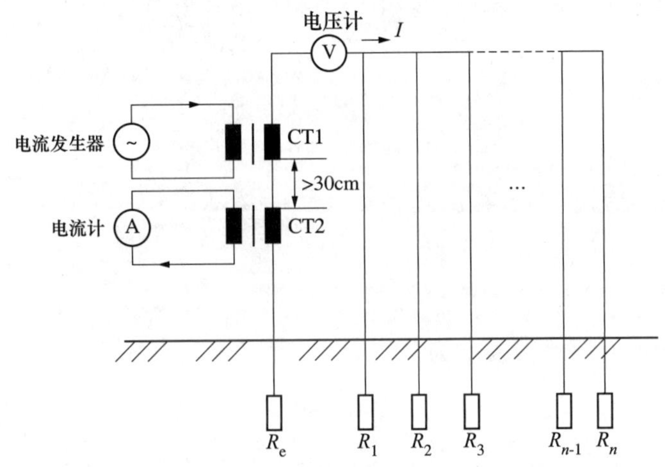

图6-4　双钳口钳形接地电阻表原理图

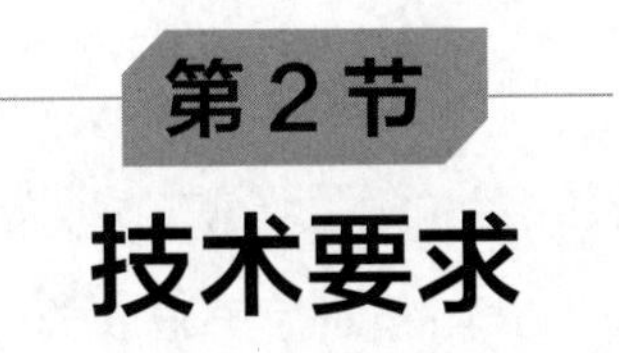

第2节 技术要求

不同结构原理的接地电阻表有不同的技术要求。本节的技术要求是针对测量时需用辅助接地电极的接地电阻表提出的。

一　接地电阻表的有关术语

1. 接地电阻表

用于测量接地导体与大地之间电阻的仪表。

2. 接地电阻

接地导体与大地之间的电阻。在接地导体中流过交流测试电流时，导体增加的电位除以测试电流，其商即为接地电阻值。

3. 辅助接地电阻

测量接地电阻时，作为电位端和电流端使用的辅助接地极和大地之间的电阻。

4. 地电压

接地导体上的干扰电压，由试验电流产生的电压除外。

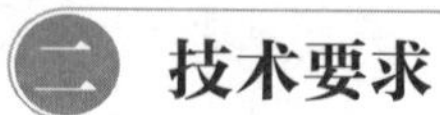

二 技术要求

（一）示值误差、最大允许误差和准确度等级

1. 示值误差

接地电阻表示值误差可表示为

$$\Delta = R_x - R_n \tag{6-4}$$

式中：Δ 为接地电阻表示值误差，Ω；R_x 为被检接地电阻表示值，Ω；R_n 为被检接地电阻表实际值，Ω。

模拟式接地电阻表的示值误差用相对（引用）误差形式表示为

$$\delta_M = \frac{R_x - R_n}{R_m} \times 100\% \tag{6-5}$$

式中：δ_M 为模拟式接地电阻表的相对示值误差；R_m 为接地电阻表量程满度值，Ω。

数字式接地电阻表的示值误差用相对误差形式表示为

$$\delta_D = \frac{R_x - R_n}{R_n} \times 100\% \tag{6-6}$$

式中：δ_D 为数字式接地电阻表的相对示值误差。

2. 最大允许误差

（1）模拟式接地电阻表的最大允许误差按式（6-7）表示，相对最大允许误差按式（6-8）表示，即

$$\Delta_{MPE.M} = \pm R_m \cdot c\% \tag{6-7}$$

$$\delta_{\mathrm{MPE.M}} = \pm c\ \% \tag{6-8}$$

式中：$\Delta_{\mathrm{MPE.M}}$ 为模拟式接地电阻表最大允许误差，Ω；c 为接地电阻表准确度等级指数；$\delta_{\mathrm{MPE.M}}$ 为模拟式接地电阻表相对最大允许误差。

（2）数字式接地电阻表最大允许误差按式（6-9）或式（6-10）表示，相对最大允许误差按式（6-11）表示，即

$$\Delta_{\mathrm{MPE.D}} = \pm(a\%R_{\mathrm{x}} + b\%R_{\mathrm{m}}) \tag{6-9}$$

$$\Delta_{\mathrm{MPE.D}} = \pm(a\%R_{\mathrm{x}} + n\text{个字}) \tag{6-10}$$

$$\delta_{\mathrm{MPE.D}} = \frac{\Delta_{\mathrm{MPE.D}}}{R_{\mathrm{x}}} \times 100\% \tag{6-11}$$

式中：$\Delta_{\mathrm{MPE.D}}$ 为数字式接地电阻表最大允许误差，Ω；a 为与数字式接电阻表示值有关的系数；b 为与数字式接地电阻表满量程有关的系数；n 为数值（n 个字即相当于所在量程末位数字的 n 倍）；$\delta_{\mathrm{MPE.D}}$ 为数字式接地电阻表相对最大允许误差。

3. 准确度等级

接地电阻表的准确度等级一般分为 1 级、2 级、5 级 3 个等级，对模拟式接地电阻表可有 1.5 级、2.5 级及 3 级等非优先等级系列。

接地电阻表的等级指数为 c，对数字式接地电阻表等级指数 $c=a$（此时 a 应不小于 $5b$）。

4. 准确度等级与最大允许误差的关系

模拟式接地电阻表准确度等级与最大允许误差的关系见表 6-1。

表 6-1　模拟式接地电阻表准确度等级与最大允许误差的关系

模拟式接地电阻表准确度等级	1 级	(1.5 级)	2 级	(2.5 级)	(3 级)	5 级
最大允许误差（%）	±1.0	(±1.5)	±2.0	(±2.5)	(±3.0)	±5.0

注　无括号的等级优先采用。

数字式接地电阻表的准确度等级为 a（a=1、2 或 5）且 $a \geqslant 5b$。数字式接地电阻表的最大允许误差由制造商规定，可以由最大允许误差确定准确度等级，但无法

由准确度等级确定最大允许误差。

（二）位置影响

对模拟式接地电阻表，正常位置时的示值误差与倾斜（不大于 5°）的示值误差之差，不超过最大允许误差的 50%。

（三）辅助接地电阻的影响

接地电阻表的辅助接地电阻由 500Ω 改变至表 6-2 的规定值时，示值误差的允许改变量不应超过表 6-2 中规定值。

表 6-2　　辅助接地电阻影响的要求

辅助接地电阻（Ω）	0	1000	2000	5000
允许改变量（%）	c	c	c	$2c$

注　c 为被检接地电阻表准确度等级。

（四）地电压的影响

对地电压影响有要求的接地电阻表，当接地电阻表的测量端施加 2V 工频等效地电压时，引起被检表示值的改变量不超过 c%；当接地电阻表的测量端施加 5V 工频等效地电压时，引起被检表示值的改变量不超过 $2c$%。

第 3 节 检定/校准试验

测量时需用辅助接地电极的数字式和模拟式接地电阻表的首次检定、后续检定和使用中的检验可依据 JJG 366—2004《接地电阻表检定规程》进行，JJG 366—

2004不适用于交流电网供电和因特殊要求而制造的接地电阻表。

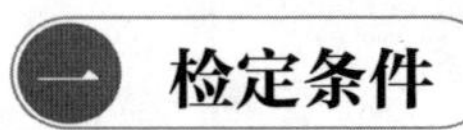

一 检定条件

接地电阻表的主要检定项目为电阻测量基本误差、位置影响及辅助接地电阻影响等，因此接地电阻表检定装置包括标准电阻器及必要的辅助设备。所有检定用设备应具备有效的合格证书，整个装置的扩展不确定度应小于被检接地电阻表最大允许误差的1/3。检定装置的输出电阻应覆盖被检接地电阻表的量程，工作电流应大于被检接地电阻表的工作电流。模拟接地电阻表检定装置的调节细度应不大于被检接地电阻表允许误差的1/10。

（一）环境条件

接地电阻表检定时温度为（20±5）℃，相对湿度为40%～75%。

供电电源应符合仪表技术说明书规定。

（二）检定用设备

1. 标准电阻器

（1）可变电阻箱。可变电阻箱的阻值范围与被检接地电阻表相一致，一般为 $10\times(10^3+10^2+10+1+10^{-1}+10^{-2}+10^{-3})\ \Omega$，功率不小于0.25W，适用于模拟式及数字式接地电阻表的检定。

（2）固定式标准电阻器。固定式标准电阻器的阻值应覆盖被检接地电阻表检定点，功率不小于0.25W，适用于数字式接地电阻表的检定。

2. 辅助设备

（1）电阻箱。辅助电阻箱的电阻值一般由500Ω可分别改变到0、1000、2000、5000Ω，功率不小于0.25W，其最大允许误差不超过±5%。

（2）恒定转速驱动装置。确保接地电阻表的转速与额定值相一致。

（3）绝缘电阻表。10级，500V。

（4）交流耐电压测试仪。5级，500V。

（5）调压器、交流电压表。

调压器：输入（220±22）V，50Hz；输出（2~5）V。

交流电压表：（2~5）V，最大允许误差不超过±1%。

二 检定项目

接地电阻表检定项目见表6-3。

表6-3　　接地电阻表检定项目表

检定项目 检定类别	首次检定	后续检定	使用中检验	备注
外观检查	检	检	检	
通电检查	检	检	检	对数字式接地电阻表
绝缘电阻	检	检	检	
介电强度	检	不检	不检	
示值误差	检	检	检	
位置影响	检	检	不检	对模拟式接地电阻表
辅助接地电阻影响	检	检	检	
地电压的影响	检	不检	不检	仅对地电压影响有要求的接地电阻表

三 检定方法

（一）外观检查

（1）外观完好，无影响安全和正常使用缺陷。

（2）标志清晰：接地电阻表的铭牌或外壳上应有产品名称、型号、出厂编号、制造厂名称、准确度等级、正常工作位置、电阻测量范围、介电强度试验电压等，接线端钮上应有明显的E（被测接地电阻电极）、P（电位电极）、C（辅助电极）符号等。

（二）通电检查

检查接地电阻表的供电电源、显示器、开关、指示灯等应能正常工作。

（三）绝缘电阻测量

接地电阻表的测量端与金属外壳（或绝缘外壳上任一金属部分）之间在500V电压下的绝缘电阻应不小于20MΩ。

（四）介电强度试验

接地电阻表测量端与金属外壳（或绝缘外壳上任一金属部分）之间，应能承受工频正弦交流电压500V，历时1min试验，无击穿或飞弧现象。

（五）示值误差的检定

接地电阻表在检定前应在规定的检定环境条件下放置不少于2h。

1. 全检量程及检定点的选择

全检量程一般取10个检定点，非全检量程取不少于3个检定点。

对模拟式接地电阻表：选取被检表最高准确度等级中的任意一个量程作为全检量程，在此量程中对所有带数字分度线的点进行检定；非全检量程只需检定该量程中的测量上限及对应全检量程的最大正、负误差分度线3个点。

对数字式接地电阻表：选取被检表最高准确度等级中的任意一个量程作为全检量程，考虑被检表的线性误差，均匀选择检定点；非全检量程检定点的选取要考虑上、下量程的连续性及对应全检量程的最大误差点。

2. 检定方法及步骤

采用直接比较法检定接地电阻表。当测量接地电阻表的示值大于10Ω时，按图6-5连接检定线路；当测量接地电阻表的示值小于等于10Ω时，按图6-6连接检定线路。

模拟式接地电阻表检定步骤：按图6-5或图6-6连接检定线路。轻敲调整机械零位。使手摇发电机摇柄转速达到规定值（电池供电式接地电阻表工作电压应符合规定值)，调节标准电阻器 R_E，使接地电阻表上的指针指示在带有数字标记的分度线上；对基准电压比较式的接地电阻表，将测量盘置于被检点位置上，调节标准电阻箱十进盘，使被检接地电阻表上的检流计指零，此时标准电阻箱示值即为被检接地电阻表的实际值。

数字式接地电阻表检定步骤：在规定的检定条件下，开机通电，并进行调零校准。按选取的检定点，调节标准电阻箱 R_E 至 R_n，记下仪表的显示读数值为 R_x。

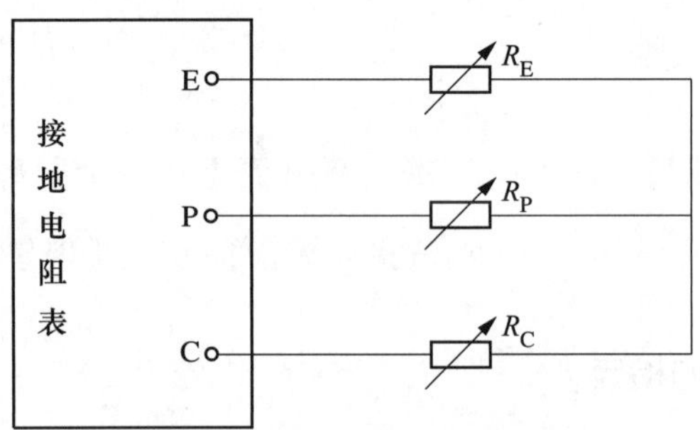

图 6-5　R_x>10Ω 时的原理接线图

E—被检接地电阻电极；P—电位电极；C—辅助电极；R_E—标准电阻箱；R_P、R_C—辅助接地电阻箱

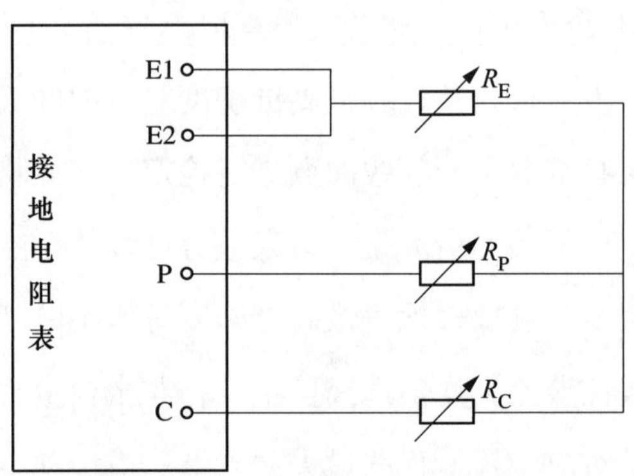

图 6-6　R_x≤10Ω 时的原理接线图

E1、E2—被检接地电阻电极；P—电位电极；C—辅助电极；R_E—标准电阻箱；R_P、R_C—辅助接地电阻箱

被检接地电阻表的示值误差按式（6-4）、式（6-5）或式（6-6）计算。

（六）位置影响试验

被检模拟式接地电阻表前、后、左、右各倾斜 5°，分别轻敲，调节零位，在每个量程的测量上限各检定一次，此时的检定结果与正常位置检定结果之差应不超过最大允许误差的50%。

（七）辅助接地电阻影响试验

按图6-5或式（6-6）连接检定线路。在被检接地电阻表最低电阻量程上限，将辅助接地电阻R_P、R_C分别置于0、1000、2000、5000Ω各检定一次，检定结果与辅助接地电阻为500Ω时的检定结果之差不超过相应规定。

（八）地电压影响试验

按图6-7连接试验线路。对被检表施加2V/5V的等效工频电压，调节标准电阻R_E至被检表显示为全检量程的满度点（对数字式取接近满度点），此时电阻箱示值为R_X。切断调压器电源，保持调压器位置不变，调节标准电阻R_E使被检表显示上一显示值，此时电阻箱示值为R_S。由地电压引起的改变量按下式计算，即

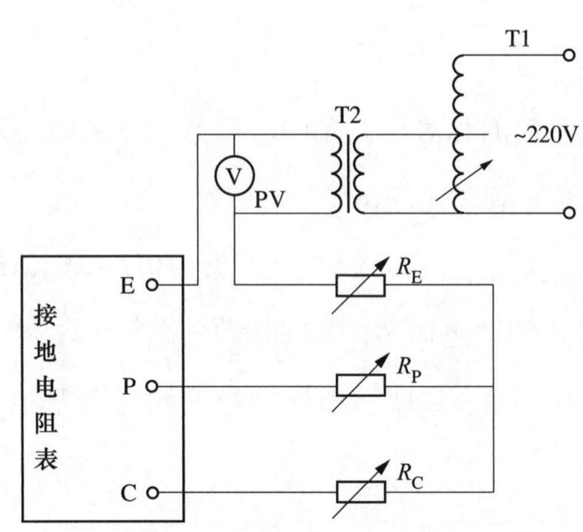

图6-7 地电压影响试验原理图

T1—单相自耦调压器；T2—降压变压器；PV—交流电压表

$$\delta_M = \left| \frac{R_X - R_S}{R_m} \right| \times 100\% \tag{6-12}$$

式中：R_m为接地电阻表的满刻度值（满度值），Ω。

第4节 测量数据处理

 最大允许误差、示值误差的数据处理

1. 最大允许误差的计算

模拟式接地电阻表的最大允许误差按式（6-7）计算，相对最大允许误差按式（6-8）计算；数字式接地电阻表最大允许误差按式（6-9）或式（6-10）计算，相对最大允许误差按式（6-11）计算。

【例6-1】某2级模拟式接地电阻表的测量范围为（0~10）Ω，试计算2、5、10Ω点处的最大允许误差和相对最大允许误差分别是多少？

解：

2级模拟式接地电阻表的相对最大允许误差为±2%，最大允许误差为±2%R_m。

2Ω、5Ω、10Ω点处的最大允许误差为

$$\Delta_{MPE.2\Omega,5\Omega,10\Omega} = \pm c\% \times R_m = \pm 2\% \times 10\Omega = \pm 0.2\Omega$$

【例6-2】某数字式接地电阻表20Ω量程的最大允许误差 $\Delta_{MPE} = \pm(2.5\%R_x + 0.5\%R_m)$。计算此量程内2Ω、10Ω示值处的最大允许误差和相对最大允许误差分别是多少？

解：

2Ω示值处：

$$\Delta_{MPE.2\Omega} = \pm(2.5\% \times 2\Omega + 0.5\% \times 20\Omega) = \pm 0.15\Omega$$

$$\delta_{MPE.2\Omega} = \pm \frac{0.15\Omega}{20\Omega} \times 100\% = \pm 7.5\%$$

10Ω示值处：

$$\Delta_{MPE.10\Omega}=\pm(2.5\%\times10\Omega+0.5\%\times20\Omega)=\pm0.35\Omega$$

$$\delta_{MPE.10\Omega}=\pm\frac{0.35\Omega}{10\Omega}\times100\%=\pm3.5\%$$

【例 6-3】某数字式接地电阻表 200Ω 量程分辨力为 0.1Ω，最大允许误差为 $\Delta_{MPE}=\pm$（1.5%R_x+5 个字）。计算此量程内 20Ω、100Ω 示值处的最大允许误差和相对最大允许误差分别是多少？

解：

200Ω 量程分辨力为 0.1Ω，则 5 个字即为 0.5Ω。

20Ω 示值处：

$$\Delta_{MPE.20\Omega}=\pm(1.5\%\times20\Omega+0.5\Omega)=\pm0.8\Omega$$

$$\delta_{MPE.20\Omega}=\pm\frac{0.8\Omega}{20\Omega}\times100\%=\pm4.0\%$$

100Ω 示值处：

$$\Delta_{MPE.100\Omega}=\pm(1.5\%\times100\Omega+0.5\Omega)=\pm2\Omega$$

$$\delta_{MPE.100\Omega}=\pm\frac{2\Omega}{100\Omega}\times100\%=\pm2.0\%$$

数字式接地电阻表的最大允许误差有两种表示方式，即 $\Delta_{MPE}=\pm(a\%R_x+b\%R_m)$ 和 $\Delta_{MPE}=\pm(a\%R_x+n$ 个字)。这两种表示方式从本质来说没有区别，并且可以相互转换。

【例 6-4】某数字式接地电阻表 20Ω 量程分辨力为 0.01Ω，最大允许误差为 $\Delta_{MPE}=\pm$（1.5%R_x+6 个字）。试将此最大允许误差表示为 $\Delta_{MPE}=\pm(a\%R_x+b\%R_m)$。

解：

由 $a\%R_x=1.5\%R_x$，知：$a=1.5$。

由 $b\%R_m=6$ 个字，即 $b\%\times20\Omega=6\times0.01\Omega$，知：$b=0.3$。

数字式接地电阻表 20Ω 量程最大允许误差表示为 $\Delta_{MPE}=\pm(1.5\%R_x+0.3\%R_m)$。

2. 示值误差的计算

接地电阻表的示值误差按式（6-4）、式（6-5）或式（6-6）计算，并按四舍五入偶数法则进行修约，由数据修约引起的不确定度不超过被检表允许误差绝对值的 1/10，即修约间隔为最大允许误差绝对值的 1/10 位。

【例 6-5】某 2 级模拟式接地电阻表的测量范围为（0~10）Ω，2、5、10Ω 点处的检定数据分别为 2. 026、5. 042、10. 067Ω，计算各点的示值误差相对值。

解：

2 级模拟式接地电阻表的相对最大允许误差为±2%，示值误差相对值的修约间隔为 0. 1%。

$$\delta_{2\Omega}=\frac{2\Omega-2.026\Omega}{10\Omega}\times100\%=-0.26\%=-0.3\%$$

$$\delta_{5\Omega}=\frac{5\Omega-5.042\Omega}{10\Omega}\times100\%=-0.42\%=-0.4\%$$

$$\delta_{10\Omega}=\frac{10\Omega-10.067\Omega}{10\Omega}\times100\%=-0.67\%=-0.7\%$$

【例 6-6】某数字式接地电阻表 20Ω 量程的最大允许误差为 $\Delta_{MPE}=\pm(1.5\%R_x+0.3\%R_m)$，2、10、19Ω 检定点处的读数值分别为 1. 96、10. 12、19. 25Ω，计算各点示值误差及示值相对误差。

解：

示值误差修约间隔为 0. 01Ω，示值相对误差修约间隔为 0. 1%。

$$\Delta_{2\Omega}=1.96\Omega-2.00\Omega=-0.04\Omega,\ \delta_{2\Omega}=\Delta_{2\Omega}/R_{2\Omega}\times100\%=-2.0\%$$

$$\Delta_{10\Omega}=10.12\Omega-10.00\Omega=0.12\Omega,\ \delta_{10\Omega}=\Delta_{10\Omega}/R_{10\Omega}\times100\%=1.2\%$$

$$\Delta_{19\Omega}=19.25\Omega-19.00\Omega=0.25\Omega,\ \delta_{19\Omega}=\Delta_{19\Omega}/R_{19\Omega}\times100\%=1.3\%$$

二 位置影响的数据处理

位置影响的数据修约采用四舍五入偶数法则，修约间隔为最大允许误差绝对值的 1/10 位。

【例 6-7】某 2 级模拟式接地电阻表，量程为 1、10、100Ω，仪表标志为水平使用。位置影响检定记录如下，试计算此仪表位置影响的检定结果。

1Ω 量程：　正常位置 1. 017Ω。

前 1. 015Ω、后 1. 019Ω、左 1. 021Ω、右 1. 016Ω。

10Ω 量程：正常位置 10.06Ω。

前 10.01Ω、后 10.08Ω、左 10.12Ω、右 10.05Ω。

100Ω 量程：正常位置 100.8Ω。

前 100.2Ω、后 100.9Ω、左 101.2Ω、右 100.6Ω。

解：

1Ω 量程位置影响为

$$\gamma_{p1}=\left|\frac{R_{op1}-R_{np1}}{R_m}\right|_{max}\times 100\%=\left|\frac{1.021\Omega-1.017\Omega}{1\Omega}\right|\times 100\%=0.4\%$$

10Ω 量程位置影响为

$$\gamma_{p10}=\left|\frac{R_{op10}-R_{np10}}{R_m}\right|_{max}\times 100\%=\left|\frac{10.12\Omega-10.06\Omega}{10\Omega}\right|\times 100\%=0.6\%$$

100Ω 量程位置影响为

$$\gamma_{p100}=\left|\frac{R_{op100}-R_{np100}}{R_m}\right|_{max}\times 100\%=\left|\frac{100.2\Omega-100.8\Omega}{100\Omega}\right|\times 100\%=0.6\%$$

三 辅助接地电阻影响的数据处理

辅助接地电阻影响的数据修约采用四舍五入偶数法则，修约间隔为最大允许误差绝对值的 1/10 位。

【例 6-8】某 3½位数字式接地电阻表有 2、20、200Ω 三个量程，其最大允许误差为 $\Delta_{MPE}=\pm(2.5\%R_x+5$ 个字)，辅助接地电阻 R_P、R_C 置于 500Ω 时 2Ω 量程接近于测量上限 1.8Ω 处的检定数据为 1.810Ω。将辅助接地电阻 R_P、R_C 分别置于 0、1000、2000、5000Ω 各检定一次，检定结果分别为 1.818、1.821、1.842、1.863Ω，计算接入不同辅助接地电阻的影响。

解：

辅助接地电阻 R_P、R_C 置于 0Ω 的影响为

$$\gamma_{a0}=\left|\frac{R_{a0}-R_{a500}}{R_{a500}}\right|\times 100\%=\left|\frac{1.818\Omega-1.810\Omega}{1.810\Omega}\right|\times 100\%=0.44\%=0.4\%$$

辅助接地电阻 R_P、R_C 置于 1000Ω 的影响为

$$\gamma_{a1000}=\left|\frac{R_{a1000}-R_{a500}}{R_{a500}}\right|\times 100\%=\left|\frac{1.821\Omega-1.810\Omega}{1.810\Omega}\right|\times 100\%=0.61\%=0.6\%$$

辅助接地电阻 R_P、R_C 置于 2000Ω 的影响为

$$\gamma_{a2000}=\left|\frac{R_{a2000}-R_{a500}}{R_{a500}}\right|\times 100\%=\left|\frac{1.842\Omega-1.810\Omega}{1.810\Omega}\right|\times 100\%=1.77\%=1.8\%$$

辅助接地电阻 R_P、R_C 置于 5000Ω 的影响为

$$\gamma_{a5000}=\left|\frac{R_{a5000}-R_{a500}}{R_{a500}}\right|\times 100\%=\left|\frac{1.863\Omega-1.810\Omega}{1.810\Omega}\right|\times 100\%=2.93\%=2.9\%$$

四 地电压影响的数据处理

地电压影响的数据修约采用四舍五入偶数法则，修约间隔为最大允许误差绝对值的 1/10 位。

【例 6-9】某 2 级模拟式接地电阻表，量程为 1、10、100Ω。在全检量程 10Ω 满度点进行地电压影响试验，试验数据如下。试计算此仪表地电压影响的检定结果。

施加 2V 地电压：$R_{x.2V}=\underline{9.95}\Omega$，$R_{s.2V}=\underline{10.02}\Omega$。

施加 5V 地电压：$R_{x.5V}=\underline{9.91}\Omega$，$R_{s.5V}=\underline{10.03}\Omega$。

解：

施加 2V 地电压，地电压影响的检定结果为

$$\delta_{E.2V}=\left|\frac{R_{x.2V}-R_{s.2V}}{R_m}\right|\times 100\%=\left|\frac{9.95\Omega-10.02\Omega}{10\Omega}\right|\times 100\%=0.7\%$$

施加 5V 地电压，地电压影响的检定结果

$$\delta_{E.5V}=\left|\frac{R_{x.5V}-R_{s.5V}}{R_m}\right|\times 100\%=\left|\frac{9.91\Omega-10.03\Omega}{10\Omega}\right|\times 100\%=1.2\%$$

五 合格判据

判断仪表是否合格，应以修约后的数据为准。对全部检定项目都符合要求的仪表，判定为合格，有一个检定项目不合格的，判为不合格。接地电阻表合格判据见表 6-4。

表 6-4　　接地电阻表合格判据表

检定项目	合格判据
外观检查	（1）外观完好，无影响安全和正常使用缺陷。 （2）标志清晰
通电检查	（数字式接地电阻表）供电电源、显示器、开关、指示灯等工作正常
绝缘电阻	不小于 20MΩ
介电强度	无击穿或飞弧现象
示值误差	≤MPE
位置影响	≤50%MPEV（模拟式绝缘电阻表）
辅助接地电阻影响	R_P、R_C 分别置 0、1000、2000Ω，$\delta_a \leqslant c\%$； R_P、R_C 置 5000Ω，$\delta_a \leqslant 2c\%$
地电压的影响	施加 2V 地电压，$\delta_E \leqslant c\%$； 施加 5V 地电压，$\delta_E \leqslant 2c\%$

六 接地电阻表的定级

接地电阻表的准确度等级一般分为 1、2、5 级三个等级，对模拟式接地电阻表可有 1.5、2.5、3 级等非优先等级系列。经检定，对符合相应准确度等级要求的接地电阻表可以给出“符合××级”的检定结论。

1. 模拟式接地电阻表

模拟式接地电阻表的准确度等级与其最大允许误差一一对应，并且在同一量程内相对最大允许误差（用引用误差表示）相同。如某量程的准确度等级为 c 级，则此量程内任意一点的相对最大允许误差均为$\pm c\%$，在此量程内测量接地电阻 R_x 时的最大允许误差为$\pm c\% R_m$。

检定合格的模拟式接地电阻表，应给出符合的准确度等级的说明。

2. 数字式接地电阻表

数字式接地电阻表最大允许误差公式中的 a 和 b 由制造厂给出，其中 $a \geqslant 5b$，

准确度等级指数为 c，$c \geqslant a$，c 取 1、2、5。

也就是说，准确度等级为 c 级的数字式接地电阻表定级的条件为

$$a \geqslant 5b \tag{6-13}$$

$$c \geqslant a \tag{6-14}$$

$$c = 1、2 或 5 \tag{6-15}$$

从式（6-13）~式（6-15）知：满足等级指数 c 的要求时，a、b 不唯一。如 $a=5$，$b=1$ 时，$c=5$；$a=5$，$b=0.5$ 时，$c=5$；$a=4$，$b=0.5$ 时，$c=5$。因此，知道 a、b 可以确定准确度等级指数 c，但知道准确度等级指数 c 却无法确定 a、b，即无法确定数字式接地电阻表的最大允许误差。

因此，数字式接地电阻表一般在检定结果给出每个检定点的最大允许误差，结论栏中只给出“合格”的结论。

【例 6-10】某 3½位数字式接地电阻表 20Ω 量程的最大允许误差 $\Delta_{MPE}=\pm(1.5\% R_x+5$ 个字)，经检定各点的示值误差均不大于最大允许误差的要求，试确定此数字式接地电阻表符合的准确度等级。

解：

3½位数字式接地电阻表 20Ω 量程分辨力为 0.01Ω，则有

由 $b\% \times 20\Omega = 5 \times 0.01\Omega$，知：$b=0.25$。

由 $a\% R_x = 1.5\% R_x$，知：$a=1.5$。

$a \geqslant 5b$，则 $c=2$。

此数字式接地电阻表符合 2 级。

第 5 节

报告出具

（1）经检定合格的接地电阻表，发给检定证书。

检定证书封面中检定结论栏：模拟式接地电阻表给出“符合××级”的结论，数字式接地电阻表给出“合格”或“合格（符合××级）”的结论；接地电阻表的检定周期不超过1年。

（2）检定不合格的接地电阻表发给检定结果通知书，并注明不合格项目。

以下为某数字式接地电阻表（MPEV：1.0% R_d+3 个字）周期检定证书内页格式：

检定结果

1. 外观检查：合格。

2. 通电检查：合格。

3. 绝缘电阻测量：测量端子对机壳>20MΩ，合格。

4. 示值误差检定：合格。（结论“P”代表“合格”，“F”代表“不合格”）

量程	标准值（Ω）	显示值（Ω）	示值误差（Ω）	最大允许误差（Ω）	结论
20Ω	2.00	2.02	0.02	±0.05	P
	4.00	4.02	0.02	±0.07	P
	6.00	6.03	0.03	±0.09	P
	8.00	8.04	0.04	±0.11	P
	10.00	10.08	0.08	±0.13	P
	12.00	12.08	0.08	±0.15	P
	14.00	14.09	0.09	±0.17	P
	16.00	16.09	0.09	±0.19	P
	18.00	18.10	0.10	±0.21	P
	19.00	19.11	0.11	±0.22	P
2Ω	0.200	0.204	0.004	±0.005	P
	1.000	1.009	0.009	±0.013	P
	1.900	1.915	0.015	±0.022	P

续表

量程	标准值（Ω）	显示值（Ω）	示值误差（Ω）	最大允许误差（Ω）	结论
200Ω	20.0	20.2	0.2	±0.5	P
	100.0	100.6	0.6	±1.3	P
	190.0	190.9	0.9	±2.2	P

5. 辅助接地电阻影响检定：合格。

（以下空白）

JJG 366—2004《接地电阻表检定规程》规定：对2级及以下的接地电阻表，检定证书或检定结果通知书上可以不给出检定数据。目前使用的接地电阻表大都为2级以下，其检定证书可按下面格式给出（检定结果通知书可参照此格式）。

ZC-8型接地电阻表周期检定证书内页格式如下：

检定结果

1. 外观检查：合格。
2. 绝缘电阻测量：合格。
3. 示值误差检定：合格。
4. 位置影响检定：合格。
5. 辅助接地电阻影响检定：合格。

注：根据JJG 366—2004《接地电阻表检定规程》第7.4.3条款规定，本证书不出具数据。

（以下空白）

习题及参考答案

1. 接地导体与大地之间的电阻称为____________。

2. 检定模拟式接地电阻表位置影响时，仪表与正常位置倾斜的角度为_____________。

3. 测量接地电阻时，作为电位端和电流端使用的辅助接地极和大地之间的电阻称为____________。

4. 对地电压影响有要求的接地电阻表，当接地电阻表的测量端施加 5V 工频等效地电压时，引起被检表示值的改变量不超过____________。

5. 检定接地电阻表辅助电阻影响时的检定点为被检接地电阻表____________。

6. 对模拟基准电压比较式的接地电阻表示值误差检定时，将测量盘置于被检点位置上，调节标准电阻箱十进盘，使被检接地电阻表上的____________，此时标准电阻箱示值即为被检接地电阻表的实际值。

7. 采用手摇发电机供电的接地电阻表检定时，手摇发电机摇柄转速应为____________。

8. 接地电阻表电路与外壳之间的绝缘电阻应不小于____________。

9. 数字式接地电阻表最大允许误差公式 $\Delta_{\mathrm{MPE}}=\pm(a\%R_{\mathrm{x}}+b\%R_{\mathrm{m}})$ 中的 a 和 b 由制造厂给出，并满足（　　）。

A. $a \geqslant 5b$　　B. $a \geqslant 10b$　　C. $4a \leqslant b$　　D. $10a \geqslant b$

10. 数字式接地电阻表最大允许误差公式 $\Delta_{\mathrm{MPE}}=\pm(2.5\%R_{\mathrm{x}}+0.5\%R_{\mathrm{m}})$，经检定各检定点均满足最大允许误差，则此表可定为（　　）。

A. 0.5 级　　B. 2.5 级　　C. 3 级　　D. 5 级

11. 电气设备的金属外壳、混凝土、电杆等，由于绝缘损坏有可能带电，为了防止这种情况危及人身安全而设的接地称为（　　）。

A. 保护接地　　B. 防静电接地　　C. 防雷接地　　D. 间接接地

12. 接地电阻表示值误差检定时，辅助接地电阻为（　　）。

A. 100Ω　　B. 500Ω　　C. 1000Ω　　D. 0Ω

13. 2. 0 级数字式接地电阻表辅助接地电阻影响检定，当辅助接地电阻为 0Ω 时，示值误差的允许改变量不应超过（　　）。

A. 0. 5%　　B. 1. 0%　　C. 2. 0%　　D. 5. 0%

14. 2. 0 级模拟式接地电阻表位置影响检定时，倾斜后检定结果与正常位置检定结果之差应不超过（　　）。

A. 0. 5%　　B. 1. 0%　　C. 2. 0%　　D. 5. 0%

15. 某模拟式接地电阻表有 3 个量程，即 1、10、100Ω，位置影响检定时的检定点应为（　　）。

A. 1Ω　　B. 10Ω　　C. 100Ω　　D. 以上都是

16. 检定接地电阻表示值误差时，整个装置的测量不确定度（$k=2$）应不大于被检接地电阻表最大允许误差绝对值的（　　）。

A. 1/3　　B. 1/4　　C. 1/5　　D. 1/10

17. 某数字式接地电阻表 20Ω 量程分辨力为 0. 01Ω，最大允许误差 $\Delta_{MPE}=\pm(1.5\%R_x+5$ 个字)。计算此量程内 2、10、19Ω 示值处的最大允许误差和相对最大允许误差分别是多少？

18. 某 3½位数字式接地电阻表 20Ω 量程的最大允许误差 $\Delta_{MPE}=\pm(2.0\%R_x+6$ 个字)，经检定各点的示值误差均不大于最大允许误差的要求，试确定此数字式接地电阻表符合的准确度等级。

19. 接地电阻表检定时对检定点的选取有何要求？

20. 接地电阻测量时采用交流还是直流进行，为什么？

参考答案

1. 接地电阻　　2. 不大于 5°　　3. 辅助接地电阻　　4. $2c\%$　　5. 最低量程上限　　6. 检流计指零　　7. 额定值　　8. 20MΩ　　9. A　　10. D　　11. A　　12. B　　13. C　　14. B　　15. D　　16. A

17. 解：

20Ω 量程分辨力为 0. 01Ω，则 5 个字即为 0. 05Ω。

2Ω 示值处：

$$\Delta_{MPE.2\Omega}=\pm(1.5\%\times2\Omega+0.05\Omega)=\pm0.08\Omega$$

$$\delta_{MPE.2\Omega}=\pm\frac{0.08\Omega}{2\Omega}\times100\%=\pm4.0\%$$

10Ω 示值处：

$$\Delta_{MPE.10\Omega}=\pm(1.5\%\times10\Omega+0.05\Omega)=\pm0.20\Omega$$

$$\delta_{MPE.10\Omega}=\pm\frac{0.20\Omega}{10\Omega}\times100\%=\pm2.0\%$$

19Ω 示值处：

$$\Delta_{MPE.19\Omega}=\pm(1.5\%\times19\Omega+0.05\Omega)=\pm0.34\Omega$$

$$\delta_{MPE.19\Omega}=\pm\frac{0.34\Omega}{19\Omega}\times100\%=\pm1.8\%$$

18. 解：

3½位数字式接地电阻表 20Ω 量程分辨力为 0. 01Ω，则有

$b\%\times20\Omega=6\times0.01\Omega$，知：$b=0.3$。

由 $a\%R_x=2.0\%R_x$，知：$a=2.0$。

$a\geqslant5b$，$c\geqslant a$，则 $c=2.0$。

此数字式接地电阻表符合 2. 0 级。

19. 答：

全检量程一般取 10 个检定点，非全检量程取不少于 3 个检定点。

对模拟式接地电阻表：选取被检表最高准确度等级中的任意一个量程作为全检量程，在此量程中对所有带数字分度线的点进行检定；非全检量程只需检定该量程中的测量上限及对应全检量程的最大正、负误差分度线 3 个点。

对数字式接地电阻表：选取被检表最高准确度等级中的任意一个量程作为全检量程，考虑被检表的线性误差，均匀选择检定点；非全检量程检定点的选取要考虑上、下量程的连续性及对应全检量程的最大误差点。

20. 答：

一般都是采用交流电进行接地电阻的测量，这是因为土壤的导电主要依靠地下电解质的作用，如果采用直流电就会引起化学极化作用，以致严重地歪曲测量结果。

第 7 章

交流电能表

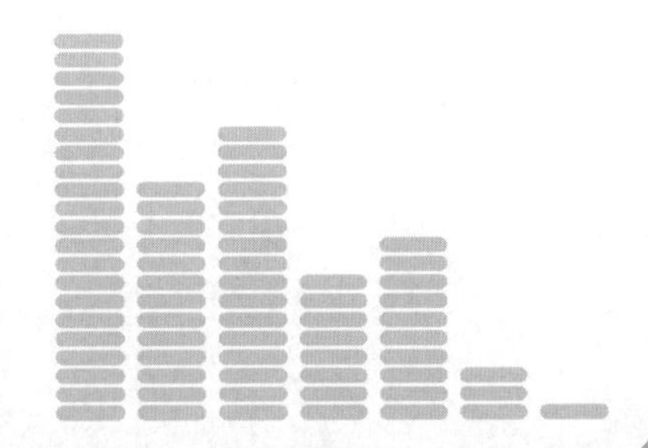

第1节 概 述

一 交流电能表概述

交流电能表是专门用来计量电能的仪表。它能计量一段时间内产生或消耗的电能量的累积值，是一种积算式仪表。它是我们国家重点管理的，用于贸易结算的计量量具。

交流电能表的种类和型号很多，随着电子技术和数字技术的发展，以及单片机在电能表中的应用，电子式电能表也得到了迅猛的发展。目前应用最多的是电子式（静止式）交流电能表，电子式电能表的功耗小、体积小、测量精度高，特别是在遥测、遥信、遥控方面的优点。

交流电能的计量领域非常广泛，它不但涉及工农业生产也涉及日常生活的各个方面。正确地计量电能量，对于节约和降低电能的消耗、合理地拟定生产计划、核算经济指标以及保障电能交易双方的经济利益等都有非常重要的意义和直接的影响。因此，为了确保交流电能表量值的准确和统一，需要对交流电能表进行检定。

二 交流电能表的基本原理与结构

依据电能表定义，一段时间内电能计算数学模型为 $W(t) = \int_0^t p(t)\mathrm{d}t \approx T_n \sum_{k=1}^{\infty} u_{kT_n} i_{kT_n}$ ，因此电能表就是电压、电流采样值的乘法与加法器，通过不断“点积和”累加、通过计算进行电能表计量。

实际中，电能表组成示意如图 7-1 所示。电压、电流（电工）信号经表内电压、电流转换器转换成电子（电压）信号，再通过模数转换器（ADC）转换成数字量，经数字信号处理器（DSP，数字乘法器）累计功率值计算值成为电能量，电能量数据通过微处理器（MPU）数据管理模块生成不同功能电量值及脉冲输出，用于电量存储、显示、输出。

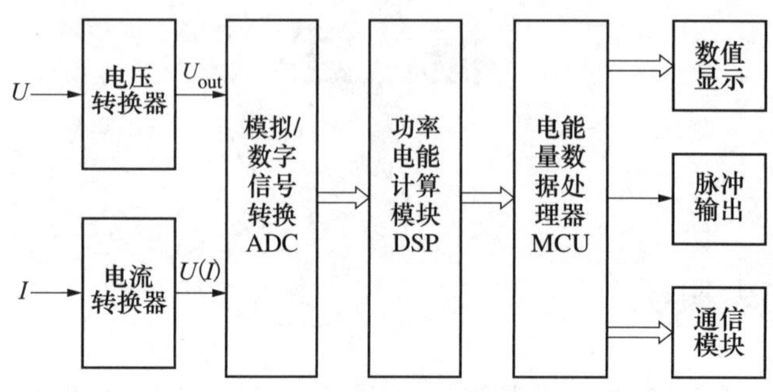

图 7-1　电能表组成示意图

1. ADC（A/D 转换器）测量环节

ADC（A/D 转换器）是测量核心，它对输入模拟电压进行采样、保持、量化、编码，最终输出与模拟电压成比例的数字代码，其环节包括：

（1）采样：周期地获取模拟信号的瞬时值，从而得到一系列时间上离散的脉冲采样值。

（2）保持：两次采样之间将前一次采样值保存下来，使其在量化编码期间不发生变化，采样保持得到的信号值依然是模拟量而非数字量。

（3）量化：将采样保持电路输出的模拟电压转化为最小数字量单位整数倍的转化过程，所取的最小数量单位即量化单位，其大小等于数字量的最低有效位所代表的模拟电压大小（ULSB）。

（4）编码：把量化的结果用代码（如二进制数码、BCD 码等）表示的过程。

2. A/D 转换器分类

根据转换原理 A/D 转换器主要分为比较型、积分型、$\Sigma-\Delta$ 调制型、压频变换型。

（1）比较型。分逐次比较型、并行比较型/串并行比较型。逐次比较型 A/D 由一个比较器和 D/A 转换器通过逐次比较逻辑构成，从最高有效位（MSB）开始，顺序地对每一位将输入电压与内置 D/A 转换器输出进行比较，经 n 次比较而输出数字值。其优点是速度较高、功耗低，低分辨率（<12 位）时价格便宜；并行比较型 A/D 转换器采用多个比较器，转换速率高，但电路规模大、价格高，适用于视频 A/D 转换器等高速变化领域。

（2）积分型。积分型 A/D 转换器原理是将输入电压转换成时间（脉冲宽度信号）或频率（脉冲频率），然后由定时器/计数器获得与电压成正比的计数值。其优点是用简单电路就能获得高分辨率，但缺点是由于转换精度依赖于积分时间，因此转换速率低。

（3）压频变换型。压频变换型（U-F 转换器）其原理是首先将输入的模拟信号转换成频率，然后用计数器将频率转换成与电压成正比的数字量。属于间接转换方式，其优点是分辨率高、功耗低、成本低。

（4）Σ-Δ（Sigma-delta）调制型。Σ-Δ 型 ADC 通常由模拟 Σ-Δ 调制器、数字抽取滤波器组成。与传统的 ADC 不同，它不是直接根据信号的幅度进行量化编码，而是根据前一采样值与后一采样值之差（即所谓增量）进行量化编码。由于 Σ-Δ 调制器具有极高的采样速率、通常比奈奎斯特采样频率高出许多倍，因此 Σ-Δ 调制器又称为过采样 ADC 转换器。

近年来，随着超大规模集成电路制造水平的提高，Σ-Δ 调制型模数转换器正以其分辨率高、线性度好、精度高等特点在测量仪器（包括电能表）领域成为主要 ADC。

3. A/D 转换器基本参数

（1）分辨率（位数）：即 A/D 转换器输出位数。输出位数越多，分辨率越高。

（2）转换时间/转换速率：A/D 转换器从接到转换命令起到输出稳定的数字量为止所需要的时间。

（3）转换精度：转换值偏离理想特性的程度。包括量化误差、校准误差、非线性误差。

三 交流电能表的分类

（1）按功能分，可分为：

1）有功电能表。

2）无功电能表。

3）多功能电能表。

（2）按电路接入方式分，可分为：

1）直接计量电能表。

2）配套互感器接入电能表。

（3）按单元（电流）数分，可分为：

1）单相电能表。

2）三相电能表。

3）三相三线式。

4）三相四线式。

（4）按测量信号分，可分为：

1）电工信号类模拟量电能表（传统电能表）；

2）电子信号类模拟量电能表。

3）电子信号类数字量电能表。

四 常用计量芯片

目前，电能测量技术已发展到电能测量模块化、芯片专用化。电能专用测量芯片根据集成功能大小分为单芯片和Soc芯片（System on Chip功能芯片集成化）。单芯片只包含电能计量模块，SoC芯片则同时集成了微处理器（MPU）、时钟芯片（RTC）等电能表所需的各种功能模块，能够提供完整的智能电能表方案，有效简化电能表电路设计。

目前，电能计量芯片无一例外采用Σ-Δ转换器，采样值经过数字乘法器计算相应的功率。有功功率测量准确度等级有0.2S、0.5S和1级，可满足多功能电能表、多计量方式需要。

目前，电能计量芯片主要有国外ADI（Analog Devices Inc.）、Cirrus Logic公司，国内珠海炬力、复旦微电子、上海贝岭等公司产品。

ADI公司电能芯片主要有AD（E）775X系列，功能覆盖有功功率、无功功率和视在功率及协议电能输出，还包括电压、电流有效值的测量及电源监视功能。

Cirrus Logic 公司电能计量芯片主要有 CS545X、CS546X 系列等，功能覆盖电压/电流有效值、瞬时功率、有功功率、无功功率、视在功率。

珠海炬力产品主要有 ATT7021/ATT7022A/ATT7022B/ATT7023/ATT7026A/ATT7028A/ATT7030A 等型号。通过 SPI 通信接口直接输出有功功率和视在功率、电压和电流有效值、相位、频率等，与外围微控制单元（MCU）配合可实现三相有功复费率电能表的应用。

复旦微电子电能计量芯片主要为 FM230X 系列（FM2305A、FM2306A、FM2307），功能除各类功率、电参数计算外，还具有防潜动功能和电源监控电路，可满足多费率电能表规约，具备精确计时、时段管理、电量统计、数据维护、编程设置及红外、485 通信等功能。

上海贝岭电能芯片主要有单相 BL0930/BL0932B/BL6503/BL6501、三相三线 BL0952/BL0962、三相四线 BL6513/BL6514 系列，内置晶振。具有正、反向有功测量及防窃电功能。

三种典型电能计量芯片如下：

1. ADI 单相芯片 ADE7757

ADE7757 是美国 ADI 公司推出的高精度单相电能测量集成芯片，具有广泛技术代表性。ADE7757 为 16 脚小外形集成电路（SOIC）封装，图 7-2 所示为电能计量芯片 ADE7757 原理图，各引脚功能见表 7-1。

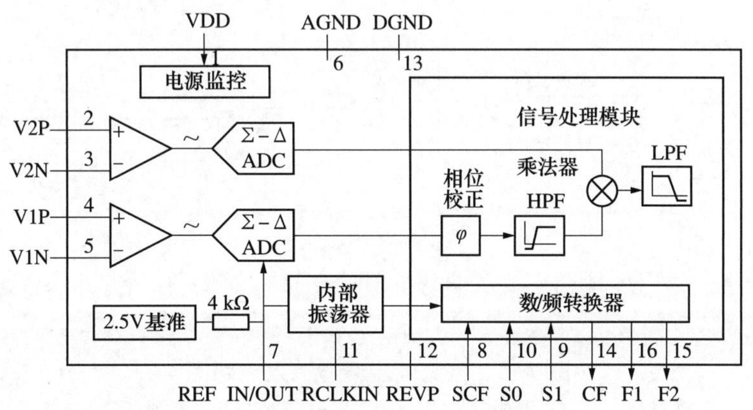

图 7-2 电能计量芯片 ADE7757 原理图

表 7-1　　　　ADE7757 引脚功能

引脚	名称	功能
1	VDD	电源
2，3	V2P，V2N	通道 V2（电压）模拟输入
4，5	V1P，V1N	通道 V1（电流）模拟输入
6	AGND	模拟地
7	REF IN/OUT	片内参考电压
8	SCF	选择检定频率
9，10	S1，SO	频率选择
11	RCLK IN	内部振荡器使能端
12	REVP	负功率检测脚
13	DGND	数字地
14	CF	高频（检定）逻辑输出
15，16	F2，F1	低频逻辑输出

ADE7757 结构包括两输入信号通道及对应电流转换器和电压转换器、两个 Σ-Δ 型 ADC 转换器。通道 V1 是一个全微分电压输入通道，对应电流信号（电压）通道，V1P、V1N 为正负极输入，通道典型连接电路如图 7-3（a）所示；通道 V2 也是一个全微分电压输入通道，对应电压信号通道，V2P、V2N 为正负极输入，其通道典型连接电路如图 7-3（b）所示。

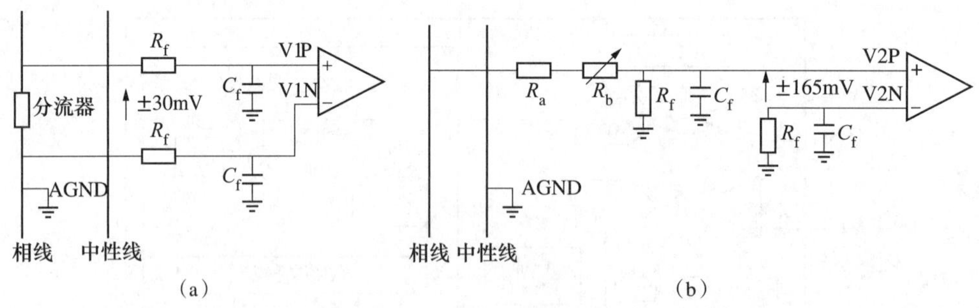

图 7-3　电流电压通道输入电路图

（a）通道 V1（电流）典型输入电路图；（b）通道 V2（电压）典型输入电路图

ADE7757 内置精准振荡器给芯片提供时钟，使得电能表设计省掉了外部晶体或者共振器，可以降低电能表总体成本。

ADE7757 可在低频引脚 F1、F2 上输出平均有功功率（脉冲），输出频率正比于平均有功功率；在 CF 引脚上输出瞬时有功功率（脉冲），其输出频率正比于瞬时有功功率。低频脉冲输出并可直接驱动一个机电计数器或与 MCU 的接口。

ADE7757 组成的电能表应用电路见图 7-4。

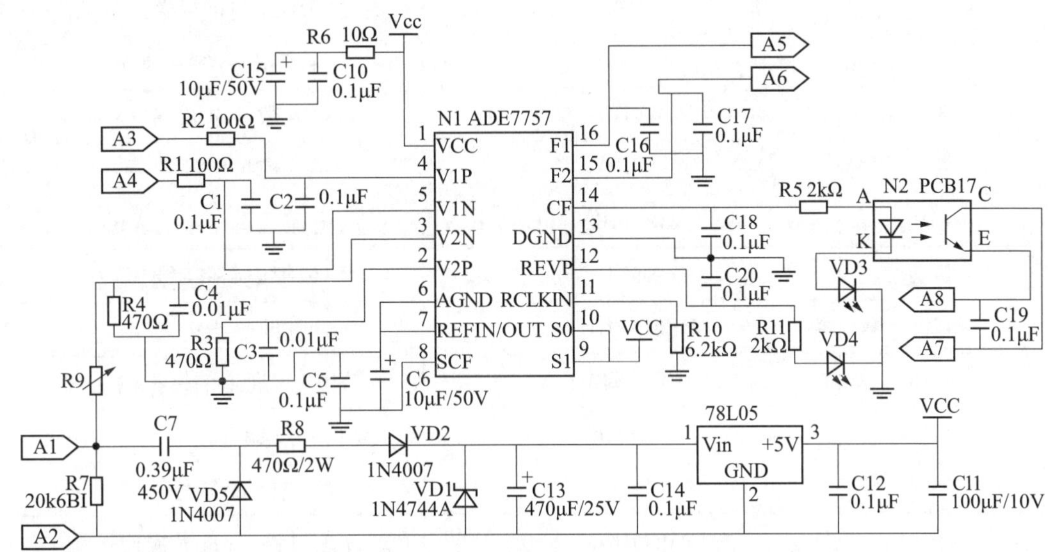

图 7-4　ADE7757 组成的电能表应用电路

2. ADI 三相电能芯片 ADE7758

ADE7758 是一款具有内嵌数据处理能力的高准确度的三相电能计量芯片，带有两路功率脉冲输出和一个串行接口。集成了 6 路 16 位二阶 Σ-ΔADC 模数转换器、数字积分器、高性能 DSP、基准电路及温度传感器等电路以及所有进行有功、无功和视在电能计量以及有效值计量所需的信号处理元件，在 1000∶1 动态范围内误差小于 0.1；可提供有功电能、无功电能及视在电能及电压、电流有效值及波形采样等数据；三相三线/三相四线兼容。ADE7758 可提供系统检定功能，包括有效值偏移检定、相位检定、功率检定，DSP 内部对无功电能进行了补偿；芯片提供独立的有功电能及无功电能脉冲输出。

ADE7758 具有六路模拟信号输入端口，划分为电流输入端和电压输入端。电流输入端有 3 对差分电压输入端口：IAP-IAN、IBP-IBN、ICP-ICN，3 个电流端口的最高信号电压差为±0.5V；电压输入端有三路单端口：VAP、VBP、VCP，相对于VN电压输入端的变化范围为±0.5V。ADE7758引脚功能见表7-2，ADE7758内部结构图如图7-5所示，ADE7758芯片引脚与外围基本电路如图7-6所示。

表7-2　　ADE7758引脚功能

引脚	名称	功能
1	APCF	有功功率及校正频率逻辑输出
2	DGND	数字电路参考地端
3	DVDD	数字电源端
4	AVDD	模拟电源端
5~10	IAP，IAN，IBP，IBN，ICP，ICN	电流通道模拟输入端
11	AGND	模拟电路参考地端
12	REFIN/OUT	基准电压接入端
13~16	VN，VCP，VBP，VAP	三相电压通道的模拟输入端
17	VARCF	复功率及检定频率逻辑输出
18	IRQ	中断请求输出
19	CLKIN	芯片主时钟/外部晶振连接端1
20	CLKOUT	外部晶振连接端2
21	CS	片选信号
22	DIN	串行接口的数据输入端
23	SCLK	串行时钟信号输入端
24	DOUT	串行口的数据输出端

3. 珠海炬力公司三相芯片ATT7022B

ATT7022B是炬力公司推出的高精度三相电能专用计量芯片。ATT7022B集成了7路二阶16位Σ-ΔADC及电参数计算数字信号处理芯片（DSP），在动态范围为5000：1的动态下电压电流有效值测量误差小于0.5%、电能测量误差小于0.1%。具备有功功率/电能、无功功率/电能、视在功率/电能、电压/电流有效值等测量功能，此外还可测量基波、谐波功率及电能，可充分满足三相智能电能表的应用需求。此外，还能提供分相以及合相参数、相序以及断相检测功能。

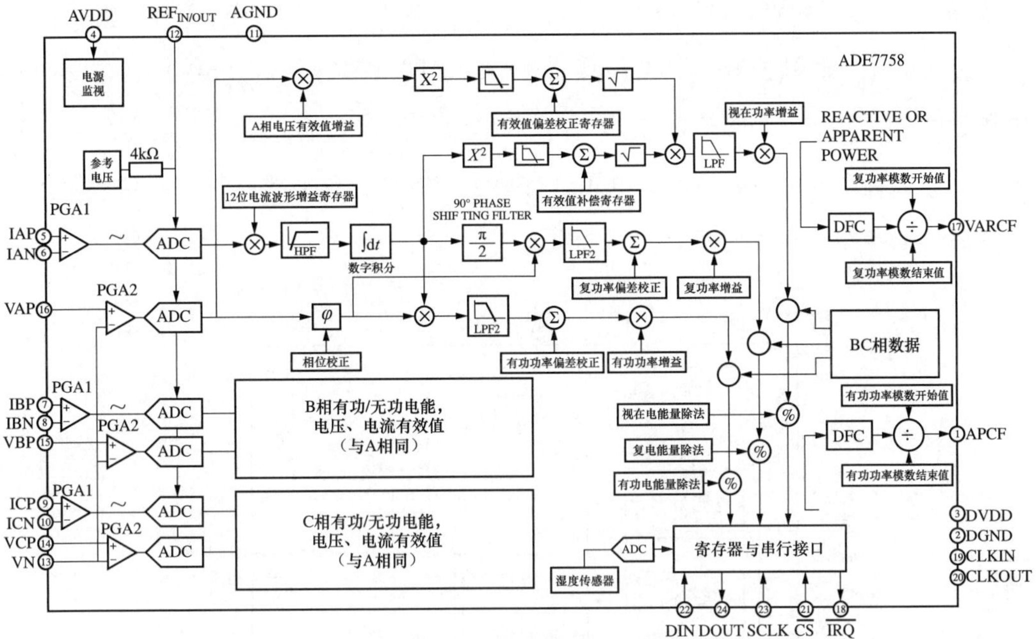

图 7-5 ADE7758 内部结构图

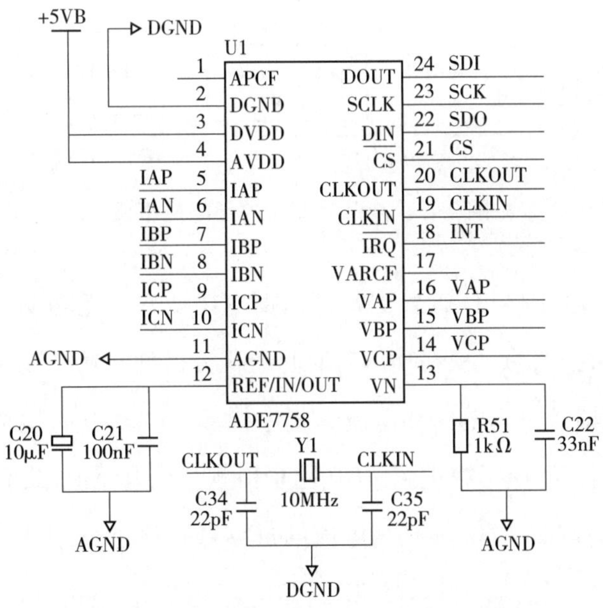

图 7-6 ADE7758 芯片引脚与外围基本电路

另外，它还支持电阻网络或者软件调试，而软件校表支持增益和相位补偿、小电流非线性补偿；它具有 SP1 接口，方便与外部 MCU 通信。

ATT7022B 包含 A、B、C 三相电压、三相电流和零线电流共 7 路模拟输入通道。

图 7-7 所示为 ATT7022B 内部组成框图，包括模拟信号采样、DSP、脉冲生成器、参考电压、时钟控制、温度传感器、全双工同步串行总线（SPI）通信接口和电源管理几大部分。7 通道 16 位 Σ-ΔADC 模数转换器对输入电流和电压信号进行采样，对去直流分量后的电流、电压进行乘法、加法、数字滤波等一系列数字信号处理后得到各相的有功功率。

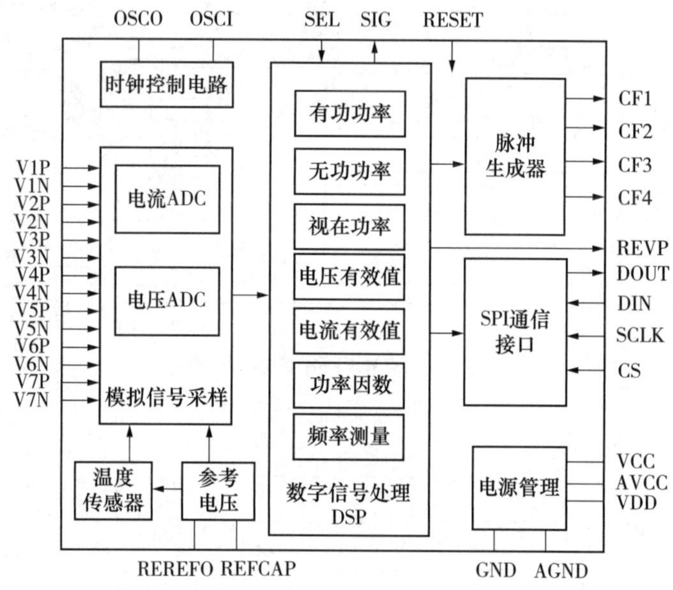

图 7-7　ATT7022B 内部组成框图

无功功率采用电压移相 90°算法得到。据有功功率、无功功率，可以计算出视在功率。通过有功、无功、视在功率对时间的积分得到有功、无功、视在电能。

ATT7022B 还能够进行电压和电流的相序检测、功率方向检测、启动和潜动控制、失压检测，而且扩展了第七路 ADC 用于检测零线电流值，起到防窃电作用。

电流相序检测按照 A/B/C 三相电流的过零点顺序进行判断，顺序正常为正相序，否则电流错序；另外，当 A/B/C 三相电流中任何一相电流丢失也认为电流错序。

ATT7022B 通过判断电流是否小于启动阈值实现能量计量的启动和潜动控制。当 ATT7022B 检测到某相电流大于启动阈值时该相开始电能计量、小于启动阈值时认定为潜动状态该相停止相应计量。

ATT7022B 专门提供基波以及谐波电能测量功能，可以将电压、电流信号中的基波成分、谐波成分进行分离，直接提供准确的基波、谐波的功率/电能计量。基波、谐波分离通过基波抽取滤波器和基波抵制（陷波）器完成，分别获取基波成分、谐波成分。选择基波/谐波表模式时，CF3/CF4 分别为基波/谐波有功、无功电能脉冲输出。

ATT7022B 内置一温度传感器，可以通过软件进行温度补偿，从而降低温度系数影响。

ATT702X 芯片封装与引脚图如图 7-8 所示，ATT7022B 引脚功能见表 7-3，ATT7022B 典型应用图如图 7-9 所示。

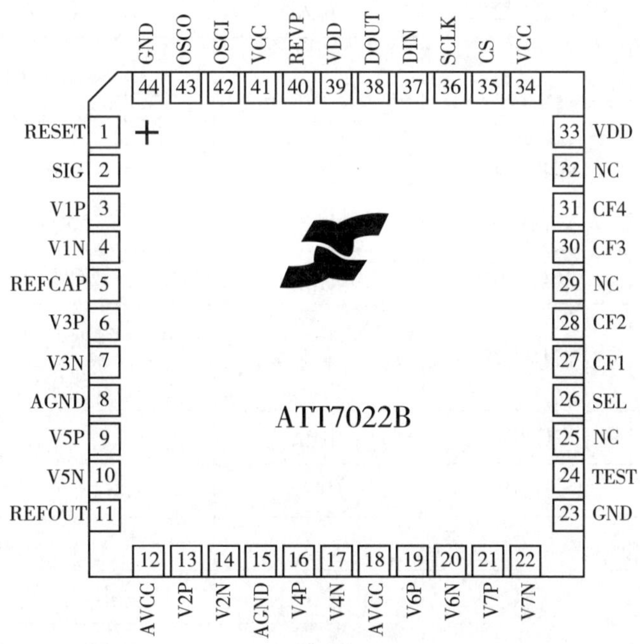

图 7-8　ATT702X 芯片封装与引脚图

表 7-3　ATT7022B 引脚功能

引脚	标识	特性	功能描述
1	RESET	输入	复位管脚，低电平有效
2	SIG	输出	SPI 写入指示
3，4	V1P/V1N	输入	A 相电流通道

续表

引脚	标识	特性	功能描述
5	REFCAP	输出	外界基准电容
6，7	V3P/V3N	输入	B 相电流通道
8	AGND	电源	模拟电路（即 ADC 和基准源）的接地参考点
9，10	V5P/V5N	输入	C 相电流通道
11	REFOUT	输出	基准电压输出，用作外部信号的直流偏置
12	AVCC	电源	模拟电源正
13，14	V2P/V2N	输入	A 相电压通道
15	AGND	电源	模拟电路（即 ADC 和基准源）的接地参考点
16，17	V4P/V4N	输入	B 相电压通道
18	AVCC	电源	模拟电源正
19，20	V6P/V6N	输入	C 相电压通道
21，22	V7P/V7N	输入	附加模拟输入通道，N 线电流/4 线电压
23	GND	电源	数字地
24	TEST	输入	测试管脚正常应用接地
25	NC	—	不连接
26	SEL	输入	三相三线/三相四线选择
27	CF1	输出	合相有功电能脉冲输出
28	CF2	输出	合相无功电能脉冲输出
29	NC	—	不连接
30	CF3	输出	CF3 基波有功电能脉冲输出
31	CF4	输出	CF4 基波无功电能脉冲输出
32	NC	—	不连接
33	VDD	电源	内核电源输出

续表

引脚	标识	特性	功能描述
34	VCC	电源	数字电源正
35	CS	输入	SPI 片选信号低电平有效
36	SCLK	输入	SPI 串行时钟输入
37	DIN	输入	SPI 串行数据输入
38	DOUT	输出	SPI 串行数据输出
39	VDD	电源	内核电源输出
40	REVP	输出	有功功率正负指示
41	VCC	电源	数字电源正引
42	OSCI	输入	晶振的输入端/外部时钟输入
43	OSCO	输出	晶振的输出端
44	GND	电源	数字地

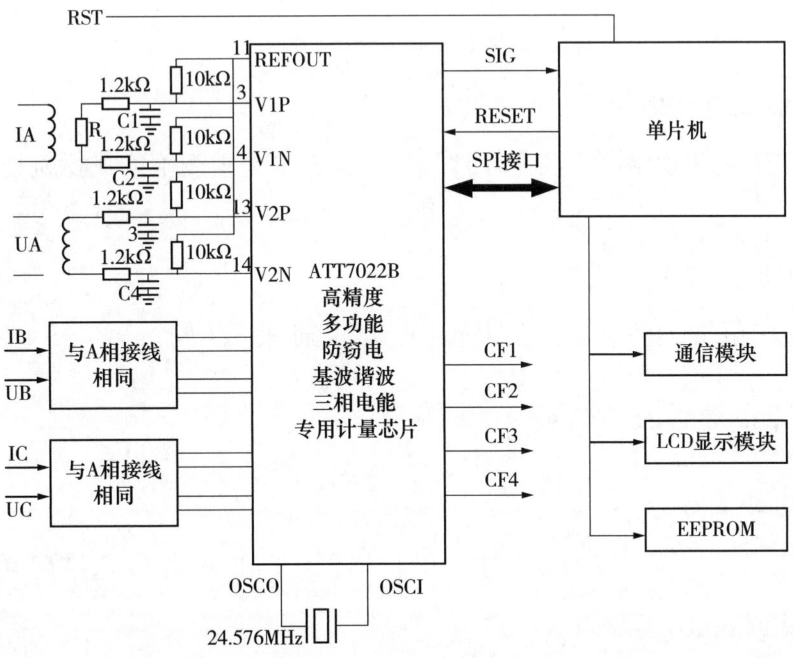

图 7-9 ATT7022B 典型应用图

第2节 技术要求

一 交流电能表的有关术语

1. （有功）电能表

用有功功率对时间的积分来测量有功电能的仪表。

2. 无功电能表

用无功功率对时间积分来测量无功电能的仪表。

3. 视在电能表

用视在功率对时间积分来测量视在电能的仪表。

4. 静止式电能表

把电流和电压加给电子测量元件，由它们产生与被测电能成比例地输出的电能表。

5. 电动式电能表

通过电动测量元件的动圈的旋转而工作的电能表。

二 交流电能表电流参数

1. 转折电流 I_{tr}

转折电流 I_{tr} 是指规定的电流值，在大于等于该值时，与仪表准确等级对应的最大允许误差在最小极限内。

仪表的转折电流通常为表 7-4 系列标准值。

注：符合最小误差极限的起步电流值、误差曲线平直段拐点电流值。

表 7-4　　标准转折电流

仪表	标准值（A）	例外值（A）
直接接入仪表	0. 1、0. 125、0. 2、0. 25、0. 5、1、2、3	0. 75、1. 5、2. 5、4、5
经电流互感器接入仪表	0. 015、0. 05、0. 075、0. 1、0. 25	0. 125

注　符合相应等级的最小电流值、标准化值。

2. 最大电流 I_{max}

最大电流 I_{max} 是指规定的仪表持续承载并保持安全且满足准确度要求的电流最大值。

注：同时满足三个条件。

直接接入仪表通常要求：$I_{max}/I_{tr} \geqslant 50$；经电流互感器接入仪表通常要求：$I_{max}/I_{tr} \geqslant 25$。表 7-5 所列为其标准系列最大电流值。

表 7-5　　标准系列最大电流值

仪表	标准值（A）	例外值（A）
直接接入仪表	10、20、40、60、80、100、120	1. 2、2、6、30、50、160、200、320
经电流互感器接入仪表	1. 2、2、6、10	1. 5、2. 4、3、3. 75、4、5、7. 5、9、20

3. 最小电流 I_{min}

最小电流 I_{min} 是指规定的符合仪表准确度等级要求的电流最小值。

仪表的最大电流与最小电流之比（I_{max}/I_{min}）、最小电流 I_{min} 见表 7-6。

表 7-6　　I_{max}/I_{min} 与 I_{min}

仪表准确度等级 / 仪表	A	B	C	D	E
直接接入仪表	$I_{max}/I_{min} \geqslant 100$	$I_{max}/I_{min} \geqslant 125$	$I_{max}/I_{min} \geqslant 250$	$I_{max}/I_{min} \geqslant 250$	$I_{max}/I_{min} \geqslant 250$
	$0.5I_{tr}$	$0.4I_{tr}$	$0.2I_{tr}$	$0.2I_{tr}$	—

续表

仪表准确度等级 / 仪表	A	B	C	D	E
经电流互感器接入仪表	$I_{max}/I_{min} \geqslant 60$	$I_{max}/I_{min} \geqslant 120$	$I_{max}/I_{min} \geqslant 120$	$I_{max}/I_{min} \geqslant 120$	$I_{max}/I_{min} \geqslant 120$
	$0.4I_{tr}$	$0.2I_{tr}$	$0.2I_{tr}$	$0.2I_{tr}$	$0.2I_{tr}$

注 1. 相对最大电流最大值为（1/60~1/250）I_{max}。

2. 相对转折电流参考值为（1/5~1/2）I_{st}。

4. 启动电流 I_{st}

启动电流 I_{st} 是指在功率因数（或 $\sin\varphi$）为 1 时，规定的仪表应启动并连续记录电能的最小电流值，多相仪表为平衡负载。

仪表的最大电流与启动电流之比（I_{max}/I_{st}）、最小启动电流 I_{st} 见表 7-7，电能表各特征电流关系如图 7-10 所示。

表 7-7　I_{max}/I_{st} 与 I_{st}

仪表准确度等级 / 仪表	A	B	C	D	E
直接接入仪表	$I_{max}/I_{st} \geqslant 1000$	$I_{max}/I_{st} \geqslant 1250$	$I_{max}/I_{st} \geqslant 1250$	$I_{max}/I_{st} \geqslant 1250$	$I_{max}/I_{st} \geqslant 1250$
	$0.05I_{tr}$	$0.04I_{tr}$	$0.04I_{tr}$	$0.04I_{tr}$	—
经电流互感器接入仪表	$I_{max}/I_{st} \geqslant 480$	$I_{max}/I_{st} \geqslant 600$	$I_{max}/I_{st} \geqslant 1200$	$I_{max}/I_{st} \geqslant 1200$	$I_{max}/I_{st} \geqslant 1200$
	$0.05I_{tr}$	$0.04I_{tr}$	$0.02I_{tr}$	$0.02I_{tr}$	$0.02I_{tr}$

注 1. 功率因数为 1。

2. 相对最大电流最大值为（1/1200~1/480）I_{max}。

3. 相对转折电流参考值为（2%~5%）I_{st}。

三　交流电能表仪表常数

1. 仪表常数分析

仪表常数表征电能表记录的电能值与测试输出的脉冲数之间的关系的值。用有功常数或以每千瓦时的脉冲（imp/kWh）或以每脉冲的瓦时（Wh/imp）来表示。

用于电能测量、电能采集、电表指示、误差计算等。

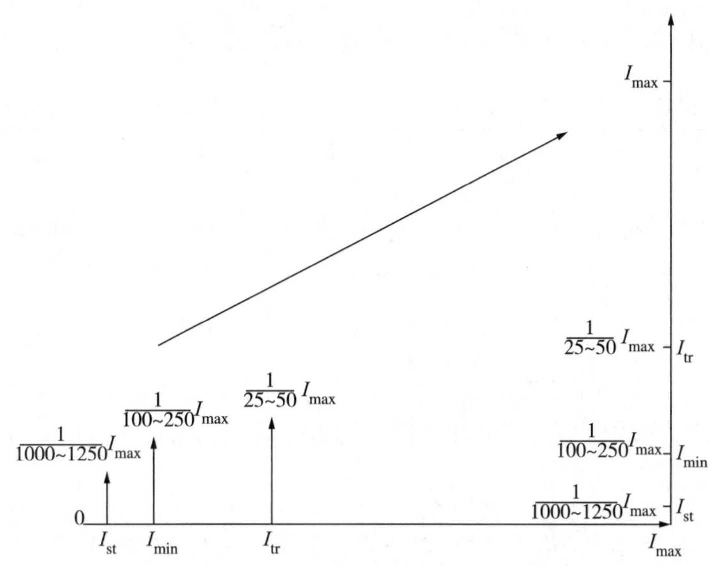

图 7-10　电能表各特征电流关系图

注：新旧电能表标准电流参数不同，可视 $0.1I_b=I_{tr}$，$0.05\ I_b/0.02\ I_b/0.01\ I_b=I_{min}$。

仪表常数包含计量的功率、脉冲、时间三个信息，解析其含义，可以更好地理解、应用该参数。

$C=\text{imp/kW}\cdot\text{h}=(\text{imp/h})/\text{kW}=f_{imp}/\text{kW}$——脉冲数与对应电能（当）量比值；单位千瓦对应的脉冲频率。

$1/C=P\times T_{imp}$（kW · h/imp）——每脉冲电量/脉冲当量/电能量分辨率/电能最小量化值；电能时分割器原理。

$f_{imp}=C\times P$（kW）——电能脉冲频率正比于功率，电能/功率变送器（$W/P\rightarrow f$）原理，imp/h。

$T_{imp}=\dfrac{1}{CP\ (\text{kW})}$——电能脉冲周期，与功率成反比，h。

$W=(1/C)\times N$——N个脉冲代表的电能值；累计电能量正比于脉冲数，反比于常数，kWh。

$P=\dfrac{1}{CT_{imp}(\text{h})}=\dfrac{1}{C}f_{imp}$——计量的功率值，与常数、周期成反比，kW。

$t=NT_{imp}=\frac{N}{CP\text{（kW）}}$——输出 N 个电能脉冲时间，h。

示例：表 7-8、表 7-9 说明了仪表常数代表的含义。

表 7-8　仪表常数与参数换算表（同一常数不同功率，以 C=1000imp/kWh 示例）

常数	0.5kW	1kW	2kW	4kW	pkW	计算式
1h 输出脉冲数 f（imp/h）	500	1000	2000	4000	1000×p	C×p
输出 1000 脉冲时间 t（h）	2	1	0.5	0.25	1/p	1/p
每脉冲时间/周期 T（h）	1/500	1/1000	1/2000	1/4000	1/1000p	1/（C×p）

表 7-9　不同常数的分辨力（同一功率不同常数，以 P=1000kW 示例）

常数（1/kWh）	500	1000	2000	4000	10000	m
分辨力（kWh/个）	2×10^{-3}	1×10^{-3}	0.5×10^{-3}	0.25×10^{-3}	0.1×10^{-3}	1/（m/1000）$\times10^{-3}$
频率（1/h）	500	1000	2000	4000	10000	m

仪表常数推荐表见表 7-10。

表 7-10　仪表常数推荐表

电能表类型	标称电压（V）	最大电流（A）	推荐常数（imp/kWh）
单相电能表	220	60	2000
	220	100	1000
三相直接接入式电能表	3×220/380	60	1000
		100	500
三相互感器接入式电能表	3×220/380	6	10000
		1.2	40000
	3×57.7/100	6	20000
		1.2	100000
	3×100	6	20000
		1.2	100000

2. 仪表常数校核

通过记录一段时间电能值和相应的脉冲数进行校验。记录或读取电能表寄存器一段时间内存储的电能值并测试输出的相应脉冲数 e，按下式计算误差，应不超过基本最大允许误差的 1/10。

$$e=\frac{(1/C)\ N-E}{E}\times 100\%=\frac{N/C-E}{\mathrm{E}}\times 100\%$$

式中：N 为测脉冲输出数；C 为铭牌标定的仪表常数，imp/kWh；E 为电能表寄存器记录的电能值，kWh。

试验电流不能低于 I_{tr}，试验累计电能值不能低于电能最小值 E_{min}。

$$E_{min}=\frac{1000R}{b}$$

式中：E_{min} 为电能最小值，Wh；R 为电能表可见分辨力，Wh；b 为基本最大允许误差（正值），%。

四 交流电能表时间限值

1. 电能表（潜动）时间限值

无电流下电能表不应出现脉冲输出的最小（短）允许时间（允许有输出但时间要久）。

以电能表最小电流下功率的误差量为基准，其输出脉冲周期作为潜动时间限值。

在该极限时间内，不应有多于一个的脉冲输出或输出一个脉冲时间间隔不低于该值。

潜动的极限时间 $T_{0,\ min}$ 计算公式为

$$T_{0,\ min}=\frac{1}{b\%\times C\times m\times 1.1U_{nom}\times I_{min}\times 10^{-3}}$$

式中：$T_{0,\ min}$ 为潜动的极限时间值，即无负荷时输出脉冲下限时间值，h；b 为 I_{min} 时，以百分数表示的基本最大允许误差极限，取正值；C 为仪表常数，imp/kWh；m 为单元数量；U_{nom} 为标称电压，V；I_{min} 为最小电流，A。

注：潜动时间限值实际为误差电能量的脉冲周期。

潜动时间测试：电流电路开路，电压电路施加 $1.1U_{nom}$ 电压；辅助电源电路（若有）应施加标称电压；如果仪表有多个标称电压，应采用最高的标称电压。观测记录脉冲输出时间，在规定极限时间内无输出或仅有一个脉冲输出，则具备符合性。

▼测试条件解析

1. $P = m \times 1.1U_{nom} \times I_{min} \times 10^{-3}$（kW），最小电流下有功功率值。

2. $\Delta P = b\% \times m \times 1.1U_{nom} \times I_{min} \times 10^{-3}$（kW），最小电流下（电量）功率误差值。

3. 以最小电流功率为基准，其对应的误差电量为潜动能量限值，以一个脉冲时间（周期）为指标，考察潜动。

4. 等同于 $b\% \times I_{min}$ 电流下电能计量，实质反映内部杂散/干扰/漂移电流不应大于此电流。

5. 误差/仪表常数大，时间极限短；误差/仪表常数小，时间极限长。

6. 仪表的测试输出在规定时间内不应产生多于一个的脉冲；或一个脉冲的时间大于该值，实际脉冲输出时间越长越好。

7. 本项试验的目的，是确定引起仪表潜动的电流比起动电流启动电流足够低。

2. 电能表启动电流时间限值

电能表启动电流时间限值是指启动电流功率下输出脉冲时间间隔上限值。

在启动电流下，电能表应能及时准确开始计量，通过输出脉冲串的间隔时间（周期）及相应电能计量误差，判断是否准确启动。

在启动功率下进行验证。脉冲串均匀、周期应不大于 1.5 倍相应功率计算值（超时 0.5 倍），电能误差同时满足相应技术要求，则认为正确启动。

对双向电能表，需验证每个方向启动电流。

$$T_{i_{st},\max} = 1.5T_{i_{st}} = 1.5 \times \left(\frac{1}{C \times m \times U_{nom} \times I_{st} \times 10^{-3}}\right) \text{h} = 1.5 \times \left(\frac{3.6 \times 10^6}{C \times m \times U_{nom} \times I_{st}}\right) \text{s}$$

式中：$T_{i_{st}}$ 为启动电流对应输出脉冲周期值，h；$T_{i_{st},\max}$ 为启动电流对应输出脉冲时间上限值；C 为电能表仪表常数，imp/kWh；m 为单元数量；U_{nom} 为标称电压，V；I_{st} 为启动电流，A。

▼解析

1. 以启动功率脉冲周期为量化参数，1.5 倍范围为上限值（不超过该值）。

2. 仪表的测试输出的第一个脉冲时间越接近计算值越好。

五 交流电能表误差限值

1. 电能表基本误差限值（基本最大允许误差）

电能表基本误差限值（基本最大允许误差）是指电流和功率因数（或 $\sin\varphi$）在额定工作条件给出的范围内变化，且电能表工作在参比条件下时，规定的电能表的最大允许误差值。

电能表在整个工作范围内，误差呈现非线性（见图 7-11），通过对误差曲线（拐点）分段，可分为三段（三个区间）：$I_{st} \sim I_{min}$；$I_{min} \sim I_{tr}$；$I_{tr} \sim I_{max}$。

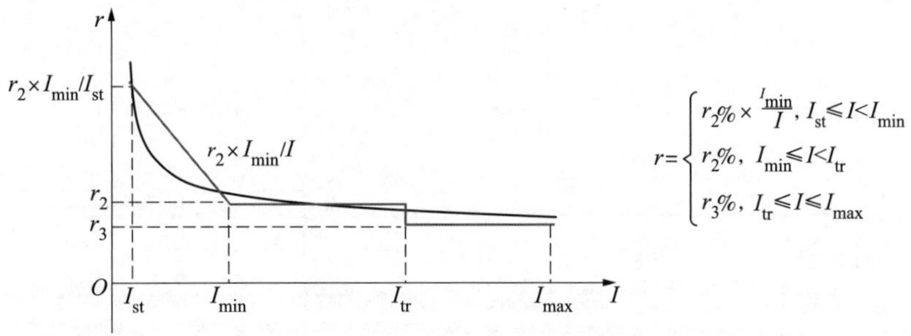

图 7-11 电能表误差限值曲线

在最小电流以下，误差限按线性变化（动态）进行设置，在其他电流段，误差限按定值（静态）进行设置，科学规定误差限（带），并对功率因数分设（曲线上移）不同误差带（虚线）。在（I_{tr}，I_{max}）区间可增加低功率因数计量性能要求。

百分数误差极限（单相仪表和带平衡负载或单相负载的多相仪表）见表 7-11，电能表误差限值曲线说明如图 7-12 所示。

表 7-11　百分数误差极限（单相仪表和带平衡负载或单相负载的多相仪表）

量值		仪表各等级的百分数误差极限（%）				
电流 I	功率因数	A	B	C	D	E
$I_{tr} \leqslant I \leqslant I_{max}$	1	±2.0	±1.0	±0.5	±0.2	±0.1
	0.5L 到 1 到 0.8C	±2.0	±1.0	±0.6	±0.3	±0.15
	0.25L	—	±3.5[a]	±1.0[a]	±0.5[a]	±0.25[a]
	0.5C	—	±2.5[a]	±1.0[a]	±0.5[a]	±0.25[a]
	0.25C	—	—	—	—	±0.25[a]
$I_{min} \leqslant I < I_{tr}$	1	±2.5	±1.5	±1.0	±0.4	±0.2
	0.5L 到 1 到 0.8C	±2.5	±1.5	±1.0	±0.5	±0.25
$I_{st} \leqslant I < I_{min}$[b]	1	±2.5I_{min}/I	±1.5I_{min}/I	±1.0I_{min}/I	±0.4I_{min}/I	±0.2I_{min}/I

[a] 用户有特殊要求时采用。

[b] 仅在平衡负载条件下。

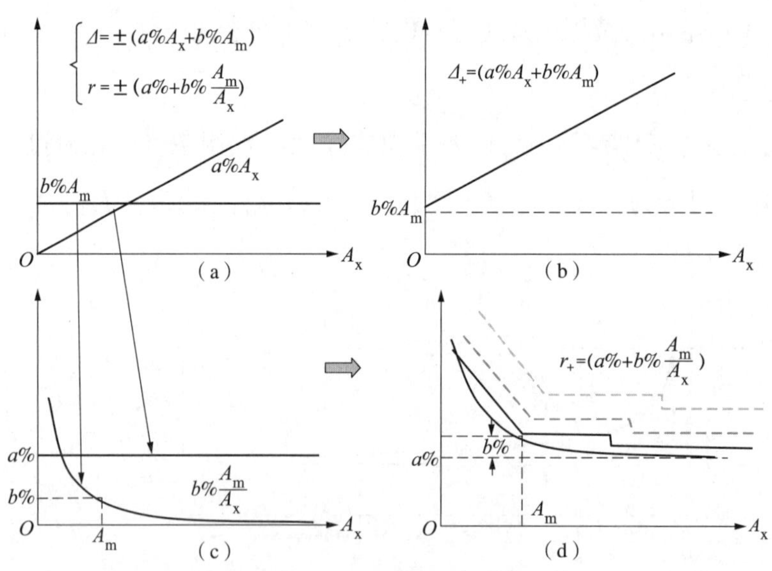

图 7-12　电能表误差限值曲线说明

Δ_+—电能表绝对误差（合成）；r—电能表相对误差；$a\%$—电能表功率误差因数；$b\%$—电能表量程误差因数；A_x—电能表功率测量值；A_m—电能表功率量程值；r_+—电能表相对误差（合成）；Δ—电能表绝对误差

（a）绝对误差（分解）；（b）绝对误差（合成）；（c）相对误差（分解）；（d）相对误差（合成）

2. 电能表最大允许（误差）偏移

单一影响量取参比条件下的值并在额定工作条件内变化时所允许的电能表误差的偏移（变化量）的极限值称为电能表误差最大允许偏移，也即最大附加工作误差。

3. 电能表最大允许误差

基本最大允许误差和最大允许误差偏移的组合称为电能表最大允许误差，单个影响量的最大允许误差为基本误差限值与相应偏移限值两者绝对值之和，多个影响量综合最大允许误差为各分量方和根。

基本影响量综合最大允许误差可参考下面公式。

单一影响量最大允许误差为

$$r_{\text{Lim}(x)} = \pm(r_b + \Delta r_{(x)})$$

式中：$\Delta r_{(x)}$ 为附加误差。

综合影响量最大允许误差为

$$r_{\text{Lim}} = 2 \times \sqrt{\left(\frac{r_b}{k}\right)^2 + \left(\frac{\Delta r_V}{k}\right)^2 + \left(\frac{\Delta r_f}{k}\right)^2 + \left(\frac{\Delta r_{un}}{k}\right)^2 + \left(\frac{\Delta r_h}{k}\right)^2 + \left(\frac{\Delta r_{tem}}{k}\right)^2 + \cdots}$$

式中：r_b、Δr_V、Δr_f、Δr_{un}、Δr_h、Δr_{tem} 分别为基本误差和电压、频率、不平衡、谐波、温度等影响量变化的改变量，即附加误差；k 为概率分布系数，高斯分布为 2（置信因子），均匀分布为 $\sqrt{3}$ 。

六 交流电能表输出特性

1. 光脉冲输出

电能表应有适宜于检定设备采集的光脉冲输出，它是电脉冲的电-光转换输出，光脉冲代表电能表总电能，最大脉冲频率不应超过 2.5kHz。非调制的光脉冲为图 7-13 所示的波形。

光脉冲导通、关断时间不低于 0.2ms，过渡时间不超过 20 μs。

光脉冲发射系统的辐射信号的波长应在 550~1000nm 之间，辐射强度 E_T 的极限值：

（1）导通（ON）状态：50 μW/cm^2≤E_T≤1000 μW/cm^2。

（2）关断（OFF）状态：E_T≤2 μW/cm^2。

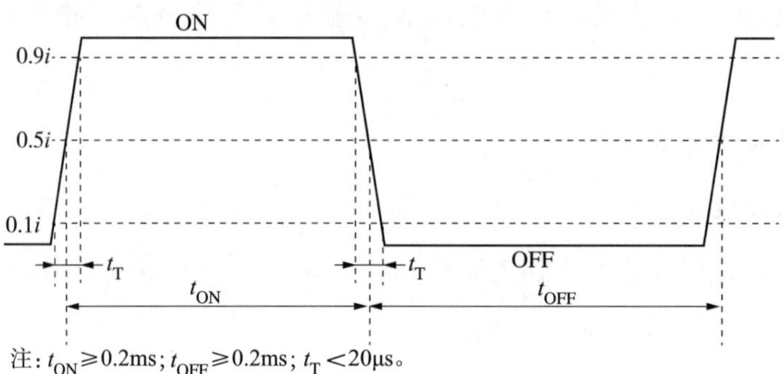

图 7-13　光测试输出的波形及参数

t_{ON}—光脉冲导通时间；t_{OFF}—光脉冲关断时间；t_T—导通与关断过渡时间

2. 电脉冲输出

电能表的脉冲输出电路有以下两种基本形式：

（1）有源输出。即电能表的脉冲信号发生电路的工作电源置于电能表内，脉冲的产生和输出不依赖于该表工作电源之外的任何其他电源，它能直接通过脉冲信号发生电路输出相应的高、低电平脉冲信号，故取出信号简单方便。

（2）无源输出。只有外加低压直流工作电源及上拉电阻，才能输出高、低电平脉冲信号。用光电耦合器对脉冲输出电路进行隔离。其优点是脉冲信号轴值可灵活设定，适应不同脉冲输入装置输入电路需要。

电能表高频脉冲信号输出到检定装置（误差计算器）内部微处理器接口（标准电能表），低频脉冲输出至计度器、检定装置（误差计算器），实现电能量显示、检定程序控制。

电脉冲输出用两种状态来描述其特征：导通（ON）状态和关断（OFF）状态；每一导通状态和关断状态在达到另外一种状态之前都由一个过渡状态跟随。

电脉冲导通、关断时间不低于 30ms，过渡时间不超过 5 μs。电能脉冲输出波形如图 7-14 所示。

七　交流电能表测量误差分析

电能表测量系统的误差源包括电压/电流转换器误差、A/D 转换误差、数据采

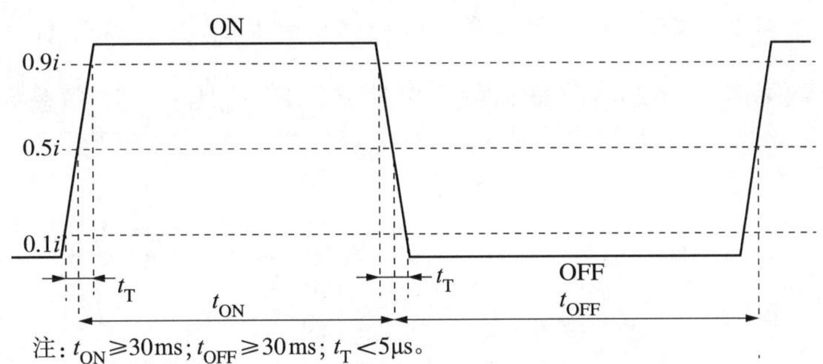

图 7-14　电能脉冲输出波形

集误差、数值计算误差。其中数值计算误差相对其他误差可以忽略不计。

1. 电压电流转换器误差

电压电流转换误差即电工类电压电流信号转换为电子信号的电路系统误差，一般为仪用 TV 或分压器、仪用电流互感器 TA 或分流器的产生的误差，包括幅值差、相位差，可用下式表述，即

$$r_W = r_I + r_U - \Delta\varphi \times \frac{\pi}{180} \times \tan\varphi \approx r_I + r_U - \left[1 - \frac{\cos(\varphi + \Delta\varphi)}{\cos\varphi}\right]$$

式中：r_W为电压、电流转换器引起的电能表综合误差；r_U、r_I 为电压转换器、电流转换器的幅值误差；$\Delta\varphi$ 为电压转换器、电流转换器相位移之差，$\Delta\varphi = (\delta_U - \delta_I)$ 。

2. A/D 转换器误差

A/D 转换器主要误差包括量化误差、零位偏移误差、增益误差、非线性误差。

（1）量化误差。即 1/2LSB 误差，是由于有限数字对模拟电压值进行离散取值（量化）而引起的误差，由 A/D 转换器位数有限引起。量化误差是理想转换直线（电压值）与实际输入量之间的误差。量化误差服从 0~1 概率分布，即正负误差理论上各占一半。A/D 量化误差如图 7-15 所示。

（2）零位偏移误差。零位误差称为零漂失调误差，是模数转换器零输入情况下的输出偏移。实际量化输出曲线相对理想量化曲线右移一段距离，其横向电压偏移即为失调误差。A/D 零位误差如图 7-16 所示。

（3）增益误差。增益误差是指输出量化阶梯曲线的直线斜率对比理想输出量化

阶梯曲线的直线斜率而存在的斜率误差，理想模数转换器的增益斜率为 1。可以表示为产生满刻度数字码对应的模拟量和参考电压之间的差值。A/D 增益误差如图 7-17 所示。

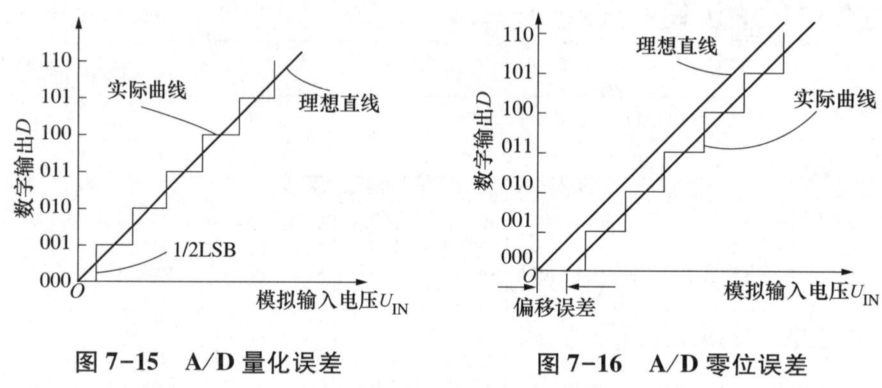

图 7-15　A/D 量化误差　　图 7-16　A/D 零位误差

（4）非线性误差。所有输出数字码对应的模拟电压值与实际采样的模拟电压值的最大差值，也称为输出数值偏离线性的最大距离，即理想直线与实际拟合直线间偏差。A/D 非线性误差如图 7-18 所示。

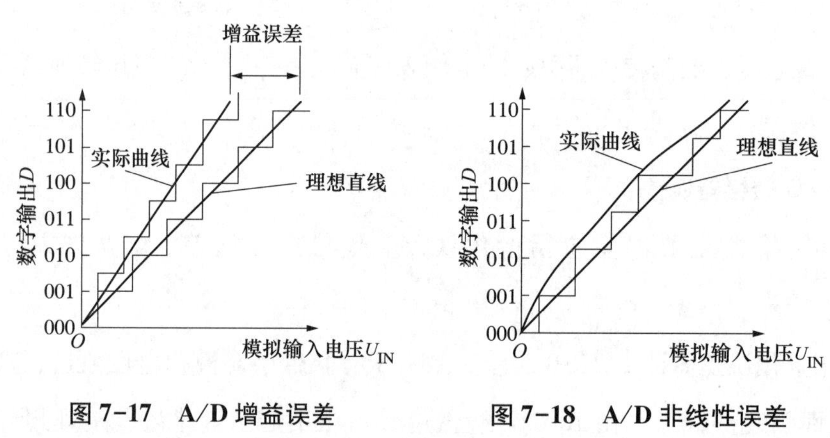

图 7-17　A/D 增益误差　　图 7-18　A/D 非线性误差

3. 数值采样与计算误差

数据采集误差包括采样频率（点数）、采样同步性引起的误差，为设计或成本特性，属外在影响因素；计算误差为电能算法误差，决定于采用的数学模型、浮点运算及数据处理方法等，其值很小，相对其他误差项可以忽略不计。

4. 影响量误差

（1）信号参数影响：I、U、$cos\varphi$、f 等影响；

（2）环境条件影响：温度、湿度、电磁干扰等影响等。

第3节 检定/校准试验

一 交流电能表误差检测系统

电能表误差检测可采用标准源或标准表比较法，即通过“标准功率源”或“功率源+标准电能表”与之同等条件下的比较，检定示值误差。标准源比较法可以消除被检表与标准装置相同影响量、相同效应的影响，设备也更加紧凑，对信号稳定度要求高，设备移动、维护相对复杂；标准表比较法设备成本低、基本准确度高，对功率源稳定度要求相对较低，但影响量检测可靠度不高。标准功率源比较法检测系统图如图7-19所示，标准表比较法检测系统图如图7-20所示。

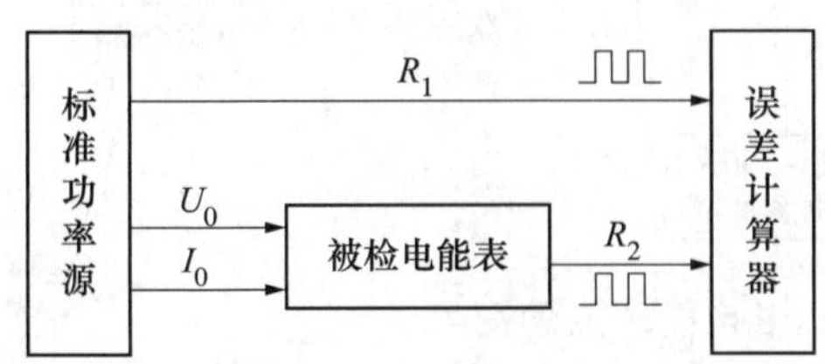

图7-19 标准功率源比较法检测系统图

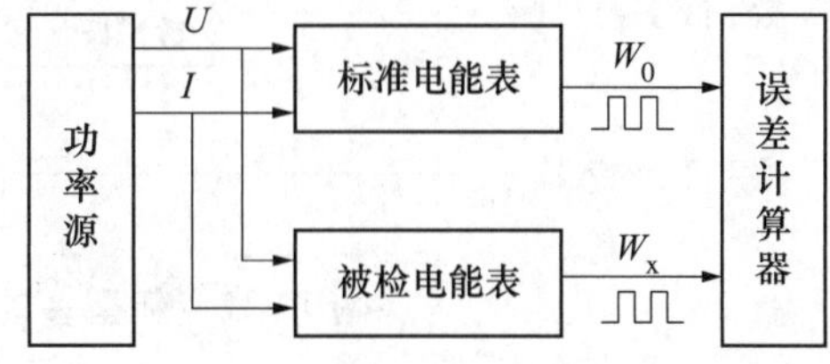

图7-20 标准表比较法检测系统图

二 交流电能表校验设备新技术

依据电能表校验系统组建的相应设备或装置包括各类信号功率源、标准功率源、标准电能表、误差计算器等，目前校验技术特点为校验系统设备集成化、多功能化。专用的电能表校验装置集标准功率源与误差计算器于一体，已非传统的台体结构（除挂表机构），一般也不存在为扩展量程而配置单独的标准互感器，标准源或标准表为多量程测量仪器，可以直接实现大信号标准输出或测量。

1. 新型多功能标准电能表

随着电子类信号电能表的问世，新型标准电能表的功能相应得到扩展，图 7-21 所示为新型多功能标准电能表原理图，采用独立的 A/D 转换器及 DSP 通过电能算法软件实现电能测量。输入模拟量经 A/D 转换器数字化后，数字量一方面直接送入 DSP 进行电能计算、输出，另一方面经仪器内部虚拟数据调制器调制为数字化标准协议 IEC 61850 格式后进行数字量的报文输出，实现模拟标准表对数字化电能表校验；同时，另置数字输入模块（解调器）还可实现外部 IEC 61850《电力系统自动化领域通用标准》报文格式的数字量信号输入，成为一个数字化标准电能表。新型多功能标准电能表既能校验模拟电能表又能通过模拟和数字信号校验数字化电能表，同时还解决了数字化电能表计量标准的溯源问题，也同时简化了电能表校验设备、节约了建立电能表计量标准成本，其溯源原理如图 7-22 所示。

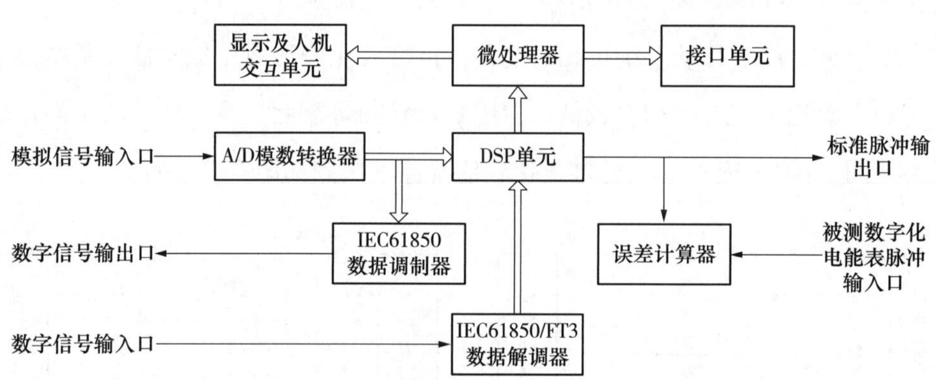

图 7-21　新型多功能标准电能表原理图

2. 多类型信号标准功率源

与新型多功能标准电能表相对应，一种集模拟电工、电子信号及 IEC 61850/FT3 通信协议数字量信号输出功能于一体的新型多功能标准功率源同步问世。新型多功能标准功率源具备五类信号输出，实现模拟功率信号、实时数字功率信号、虚拟数字功率信号生成的统一，不仅能用于各类信号电能表校验，同时还能应用于现模拟量/数字量合并单元、测控装置的调试、检测，大大简化了实验设备，同时满足实验室、现场各类电测仪表的校验需求。图 7-23 所示为多信号标准功率源原理图。

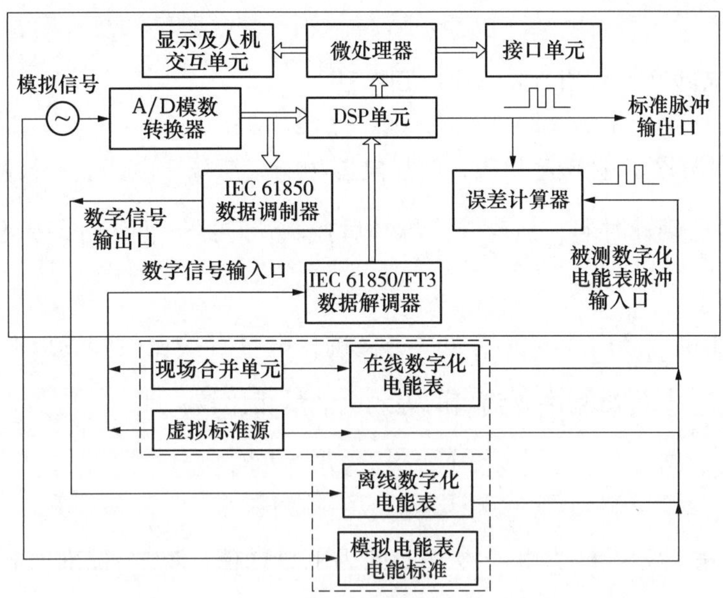

图 7-22 新型标准电能表检测、溯源原理图

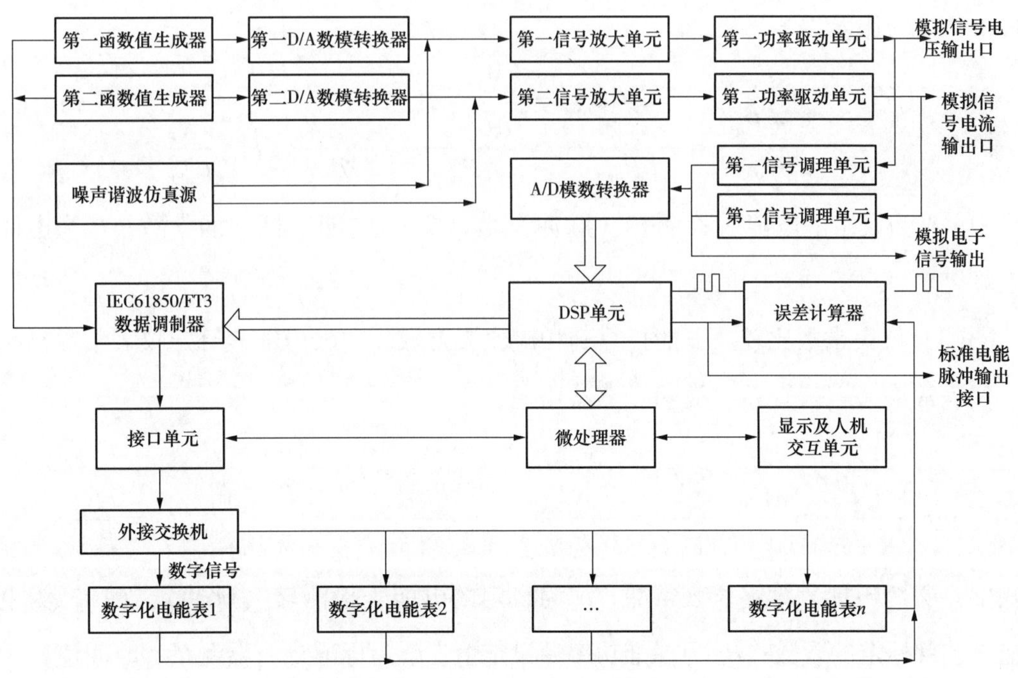

图 7-23 多信号标准功率源原理图

 交流电能表误差检测技术

（一）瓦秒法：标准功率源法/间接法

标准功率源设定输出值为 P_0，施加电压、电流信号于电能表；被测电能表输出第 i 个脉冲时启动计时器，预定 N 个脉冲后控制计时器停止计时，标准计时器计时时间为 t_0。

（1）电能量直接比较：依据误差定义进行电量直接比较。读取时间 t_0 内电能表走字电量值，与标准功率源输出的等效电能量相比较，即

$$r = \frac{W - W_0}{W_0} = \frac{W - P_0 t_0}{P_0 t_0}$$

式中：r 为电能误差；W 为电能表 t_0 时间内电量增值；W_0 为标准器 t_0 时间内电量增值；P_0 为标准功率源设定值；t_0 为标准计时器测量的时间值。

（2）功率比较：电能折算到相应功率量进行比较。电能误差实质为实际功率与标准功率的误差。

$$r = \frac{W - P_0 t_0}{P_0 t} = \frac{\dfrac{N}{C_b} - P_0 t_0}{P_0 t_0} = \frac{\dfrac{N}{C_b t_0} - P_0}{P_0} = \frac{P - P_0}{P_0}\text{，}P = \frac{N}{C_b t_0}$$

式中：N 为设定的电能表检测转（脉冲）数；C_b 为电能表标定的常数；P 为电能表算定功率。

（3）仪表常数比较：电能折算到相应仪表常数。比较电能表算定仪表常数与标定仪表常数（真值）差。类同互感器比差。

$$r = \frac{W - P_0 t_0}{P_0 t_0} = \frac{\dfrac{N}{C_b} - P_0 t_0}{P_0 t_0} = \frac{N}{C_b P_0 t_0} - 1 = \frac{\dfrac{N}{P_0 t_0} - C_b}{C_b} = \frac{C_s - C_b}{C_b}\text{，}C_s = \frac{N}{P_0 t_0}$$

式中：C_s 为电能表算定仪表常数；N 为设定的电能表检测转（脉冲）数；C_b 为电能表铭牌标定的常数；P_0 为标准功率源设定值；t_0 为标准计时器测量的时间值。

（4）时间比较：电能折算到相应时间。电能误差实质为算定时间（用标准功率值折算）与实际时间（真值）的误差。

$$r=\frac{W-P_0t_0}{P_0t_0}=\frac{\frac{W}{P_0}-t_0}{t_0}=\frac{\frac{N}{C_bP_0}-t_0}{t_0}=\frac{T-t_0}{t_0},\ T=\frac{N}{C_bP_0}$$

式中：T 为电能表算定时间；N 为设定的电能表检测转（脉冲）数；C_b 为电能表标定的常数；

P_0 为标准功率源设定值；t_0 为标准计时器测量的时间值。

（5）脉冲（转）数比较：电能折算到相应脉冲数。比较电能表实际脉冲（转）数与算定转数（真值）之差。

$$r=\frac{W-P_0t}{P_0t}=\frac{\frac{N}{C_b}-P_0t}{P_0t}=\frac{N-C_bP_0t}{C_bP_0t}=\frac{N-N_0}{N_0},\ N_0=C_bP_0t$$

式中：N_0 为电能表算定脉冲数/转数；N 为设定的电能表检测转（脉冲）数；C_b 为电能表标定的常数；P_0 为标准功率源设定值；t_0 为标准计时器测量的时间值。

（6）脉冲频率比较。

$$r=\frac{P-P_0}{P_0}=\frac{PC_b-P_0C_b}{P_0C_b}=\frac{f_b-f_N}{f_N},\ f_N=P_0C_b$$

式中：f_b（PC_b）为被检电能表脉冲输出频率；f_N（P_0C_b）为被检电能表按标准功率值计算的算定脉冲频率；P 为被检电能表测量的功率；P_0 为标准功率源设定值；C_b 为电能表铭牌标定的常数。

（二）标准表比对法

1. 电能量（示值）直接比较

读取某时段被检电能表及标准表走字电量值，进行电能量直接比较。当电能表常数未知或只有一个对象的电能表常数时，则

$$r=\frac{W-W_0}{W_0}\ 或\ r=\frac{\frac{N}{C_b}-W_0}{W_0}$$

式中：W 为被测电能表测量时段内电量增值；W_0 为标准电能表测量时段内电量增值；N 为被测电能表测量时段内输出的（脉冲）数。

2. 电能脉冲（转）数比较

（1）倒计时法（定时比较法/同步法/低频脉冲比较法）。固定时间同步记录被检电能表、标准表输出的低频脉冲数；或固定被检电能表一个脉冲数进行倒计数，记录倒计数终时标准表输出的低频脉冲数，设分别为 N、N_{L0}，并据相应电能表常数值计算误差，即

$$r=\frac{W-W_0}{W_0}=\frac{\frac{N}{C_b}-\frac{N_{L0}}{C_{L0}}}{\frac{N_0}{C_{L0}}}=\frac{\frac{C_{L0}}{C_b}N-N_{L0}}{N_{L0}}=\frac{N'_L-N_{L0}}{N_{L0}},\ N'_L=\frac{C_{L0}}{C_b}N$$

式中：W 为被测电能表电能增量；W_0 为标准电能表电能增量；N 为测得/设定的被检电能表脉冲（转）数；N_{L0} 为测得的标准电能表低频脉冲数；N'_L 为被检电能表按标准表常数折算的脉冲数；C_b 为被测电能表仪表常数；C_{L0} 为标准电能表低频仪表常数。

（2）倒计数法（定脉冲数比较法/高频脉冲数预置法）。依据标准表高频仪表常数，把 N 个被检电能表输出脉冲数归一化为标准表的计算脉冲数，作为标准表误差计算的预置脉冲数，标准电能表脉冲作为时钟，并以被检电能表脉冲数作为标准表脉冲计数器的控制脉冲控制计数器计停，进行计数器倒计数。标准表误差计算单元实为标准表脉冲减法计数器。

$$r=\frac{W-W_0}{W_0}=\frac{\frac{N}{C_b}-\frac{N_{H0}}{C_{H0}}}{\frac{N_{H0}}{C_{H0}}}=\frac{\frac{C_{H0}}{C_b}N-N_{H0}}{N_{H0}}=\frac{N'_H-N_{H0}}{N_{H0}},\ N'_H=\frac{C_{H0}}{C_b}N$$

式中：N 为设定的被测电能表转（脉冲）数；N_{H0} 为标准表输出的实际高频脉冲数；N'_H 为标准电能表按被检电能表输出的脉冲数折算的/预置的高频脉冲数；C_b 为被测电能表仪表常数；C_{H0} 为标准电能表高频仪表常数。

3. 脉冲频率比较

$$r=\frac{P-P_0}{P_0}=\frac{\frac{f_b}{C_b}-\frac{f_0}{C_0}}{\frac{f_0}{C_0}}=\frac{\frac{C_0}{C_b}f_b-f_0}{f_0}=\frac{f'_b-f_0}{f_0},\ f'_b=\frac{C_0}{C_b}f_b$$

式中：f_b（PC_b）为被检电能表脉冲输出频率；f'_b 为电能表按标准表常数折算的脉冲频率；f_0 为标准表或标准功率源输出的脉冲频率；P 为被检电能表测量的功率；P_0 为标准装置功率值（功率源或标准表）；C_b 为电能表铭牌常数；C_0 为标准装置仪表常数。

四 交流电能表检定/校准

交流电能表检定/校准依据为 JJG 596—2012《电子式交流电能表检定规程》，适用于参比频率为 50Hz 或 60Hz 单相、三相电子式（静止式）交流电能表（简称电子式电能表或电能表）的首次检定、后续检定。对于具有其他功能的电子式电能表，其相同的检定项目适用。不适用于机电式（感应系）交流电能表、标准电能表、数字电能表（被测电压、电流为数字量的电能表）的检定及电能表的现场检验。

（一）检定条件

（1）参比条件及其允许偏差不超过表 7-12 的规定。

（2）检定三相电能表时，三相电压电流的相序应符合接线图规定，电压和电流平衡条件应符合表 7-13 的规定。

（3）在 $\cos\varphi=1$（对有功电能表）或 $\sin\varphi=1$（对无功电能表）的条件下，电压线路加参比电压，电流线路通参比电流 I_b 或 I_N 预热 30min（对 0.2S 级、0.5S 级电能表）或 15min（对 1 级以下的电能表）后，按负载电流逐次减小的顺序测量基本误差。

表 7-12　　参比条件及其允许值

参比条件	参比值	有功电能表准确度等级				无功电能表准确度等级	
		0.2S	0.5S	1	2	2	3
		允许偏差					
环境温度	参比温度	±2℃	±2℃	±2℃	±2℃	±2℃	±2℃
电压	参比电压	±1.0%	±1.0%	±1.0%	±1.0%	±1.0%	±1.0%

续表

参比条件	参比值	有功电能表准确度等级				无功电能表准确度等级	
		0.2S	0.5S	1	2	2	3
		允许偏差					
频率	参比频率	±0.3%	±0.3%	±0.3%	±0.5%	±0.5%	±0.5%
波形	正弦波	波形畸变因数小于（%）					
		2	2	2	3	2	3
参比频率的外部磁感应强度[①]	磁感应强度为零	磁感应强度使电能表误差变化不超过（%）					
		±0.1	±0.1	±0.2	±0.3	±0.3	±0.3

① 磁感应强度在任何情况下应小于 0.05mT。

表 7-13　　电压和电流平衡条件

电能表类别及其准确度等级	三相有功电能表				三相无功电能表	
	0.2S	0.5S	1	2	2	3
每一相（线）电压与三相（线）电压的平均值相差不超过[①]（%）	±1.0	±1.0	±1.0	±1.0	±1.0	±1.0
每相电流与各相电流的平均值相差不超过[①]（%）	±1.0	±1.0	±2.0	±2.0	±2.0	±2.0
任一相的相电流和相电压间的相位差，与另一相的相电流和电压间的相位差相差不超过[②]	2°	2°	2°	2°	2°	2°

① 按下式确定各电压（电流）对三相电压（各相电流）的平均值相差的百分数

$$\gamma_i=\frac{x_i-x_p}{x_p}\times 100\leqslant \text{规定值}$$

式中：x_i 为任一相（线）电压（电流）（$i=1,2,3$）；x_p 为各相（线）电压（电流）的平均值，即

$$x_p=\frac{x_1+x_2+x_3}{3}$$

三相四线电路中的相电压和线电压，都应满足表中第一项规定。该项规定（不带%），表明各相（线）电压间的相位差与 120°之差值，不应超过的角度。

② 相电压 $\dot{U}_a$、$\dot{U}_b$、$\dot{U}_c$ 与其相别相对应的相电流 $\dot{I}_a$、$\dot{I}_b$、$\dot{I}_c$ 间的相位差

$$\varphi_a=\widehat{\dot{U}_a,\ \dot{I}_a},\quad \varphi_b=\widehat{\dot{U}_b,\ \dot{I}_b},\quad \varphi_c=\widehat{\dot{U}_c,\ \dot{I}_c}$$

式中：φ_a 为 $\dot{U}_a$ 与 $\dot{I}_a$ 间相位差；φ_b 为 $\dot{U}_b$ 与 $\dot{I}_b$ 间相位差；φ_c 为 $\dot{U}_c$ 与 $\dot{I}_c$ 间相位差。

则 $|\varphi_a-\varphi_b|\leqslant 2°$，$|\varphi_b-\varphi_c|\leqslant 2°$，$|\varphi_c-\varphi_a|\leqslant 2°$。

当相电压超前于相电流时，相位差为正值；相电压滞后于相电流时，相位差为负值。

（二）计量标准器及主要配套设备

1. 检定装置

（1）最大允许误差和实验标准差。检定电能表所用的检定装置的准确度等级及最大允许误差和允许的实验标准差应满足表 7-14、表 7-15 的规定。

表 7-14　　检定装置的最大允许误差

<table>
<tr><td colspan="2">被检有功电能表准确度等级</td><td>0.2S</td><td>0.5S</td><td>1</td><td>2</td></tr>
<tr><td colspan="2">检定装置有功测量的准确度等级</td><td>0.05</td><td>0.1</td><td>0.2</td><td>0.3</td></tr>
<tr><td colspan="2">功率因数</td><td colspan="4">有功测量的最大允许误差（%）</td></tr>
<tr><td rowspan="4">单相和平衡负载时 $\cos\varphi$</td><td>1</td><td>±0.05</td><td>±0.1</td><td>±0.2</td><td>±0.3</td></tr>
<tr><td>0.5L
0.8C</td><td>±0.07</td><td>±0.15</td><td>±0.3</td><td>±0.45</td></tr>
<tr><td>0.5C</td><td>±0.1</td><td>±0.2</td><td>±0.4</td><td>±0.6</td></tr>
<tr><td>特殊要求时
0.25L</td><td>±0.2</td><td>±0.4</td><td>±0.8</td><td>±1.0</td></tr>
<tr><td rowspan="2">不平衡负载时 $\cos\theta$</td><td>1</td><td>±0.06</td><td>±0.15</td><td>±0.3</td><td>±0.5</td></tr>
<tr><td>0.5L</td><td>±0.08</td><td>±0.2</td><td>±0.4</td><td>±0.6</td></tr>
<tr><td colspan="2">被检无功电能表准确度等级</td><td>—</td><td>—</td><td>2</td><td>3</td></tr>
<tr><td colspan="2">检定装置有功测量的准确度等级</td><td>—</td><td>—</td><td>0.3</td><td>0.5</td></tr>
<tr><td colspan="2">$\sin\theta$</td><td colspan="4">无功测量的最大允许误差（%）</td></tr>
<tr><td rowspan="3">单相和平衡负载时 $\sin\varphi$</td><td>1</td><td>—</td><td>—</td><td>±0.3</td><td>±0.5</td></tr>
<tr><td>0.5L（L，C）</td><td>—</td><td>—</td><td>±0.5</td><td>±0.7</td></tr>
<tr><td>0.25L（L，C）</td><td>—</td><td>—</td><td>±1.0</td><td>±1.5</td></tr>
<tr><td rowspan="2">不平衡负载时 $\sin\theta$</td><td>1</td><td>—</td><td>—</td><td>±0.5</td><td>±0.7</td></tr>
<tr><td>0.5L（L，C）</td><td>—</td><td>—</td><td>±0.6</td><td>±1.0</td></tr>
</table>

表 7-15　　检定装置允许的实验标准差

<table>
<tr><td>检定装置准确度等级</td><td>0.05</td><td>0.1</td><td>0.2</td><td>0.3</td></tr>
<tr><td>有功测量的准确度等级</td><td>0.05</td><td>0.1</td><td>0.2</td><td>0.3</td></tr>
<tr><td>$\cos\varphi$</td><td colspan="4">有功测量允许的实验标准差（%）</td></tr>
<tr><td>1</td><td>0.005</td><td>0.01</td><td>0.02</td><td>0.03</td></tr>
</table>

续表

0. 5L	0. 007	0. 02	0. 03	0. 05
无功测量的准确度等级	—	0. 2	0. 3	0. 5
sinφ	无功测量允许的实验标准差（%）			
1	—	0. 02	0. 03	0. 05
0. 5L	—	0. 03	0. 05	0. 07

检定电能表时，装置的启动电流和启动功率的测量误差限为±5%。

（2）监视仪表。检定装置所用的监视仪表要有足够的测量范围，各监视仪表常用示值的测量误差应满足 JJG 597—2005《交流电能表检定装置检定规程》的要求。

（3）功率稳定度。在每次测量期间，检定装置输出的功率稳定度应满足 JJG 597—2005 的要求。

2. 标准时钟测试仪

检定电能表内部时钟的标准时钟测试仪在规定的参比条件下，日计时误差限为±0. 05s/d。

（三）检定项目

检定项目一览表见表 7-16。

表 7-16　　检定项目一览表

检定项目	首次检定②	后续检定②
外观检查	+	+
交流电压试验	+	-
潜动试验	+	+
起动试验	+	+
基本误差	+	+
仪表常数试验	+	+
时钟日计时误差①	+	+

① 适用于表内具有计时功能的电能表。

② 符号“+”表示需要检定，符号“-”表示不需要检定。

（四）检定方法

1. 外观检查

有下列缺陷之一的电能表判定为外观不合格.

（1）标志不符合要求。

（2）铭牌字迹不清楚，或经过日照后已无法辨别，影响到日后的读数或计量检定。

（3）内部有杂物。

（4）计度器显示不清晰，字轮式计度器上的数字约有 1/5 高度以上被字窗遮盖；液晶或数码显示器缺少笔画、断码；指示灯不亮等现象。

（5）表壳损坏，视窗模糊和固定不牢或破裂。

（6）电能表基本功能不正常。

（7）封印破坏。

2. 交流电压试验

对首次检定的电能表进行 50Hz 或 60Hz 的交流电压试验。

（1）所有的电流线路和电压线路以及参比电压超过 40V 的辅助线路连接在一起为一点，另一点是地，试验电压施加于该两点间；对于互感器接入式的电能表，应增加不相连接的电压线路与电流线路间的试验。

（2）试验电压应在 5~10s 内由零升到标准规定值，保持 1min 随后以同样速度将试验电压降到零。试验中，电能表不应出现闪络、破坏性放电或击穿；试验后，电能表无机械损坏，电能表应能正确工作。

3. 潜动试验

试验时，电流线路不加电流，电压线路施加电压为参比电压的 115%，$\cos\varphi$（$\sin\varphi$）= 1，测试输出单元所发脉冲不应多于 1 个。

潜动试验最短试验时间 Δt 见下式。

0.2S 级表为

$$\Delta t \geqslant \frac{900\times 10^{6}}{CmU_{n}I_{max}}\ (\mathrm{min})$$

0.5S 级、1 级表为

$$\Delta t \geqslant \frac{600\times10^6}{CmU_nI_{max}}\ (\text{min})$$

2 级表为

$$\Delta t \geqslant \frac{480\times10^6}{CmU_nI_{max}}\ (\text{min})$$

式中：C 为电能表输出单元发出的脉冲数，imp/kWh 或 imp/kvarh。m 为系数，对单相电能表，$m=1$；对三相四线电能表，$m=3$；对三相三线电能表，$m=\sqrt{3}$。U_n 为参比电压，V。I_{max} 为最大电流，A。

4. 启动试验

在电压线路加参比电压 U_n 和 $\cos\varphi$（$\sin\varphi$）= 1 的条件下，电流线路的电流升到标准规定的启动电流 I_{st} 后，电能表在启动时限 t_{st} 内应能启动并连续记录。时限按下式确定，即

$$t_{st} \leqslant 1.2\times\frac{60\times1000}{CmU_nI_{st}}\ (\text{min})$$

式中：I_{st} 为启动电流，A。

启动试验过程中，字轮式计度器同时转动的字轮不多于两个。

5. 基本误差检定

按照图 7-24 检定接线图进行检定。

电能表通电预热时间达到标准规定时测量基本误差，中间过程不再预热。

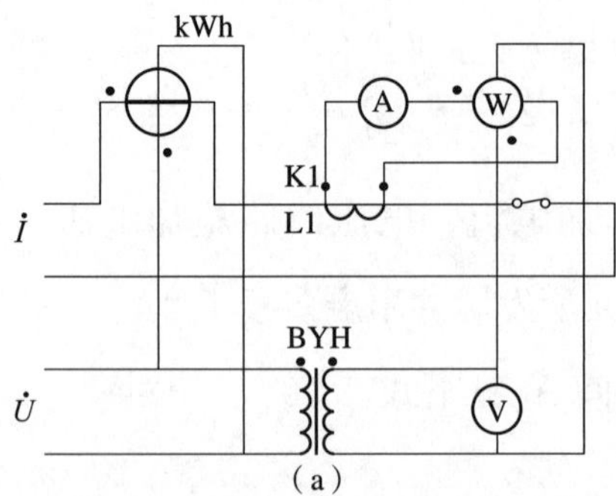

图 7-24　交流电能检定接线图（一）

（a）检定单相有功电能表（kWh）的接线图

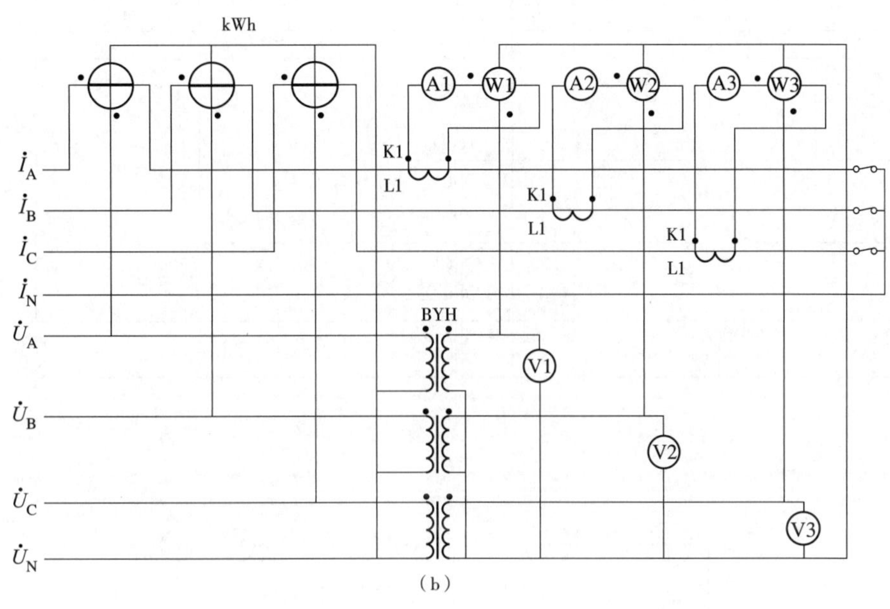

(b)

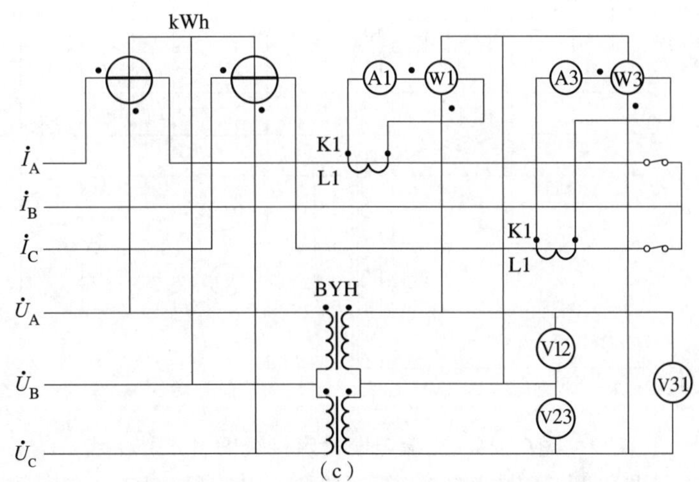

(c)

图 7-24 交流电能检定接线图(二)

(b)检定三相四线有功电能(kWh)的接线图;(c)检定三相三线有功电能表(kWh)的接线图

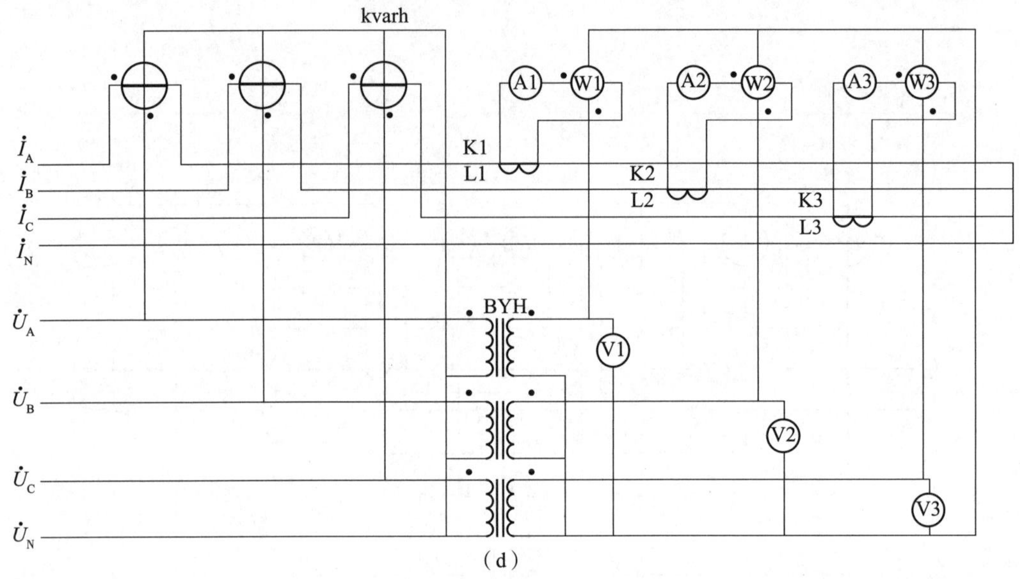

（d）

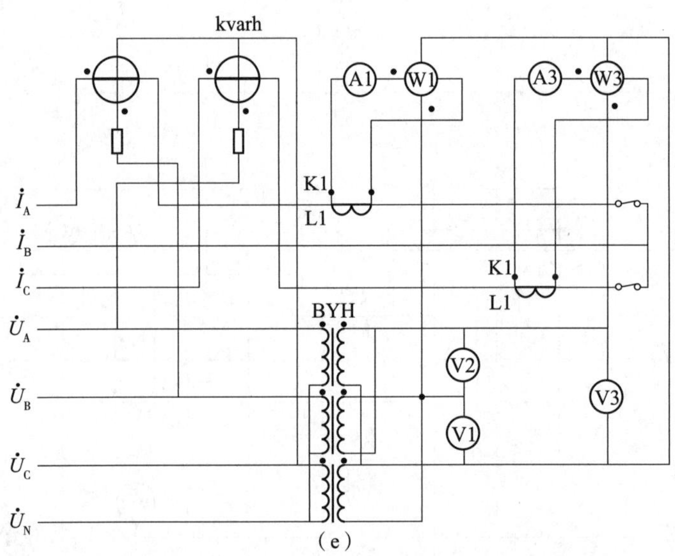

（e）

图 7-24　交流电能检定接线图（三）

（d）采用三相四线无功标准电能表检定三相四线无功电能表（kvarh）的接线图；

（e）采用三相三线无功标准电能表检定三相三线无功电能表（kvarh）的接线图

kWh—有功电能表；kvarh—无功电能表；A—电流表；V—电压表；BYH—电压互感器；

L1、K1—电流互感器一次、二次绕组的发电机端；W—标准功率表或标准电能表，

当用标准电能表法检定时，监视功率因数的功率表或相位表与 W 的接线图相同（图中未画出）

（1）调定的负载点。在参比频率和参比电压下，通常应按表 7-17 和表 7-18 规定的调定负载点。在不同功率因数下，按负载电流逐次减小的顺序测量基本误

差。根据需要，允许增加误差测量点。

表 7-17 检定单相电能表和平衡负载下的三相电能表时应调定的负载点

电能表类别		电能表准确度等级	$\cos\varphi=1$ $\sin\varphi=1$（L 或 C）	$\cos\varphi=0.5$L $\cos\varphi=0.8$C① $\sin\varphi=0.5$（L 或 C）	$\sin\varphi=0.25$（L 或 C）	特殊要求时 $\cos\varphi=0.25$L $\cos\varphi=0.5$C
			负载电流②			
直接接入	有功电能表	1，2	I_{max}，$(0.5I_{max})$②，I_b，$0.1I_b$，$0.05I_b$	I_{max}，$(0.5I_{max})$②，I_b，$0.2I_b$，$0.1I_b$	—	I_{max}，$0.2I_b$
	无功电能表	2，3	I_{max}，$(0.5I_{max})$②，I_b，$0.1I_b$，$0.05I_b$	I_{max}，$(0.5I_{max})$②，I_b，$0.2I_b$，$0.1I_b$	I_b	—
经互感器接入③	有功电能表	0.2S，0.5S	I_{max}，I_n，$0.05I_n$，$0.01I_n$	I_{max}，I_n，$0.1I_n$，$0.02I_n$	—	I_{max}，$0.1I_n$
		1，2	I_{max}，I_n，$0.05I_n$，$0.02I_n$	I_{max}，I_n，$0.1I_n$，$0.05I_n$	—	I_{max}，$0.1I_n$
	无功电能表	2，3	I_{max}，I_n，$0.05I_n$，$0.02I_n$	I_{max}，I_n，$0.1I_n$，$0.05I_n$	I_n	—

① $\cos\varphi=0.8$C 只适用于 0.2S、0.5S 和 1 级有功电能表。

② 当 $I_{max}\geqslant 4I_b$ 时，应适当增加负载点，如增加 $0.5I_{max}$ 负载点等。

③ 经互感器接入的宽负载电能表（$I_{max}\geqslant 4I_b$）［如 3×1.5（6）A］，其计量性能仍按 I_b 确定。

表 7-18 不平衡负载时三相电能表分组检定时应调定的负载点

电能表类别		电能表准确度等级	$\cos\theta=1$ $\sin\theta=1$（L 或 C）	$\cos\theta=0.5$L $\sin\theta=0.5$（L 或 C）
			负载电流	
直接接入	有功电能表	1，2	I_{max}，I_b，$0.1I_b$	I_{max}，I_b，$0.2I_b$
	无功电能表	2，3	I_{max}，I_b，$0.1I_b$	I_{max}，I_b，$0.2I_b$
经互感器接入	有功电能表	0.2S，0.5S	I_{max}，I_n，$0.05I_n$	I_{max}，I_n，$0.1I_n$
		1，2	I_{max}，I_n，$0.05I_n$	I_{max}，I_n，$0.1I_n$
	无功电能表	2，3	I_{max}，I_n，$0.05I_n$	I_{max}，I_n，$0.1I_n$

（2）用标准表法检定电能表。标准电能表与被检电能表都在连续工作的情况下，用被检电能表输出的脉冲（低频或高频）控制标准电能表计数来确定被检电能表的相对误差。

被检电能表的相对误差 γ 按下式计算，即

$$\gamma=\frac{m_0-m}{m}\times100\ (\%)$$

式中：m 为实测脉冲数；m_0 为算定（或预置）的脉冲数，按下式计算，即

$$m_0=\frac{C_0N}{C_LK_IK_U}$$

式中：C_0 为标准表的（脉冲）仪表常数，imp/kWh；N 为被检电能表低频或高频脉冲数；C_L 为被检电能表的（脉冲）仪表常数，imp/kWh；K_I、K_U 为标准表外接的电流互感器、电压互感器变比。当没有外接电流互感器、电压互感器时，K_I 和 K_U 都等于 1。

对铭牌上标有电流互感器变比 K_L 和/或电压互感器变比 K_Y 经互感器接入式的电能表，算定脉冲数 m_0 按下式计算，即

$$m_0=\frac{C_0N}{C_LK_LK_YK_IK_U}$$

要适当地选择被检电能表的低频（或高频）脉冲数 N 和标准表外接的互感器量程或标准表的倍率开关挡，使算定（或预置）脉冲数和实测脉冲数满足表 7-19 的规定，同时每次测试时限不少于 5s。

表 7-19　算定（或预置）脉冲数、功率表或功率源显示位数和显示被检电能表误差的小数位数

检定装置准确度等级	0.05 级	0.1 级	0.2 级	0.3 级
算定（或预置）脉冲数	50000	20000	10000	6000
功率表或功率源显示位数	6	5	5	5
显示被检电能表误差的小数位数（%）	0.001	0.01	0.01	0.01

（3）用瓦秒法检定电能表。用标准功率表测定调定的恒定功率，或用标准功率

源确定功率，同时用标准测时器测量电能表在恒定功率下输出若干脉冲所需时间，该时间与恒定功率的乘积所得实际电能，与电能表测定的电能相比较来确定电能表的相对误差。

相对误差按下式计算，即

$$\gamma=\frac{m-m_0}{m_0}\times 100\ (\%)$$

式中：m 为实测脉冲数，即电能表有误差时在 T_n（s）内显示的脉冲数；m_0 为算定（或预置）脉冲数，按下式计算

$$m_0=\frac{CPT_nK_IK_U}{3.6\times 10^6}\ (\mathrm{imp})$$

式中：P 为调定的恒定功率值，W；T_n 为选定的测量时间，s。

用自动方法控制标准测时器，被检电能表连续运行，测定时间不少于10s；若用手动方法控制标准测时器，被检电能表连续转动，测量时间不少于50s。

若标准功率表或标准功率源所发功率脉冲序列不够均匀或其响应速度较慢，还需适当增加测量时间。

功率表或功率源显示位数满足表7-19的规定。

（4）算定脉冲数和显示被检电能表误差的小数位数应满足表7-19的规定。

（5）重复测量次数原则。每一个负载功率下，至少记录两次误差测定数据，取其平均值作为实测基本误差值。

若不能正确地采集被检电能表脉冲数，舍去测得的数据。

若测得的误差值等于0.8倍或1.2倍被检电能表的基本误差限，再进行两次测量，取这两次与前两次测量数据的平均值作为最后测得的基本误差值。

6. 仪表常数试验

（1）计读脉冲法。在参比频率、参比电压和最大电流及 $\cos\varphi$（$\sin\varphi$）= 1 的条件下，被检电能表计度器末位（是否是小数位无关）改变至少1个数字，输出脉冲数 N 应符合下式的要求，即

$$N = bC\times 10^{-a}$$

式中：b 为计度器倍率，未标注者为1；C 为被检电能表常数，若标明的常数单位不

同，可按表 7-20 换算，imp/kWh（kvarh）；a 为计度器小数位数，无小数位时 $a=0$。

表 7-20　　电能表常数换算

电能表常数 C^*（或 C_L^*、C_H^*）的单位	换算为 C（imp/kWh 或 imp/kvarh）（或 C_L、C_H）
kWh/imp（kvarh/imp）	$C=1/C^*$
kWh/imp（kvars/imp）	$C=3.6\times10^3/C^*$
Wh/imp（varh/imp）	$C=1\times10^3/C^*$
Ws/imp（vars/imp）	$C=3.6\times10^6/C^*$
imp/kWs（imp/kvars）	$C=3.6\times10^3\times C^*$
imp/Ws（imp/vars）	$C=3.6\times10^6\times C^*$
imp/Wh（imp/varh）	$C=10^3\times C^*$

（2）走字试验法。在规格相同的一批被检电能表中，选用误差较稳定（在试验期间误差的变化不超过 1/6 基本误差限）而常数已知的两只电能表作为参照表。各表电流线路串联而电压线路并联，在参比电压和最大电流及 $\cos\varphi$（$\sin\varphi$）= 1 的条件下，当计度器末位（是否是小数位无关）改变不少于 15（对 0.2S 和 0.5 级表）或 10（对 1～3 级表）个数字时，参照表与其他表的示数（通电前后示值之差）应符合下式的要求，即

$$\gamma=\frac{D_i-D_0}{D_0}\times100+\gamma_0\leqslant1.5E_b\ (\%)$$

式中：D_i 为第 i 只被检电能表示数（$i=1,\ 2,\ \cdots,\ n$）；D_0 为两只参照表示数的平均值；γ_0 为两只参照表相对误差的平均值,%；E_b 为电能表基本误差限。

（3）标准表法。对标志完全相同的一批被检电能表，可用一台标准电能表校核常数。将各被检表与标准表的同相电流线路串联，电压线路并联，在参比电压和最大电流及 $\cos\varphi$（$\sin\varphi$）= 1 的条件下，运行一段时间。停止运行后，按下式计算每个被检表的误差 γ，要求 γ 不超过基本误差限，即

$$\gamma=\frac{W'-W}{W}\times100+\gamma_0\ (\%)$$

式中：W' 为每台被检电能表停止运行与运行前示值之差，kWh；W 为标准电能表显

示的电能值（换算为 kWh）；γ_0 为标准表的已定系统误差，不需修正时 $\gamma_0=0$。

在此，要使标准表与被检电能表同步运行，运行的时间要足够长，以使得被检电能表计度器末位一字（或最小分格）代表的电能值与所记的 W'之比（%）不大于被检电能表等级指数的 1/10。

若标准表显示位数不够多，可用计数器记录标准表的输出脉冲数 m。

若标准表经外配电流、电压互感器接入，则 W 要乘以电流、电压互感器的变比 K_I、K_U。

7. 测定时钟日计时误差

电压线路（或辅助电源线路）施加参比电压 1h 后，用标准时钟测试仪测电能表时基频率输出，连续测量 5 次，每次测量时间为 1min，取其算术平均值，试验结果应满足时钟日计时误差限为±0.5s/d 的要求。

第 4 节 测量数据处理

一 检定结果的处理

测量数据修约：

（1）修约间距数为 1 时的修约方法：保留位右边对保留位数字 1 来说，若大于 0.5，则保留位加 1；若小于 0.5，则保留位不变；若等于 0.5，则保留位是偶数时不变，保留位是奇数时加 1。

（2）修约间距数为 n（$n\neq1$）时的修约方法：将测得数据除以 n，再按（1）的修约方法修约，修约以后再乘以 n，即为最后修约结果。

注：“保留位”是指比仪表等级指数多一位的数，该值称为“保留位”。

（3）按表 7-21 的规定，将电能表相对误差修约为修约间距的整数倍。

表 7-21　　相对误差修约间距

电能表准确度等级	0.2S	0.5S	1	2	3
修约间距（%）	0.02	0.05	0.01	0.2	0.2

判断电能表相对误差是否超过标准规定，一律以修约后的结果为准。

（4）日计时误差的修约间距为 0.01s/d。

二　测量结果不确定度评定方法

电能表误差校验分标准表比较法、标准源/瓦秒比较法。图 7-25 所示为比较法测量模型原理图。

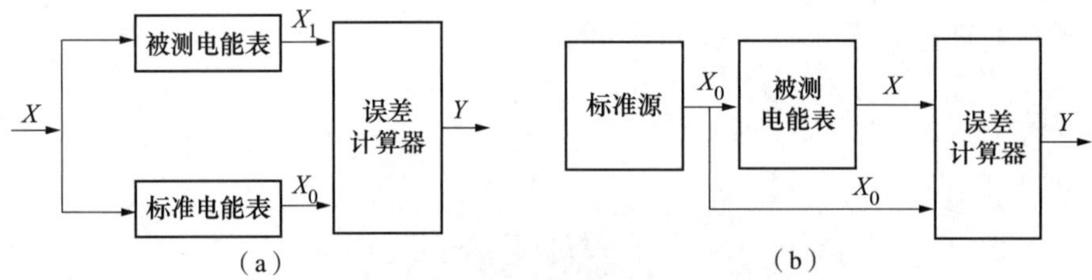

图 7-25　比较法测量模型原理图

（a）标准表比较法测量原理模型；（b）标准源比较法测量原理模型

（一）误差测量数学模型

标准表比较法为

$$
\begin{cases}
X_1 = X \\
X_0 = X \\
Y = X_1 - X_0 \\
\varepsilon = \dfrac{Y}{X_0} \\
y = \Delta = x_1 - x_0 = R_{x_1} - R_{x_0} \\
r = \dfrac{y}{x_0} = \dfrac{\Delta}{x_0} = \dfrac{x_1 - x_0}{x_0} = \dfrac{R_{x_1} - R_{x_0}}{R_{x_0}}
\end{cases}
$$

标准源比较法为

$$
\begin{cases}
X = X_0 \\
Y = X - X_0 \\
\varepsilon = \dfrac{Y}{X_0} \\
y = \Delta = x - x_0 = R_x - R_{x_0} \\
r = \dfrac{y}{x_0} = \dfrac{\Delta}{x_0} = \dfrac{x - x_0}{x_0} = \dfrac{R_x - R_{x_0}}{R_{x_0}}
\end{cases}
$$

式中：X_0、X_1 分别为测量函数（误差计算器）输入量，被测电能表、标准电能表输出量；x_0、x_1 分别为相应的估计值、测得值；X 为输入量，未知量，$X=$ 电能量/脉冲数，kWh；Y 为输出量，误差；y 为相应估计值；R_x/R_{x_1}、R_{x_0} 为被测电能表、标准装置示值，或等效脉冲数；ε 为相对误差；r 为相应估计值，测得值。

注：数学模型对象为误差计数器。

用量的测量结果表达的误差的测量结果：

$$
\text{标准表比较法}
\begin{cases}
x_1 = \bar{x}_1 \pm U_{x_1} \\
x_0 = \bar{x}_0 \pm U_{x_0} \\
y = \Delta = x_1 - x_0 = (\bar{x}_1 - \bar{x}_0) \pm U_{x_1} \pm U_{x_0} = \bar{y} \pm U_{x_1} \pm U_{x_0} \\
r = \dfrac{\bar{y}}{x_0} \pm U_{x_1\mathrm{rel}} \pm U_{x_0\mathrm{rel}} = \bar{r} \pm U_{x_1\mathrm{rel}} \pm U_{x_0\mathrm{rel}}
\end{cases}
$$

$$
\text{标准源比较法}
\begin{cases}
x = \bar{x} \pm U_x \\
x_0 = \bar{x}_0 \pm U_{x_0} \\
y = \Delta = x - x_0 = (\bar{x} - \bar{x}_0) \pm U_x \pm U_{x_0} = \bar{y} \pm U_x \pm U_{x_0} \\
r = \dfrac{\bar{y}}{x_0} \pm U_{x\mathrm{rel}} \pm U_{x_0\mathrm{rel}} = \bar{r} \pm U_{x\mathrm{rel}} \pm U_{x_0\mathrm{rel}}
\end{cases}
$$

式中：x_1 为测量值；x_0 为真值；y 为绝对误差真值；$\bar{x}_1$、$\bar{x}_0$ 分别为 x_1、x_0 测得值（均值）、真值的估计值；$\bar{y}$、$\bar{r}$ 分别为绝对误差、相对误差的真值估计值；U_{x_1}、U_{x_0} 分

别为 x_1、x_0 扩展不确定度；$U_{x_1\mathrm{rel}}$、$U_{x_0\mathrm{rel}}$ 分别为 x_1、x_0 相对扩展不确定度；R 为相对误差真值；U_x 为 x 的扩展不确定度；$U_{x\mathrm{rel}}$ 为 x 的相对扩展不确定度说明误差的不确定度由被检表、标准装置相应的测量不确定度组成。

（二）误差不确定度数学模型

在误差检测中，被测表计示值通常设定为定值，观测重复条件下的测量结果（标准装置的示值）。被测表计示值是定量，非变量，更非随机变量，因此被检表指示值不存在不确定度。此外，当对电能表检定结果进行数据化整时，数据化整操作势必引入一个量化误差，且不确定度符合均匀分布特性。据此，在不考虑其他影响量情况下，依据误差数学模型，则基本误差值的不确定度数学模型可表示为

$$\begin{cases} r = \bar{r} \pm U_{x_0\mathrm{rel}} = \bar{r} \pm U(r) \\ u_A(r) = u_A(\bar{r}) = s(\bar{r}) = \sqrt{\dfrac{1}{n(n-1)}\sum\limits_{k=1}^{n}(r_k - \bar{r})^2} \\ u_{B_1}(r) = u_{B_1}(\bar{r}) = u_{B_1\mathrm{rel}}(x_0) = \dfrac{u_{B_1}(x_0)}{x_0} = \dfrac{r_\mathrm{b}}{\sqrt{3}} \text{ or } \dfrac{U_{B_1}(x_0)}{k} \\ u_{B_2}(r) = u_{B_2}(\bar{r}) = u(q) = \dfrac{a}{\sqrt{3}} \\ u_\mathrm{c}(r) = \sqrt{u_A(\bar{r})^2 + u_{B_1}(\bar{r})^2 + u_{B_2}(\bar{r})^2} = \sqrt{u_A(\bar{r})^2 + u_{B_1\mathrm{rel}}(x_0)^2 + u_{B_2}(\bar{r})^2} \\ U(r) = (2 \sim 3)u_\mathrm{c}(r) \end{cases}$$

注：当标准表 B 类不确定度通过误差限得出时，$u(r_\mathrm{b}) = \dfrac{r_\mathrm{b}}{k_\mathrm{p}} = \dfrac{r_\mathrm{b}}{\sqrt{3}}$。

可见，基本误差不确定度由测得值重复性、标准装置 B 类不确定度分量及数据处理引起的不确定度分量组成。当标准表检定证书给出扩展不确定度时，标准装置 B 类标准不确定度分量直接采用检定证书扩展不确定度；当以标准表误差限值给出且标准表检定合格时，则以其误差限值按均匀分布率计算相应标准不确定度。检定证书不确定度（所谓标准传递不确定度）不宜与误差限值表征的不确定度进行重复计算。

当考虑标准装置工作误差时，影响量产生的 B 类不确定度分量应予考虑。

$$u_{B_1}(r)=\sqrt{\left(\frac{r_b}{k}\right)^2+\left(\frac{\Delta r_V}{k}\right)^2+\left(\frac{\Delta r_f}{k}\right)^2+\left(\frac{\Delta r_{un}}{k}\right)^2+\left(\frac{\Delta r_h}{k}\right)^2+\left(\frac{\Delta r_{tem}}{k}\right)^2+\cdots}$$

式中：r_b、Δr_V、Δr_f、Δr_{un}、Δr_h、Δr_{tem} 分别为基本误差限值和电压、频率、不平衡、谐波、温度等影响量变化；k 为分布系数。

 电能表基本误差不确定度评定示例

（一）概述

（1）测量依据：JJG 596—2012《电子式交流电能表检定规程》。

（2）测量环境条件：参比条件。

（3）计量标准：三相电能表标准装置。

（4）主标准：RD-33-233 型标准电能表。

（5）测量范围：3（57.7~380）V、3（0.005~100）A，准确度等级 0.05 级。

（6）被测对象：0.2 级三相四线式电能表。

（7）测量方法：标准表比较法，标准表误差自动计算、显示。

（二）误差测量数学模型

$$\varepsilon = X$$

$$\hat{\varepsilon} = r = x$$

式中：ε 为测量函数输出量，误差值；X 为测量函数输入量，标准表误差示值；$\hat{\varepsilon}$ 为误差值的估计值；r、x 分别为 ε、X 的估计值、测得值。

（三）标准不确定度分量分析

不确定度主要分量包括：

（1）测量重复性引起的不确定度分量。

（2）标准电能表不确度分量。

（3）数据化整产生的不确定度分量。

（四）标准不确定度评定

1. A 类标准不确定度评定

测量重复性引起的不确定度按 A 类不确定度评定。

220V/5A、$\cos\varphi=1.0$ 满量程检定点，重复性条件下进行 10 次测量，测量结果见表 7-22。

表 7-22　满度检测点误差数据

次数	相对误差（%）	次数	相对误差（%）
1	-0.049	6	-0.047
2	-0.041	7	-0.026
3	-0.023	8	-0.046
4	-0.034	9	-0.027
5	-0.045	10	-0.045
$\bar{r}=-0.0383\%\approx-0.04\%$			

故：$u_A(r)=u_A(\bar{r})=s(\bar{r})=\sqrt{\dfrac{1}{n(n-1)}\sum_{k=1}^{n}(r_k-\bar{r})^2}=0.00988(\%)$。

2. B 类标准不确定度评定

（1）标准电能表不确定度引起的误差不确定度分量评定。RD-33-233 型标准电能表量值由国家计量院电能标准传递，其检定证书提供的不确定度数据为 0.2~100A 三相四线电能：0.008%（$k=3$）；三相三线电能：0.012%（$k=3$）。

故：$u_{B_1}(r)=\dfrac{0.008}{3}=0.00267$（%）。

（2）误差数据化整引起的不确定度分量评定。依据 JJG 596—2012，0.2 级电能表误差数据化整规则为 0.2/10=0.02，也即量化误差，不确定度呈均匀分布，半宽为 0.02/2=0.01。

故：$u_{B_2}(r)=u_{B_2}(\bar{r})=u(q)=\dfrac{a}{\sqrt{3}}=\dfrac{0.01}{\sqrt{3}}=0.00577$（%）。

（3）合成标准不确定度计算。标准不确定度一览表见表 7-23。

表 7-23　　标准不确定度一览表

220V/5A，三相四线，$\cos\varphi=1.0$

标准不确定度分量（u_i）	不确定度影响量	不确定度类型	概率分布	标准不确定度值（%）
$u_A(r)$	测量的重复性	A	正态	0.00988
$u_{B_1}(r)$	标准电能表不确定度	B	正态	0.00267
$u_{B_2}(r)$	数据化整的不定性	B	均匀	0.00577

各不确定度分量相互独立，则

$$u_c(r)=\sqrt{u_A(\bar{r})^2+u_{B_1}(\bar{r})^2+u_{B_2}(\bar{r})^2}=$$

$$\sqrt{(0.00988)^2+(0.00267)^2+(0.00577)^2}\ (\%)=0.00992\ (\%)$$

（4）扩展不确定度计算。取包含因子 $k=2$，则 $U_r=k_c u_c(r)=2\times 9.92\times 10^{-5}\approx 2\times 10^{-4}$。

（5）不确定度评定结果验证。用另一台标准装置对被测表再次进行上述程序，计算扩展不确定度 $U(r')$。

$$|r-r'|=|\bar{r}-\bar{r}'|\leqslant\sqrt{U\ (r)^2+U\ (r')^2}$$

式中：r 为本标准装置测量误差真值；r' 为另一台标准装置测量误差真值；$\bar{r}$ 为本标准装置测量误差估计值；$\bar{r}'$ 为另一台标准装置测量误差估计值；U（r）为本标准装置测量结果的扩展不确定度；U（r'）为另一台标准装置测量结果的扩展不确定度。

则评定合理。

第 5 节
报告出具

检定合格的电能表，出具检定证书或检定合格证，由检定单位在电能表上加上封印或加注检定合格标记；检定不合格的电能表发给检定结果通知书，并注销原检定合格封印或检定合格标记。

<table>
<tr><td colspan="5">外观检查：合格</td></tr>
<tr><td colspan="5">潜动试验：合格</td></tr>
<tr><td colspan="5">启动试验：合格</td></tr>
<tr><td colspan="5">仪表常数试验：合格</td></tr>
<tr><td colspan="5">时钟日计时误差（s/d）：-0.09</td></tr>
<tr><td colspan="2">量程</td><td>cosφ</td><td>负载电流 I（%）</td><td>基本误差（%）</td></tr>
<tr><td colspan="2" rowspan="12">P4
57.7/100V，1.5（6）A</td><td rowspan="4">1.0</td><td>1</td><td>+0.05</td></tr>
<tr><td>5</td><td>+0.05</td></tr>
<tr><td>100</td><td>+0.05</td></tr>
<tr><td>I_{max}</td><td>+0.00</td></tr>
<tr><td rowspan="4">0.5L</td><td>2</td><td>+0.00</td></tr>
<tr><td>10</td><td>+0.00</td></tr>
<tr><td>100</td><td>+0.00</td></tr>
<tr><td>I_{max}</td><td>+0.00</td></tr>
<tr><td rowspan="4">0.8C</td><td>2</td><td>+0.05</td></tr>
<tr><td>10</td><td>+0.05</td></tr>
<tr><td>100</td><td>+0.05</td></tr>
<tr><td>I_{max}</td><td>+0.00</td></tr>
<tr><td rowspan="12">不平衡负载
57.7/100V，1.5（6）A</td><td rowspan="6">A 相</td><td rowspan="3">1.0</td><td>5</td><td>+0.05</td></tr>
<tr><td>100</td><td>+0.00</td></tr>
<tr><td>I_{max}</td><td>+0.00</td></tr>
<tr><td rowspan="3">0.5L</td><td>10</td><td>+0.00</td></tr>
<tr><td>100</td><td>+0.00</td></tr>
<tr><td>I_{max}</td><td>+0.00</td></tr>
<tr><td rowspan="6">B 相</td><td rowspan="3">1.0</td><td>5</td><td>+0.05</td></tr>
<tr><td>100</td><td>+0.00</td></tr>
<tr><td>I_{max}</td><td>+0.00</td></tr>
<tr><td rowspan="3">0.5L</td><td>10</td><td>+0.00</td></tr>
<tr><td>100</td><td>+0.00</td></tr>
<tr><td>I_{max}</td><td>+0.00</td></tr>
</table>

续表

<table>
<tr><td colspan="2">量程</td><td>cosφ</td><td>负载电流 I（%）</td><td>基本误差（%）</td></tr>
<tr><td rowspan="6">不平衡负载
57.7/100V，1.5（6）A</td><td rowspan="6">C 相</td><td rowspan="3">1.0</td><td>5</td><td>+0.05</td></tr>
<tr><td>100</td><td>+0.00</td></tr>
<tr><td>I_{max}</td><td>+0.00</td></tr>
<tr><td rowspan="3">0.5L</td><td>10</td><td>+0.00</td></tr>
<tr><td>100</td><td>+0.00</td></tr>
<tr><td>I_{max}</td><td>+0.00</td></tr>
<tr><td colspan="5">不平衡负载与平衡负载时误差之差（%）</td></tr>
<tr><td colspan="2">A 相</td><td colspan="2">B 相</td><td>C 相</td></tr>
<tr><td colspan="2">-0.05</td><td colspan="2">-0.05</td><td>-0.05</td></tr>
<tr><td colspan="5">扩展不确定度</td></tr>
<tr><td colspan="2">电能：cosφ=1.0</td><td colspan="3">$U_{rel}=2\times10^{-4}$（$k=2$）</td></tr>
<tr><td colspan="2">电能：cosφ=0.5L</td><td colspan="3">$U_{rel}=2\times10^{-4}$（$k=2$）</td></tr>
</table>

习题及参考答案

一 判断题

1. 标准装置等级指数不大于被检表等级指数 1/4，且最大值为 0.2。（　　）

2. 被检电能表输入量测量的参比条件：畸变因数（d）小于 2%；标称电压 ±1.0%；标称频率±0.3%。（　　）

3. 三相电压电流幅值不平衡偏差不超过标称电压（电流）±1%、相位不平衡偏差不超过 2°。（　　）

4. 基本误差试验被检表预热条件：施加基本 I_B 电流、标称电压、功率因数 1、时间在 1~30min。（　　）

5. 不平衡负载是指三相电压不变，任断一相电流。（　　）

6. 电能表输入量变化影响试验包括电压、频率、畸变影响量变化试验及三相不平衡影响、相序影响试验。(　　)

7. 电能表不平衡试验包括电流不平衡：三相电压+任一相电流；三相计量不平衡：缺一相或二相计量。(　　)

8. 潜动为电流线路不加电流，电压线路施加110%/115%的参比电压，电能表的测试输出在规定的时限内不应产生多于一个的脉冲。(　　)

9. 启动试验：在参比频率、参比电压和 $\cos\varphi=1$（对有功电能表）或 $\sin\varphi=1$（对无功电能表）的条件下，电流线路通以规定的启动电流（三相电能表各相同时加电压、通启动电流)，在规定的时限内电能表应能启动。(　　)

10. 首次检定是对未被检定过的电能表进行的检定，后续检定是在首次检定后的任何一种检定；修理后的电能表须按首次检定进行。(　　)

11. 电能表首次检定项目包括外观检查、交流电压试验、潜动试验、启动试验、基本误差、仪表常数试验、时钟日计时误差。(　　)

12. 现场拆回的电能表例行检定项目包括耐压试验。(　　)

13. 测量基本误差按负载电流逐次减小的顺序进行。(　　)

14. 潜动试验电压线路施加100%标称电压。(　　)

15. 启动试验电压线路施加110%标称电压。(　　)

16. 在安装式电能表进行周期检定时，可不进行工频耐压试验。(　　)

17. 检定电能表时，在每一负载下测定基本误差都至少读取两次以上数据，然后取其平均值作为该负载下测定的实际值。(　　)

18. 在对被检电能表进行预热时，电压线路应加额定电压60min，电流线路应通标定电流30min。(　　)

19. 电能表每一检定点电能时间不小于10s或5个脉冲。(　　)

20. 日计时误差每1min测量一次。(　　)

二 选择题

1. 检定电能表的标准装置应按（　　）规程检定合格。

A. JJG 596　　B. JJG 597　　C. JJF 1059. 1　　D. JJF 1033

2. 如果电能表用于双向电能测量，启动试验应在（　　）条件下进行。

A. 正向电流　　B. 反向电流

C. 正向和反向电流

3. 对于一只2.0级电能表，在某一负载下测定的基本误差为1.146%，修约后的数据应为（　　）。

A. 1.2%　　B. 1.16%　　C. 1.1%

4. 一只0.5级电能表，当测定的基本误差为-0.325%时，修约后的数据为（　　）。

A. 0.33%　　B. 0.30%　　C. 0.35%

5. 当采用标准电能表法检定单相电能表时，被检表的相对误差公式为（　　）。

A. $\gamma = \frac{n_0 - n}{n} \times 100\% + \gamma_b$　　B. $\gamma = \frac{n - n_0}{n} \times 100\% + \gamma_b$

C. $\gamma = \frac{n_0 - n}{n_0} \times 100\% + \gamma_b$　　D. $\gamma = \frac{n - n_0}{n_0}$

式中：n_0 为被检表算定转数；n 为标准表实测转数。

6. 电能表仪表常数的单位为（　　）。

A. imp/kWh　　B. imp/kW · h　　C. imp/W · h　　D. imp/Wh

E. imp/kvrh　　F. imp/kvr · h

7. 2.0级DD28型电能表的常数为3000imp/kWh，检定时，功率表的读数为0.44kW，用秒表记录10r的时间为27s，其相对误差为（　　）。

A. 1.0%　　B. 0.5%　　C. 2.0%　　D. -1%

8. 瓦秒法检定电能表时，标准测时器测时误差（%）应不大于标准表准确度等级指数的（　　）。

A. 1/20　　B. 1/10　　C. 1/5

9. 电子式电能表启动功率计算公式错误的有（　　）。

A. 单相电能表：$P=U_nI_q$　　B. 三相三线电能表：$P=U_nI_q$

C. 三相四线电能表：$P=U_nI_q$　　D. 三相四线电能表：$P=3U_nI_q$

10. 以下类型的无功电能表中适用于简单不对称线路的无功测量有哪些？（　　）

A. 内相角 60°的三相三线无功电能表

B. 电子 90°移相三相三线无功电能表

C. 有人工中性点的三相三线无功电能表

D. 带附加串联绕组的三相三线无功电能表

11. 宽负载单相电能表在功率因数为 1 的情况下，检定点包括（　　）。

A. 100%I_b　　B. 50%I_b

C. 10%I_b　　D. 5%I_b

12. 电能表的工频耐压试验在（　　）情况下进行。

A. 新生产的　　B. 周期检定　　C. 修理后的

13. 无功电能表在（　　）条件下做试验。

A. 额定电压　　B. 功率因数为 1

C. 功率因数为 0　　D. 额定频率

14. 下面哪些项目属于电能表的常规检定项目？（　　）

A. 直观检查　　B. 启动试验　　C. 潜动试验　　D. 影响量试验

15. 确定交流电能表的三相不平衡负载基本误差时，应在电源的（　　）情况下进行。

A. 三相电压对称　　B. 任一电流回路有电流

C. 其他两回路无电流　　D. 三相电压对称，三相电流不对称

16. 启动试验功率因数为（　　）。

A. 0.5　　B. 1.0　　C. 0.8

17. 日计时误差化整间距为（　　）。

A. 0.01s　　B. 0.001s　　C. 1s　　D. 1min

18. 日时段投切误差化整间距为（　　）。

A. 0.01s　　B. 0.001s　　C. 1s　　D. 1min

19. 日计时误差每 1min 测量一次，取（　　）次测量结果平均值为结果。

A. 1　　B. 2　　C. 5　　D. 10

20. 启动试验应在（　　）条件下进行。

A. 正向电流　　B. 反向电流　　C. 正向和反向电流

21. 电能表电流参数包括（　　）。

A. 启动电流　B. 最小电流　C. 转折电流　D. 最大电流

E. 额定电流

22. 电能表检定用正弦信号畸变因数为（　　）。

A. 谐波含量有效值与基波分量有效值之比

B. 谐波含量有效值与全波有效值之比

C. 基波分量有效值与谐波含量有效值之比

D. 全波有效值与谐波含量有效值之比

E. 等于谐波失真度

23. 电能表检定用正弦信号失真度（THD）为（　　）。

A. 谐波含量有效值与基波分量有效值之比

B. 谐波含量有效值与全波有效值之比

C. 基波分量有效值与谐波含量有效值之比

D. 全波有效值与谐波含量有效值之比

E. 等于总谐波畸变率

参考答案

一、判断题

1. √；2. √；3. √；4. √；5. √；6. √；7. √；8. √；9. √；10. √；11. √；12. ×；13. √；14. ×；15. ×；16. √；17. √；18. ×；19. √；20. √

二、选择题

1. B；2. C；3. A；4. B；5. A；6. ABCDEF；7. A；8. A；9. BC；10. ACD；11. ACD；12. AC；13. ACD；14. ABC；15. ABC；16. B；17. A；18. C；19. D；20. C；21. ABCDE；22. B；23. AE

参考文献

[1] 邱关源. 电路 [M]. 北京：高等教育出版社，2006.

[2] 钱建平. 电路分析 [M]. 北京：北京理工大学出版社，2016.

[3] 杨青. 电力计量检测技术与应用 [M]. 北京：机械工业出版社，2022.

[4] 魏颖，张文静，郭鲁. 电气测试技术 [M]. 北京：北京理工大学出版社，2021.